ELECTRICIAN

视频版

低压电工考证

培训教程 →»

杨清德　余明飞　孙红霞　主编

U0231383

化学工业出版社

·北京·

本书根据《低压电工作业人员安全技术培训大纲和考核标准（2011年版）》的要求编写，内容包括电工安全生产须知、电工基础知识、电工工具仪表与安全标志、低压电器、异步电动机、电气线路、电气照明、电力电容器、电工实操（K1～K4）和理论考试题库等内容。

本书内容丰富，扫描二维码可观看配套的教学视频，适合培训班教学和读者自学。

本书可作为特种作业人员低压电工培训考核的教材，也可作为职业院校学生参加低压电工作业操作资格证考核的培训教材，还可作为企业低压电工从业人员日常安全工作的必读书目。

图书在版编目（CIP）数据

低压电工考证培训教程／杨清德，余明飞，孙红霞主编 . —北京：化学工业出版社，2020.1（2025.2 重印）
ISBN 978-7-122-35692-5

Ⅰ. ①低… Ⅱ. ①杨… ②余… ③孙… Ⅲ. ①低电压 - 电工 - 岗位培训 - 教材 Ⅳ. ① TM08

中国版本图书馆 CIP 数据核字（2019）第 252602 号

责任编辑：高墨荣　　　　　　　　　　　　　　装帧设计：刘丽华
责任校对：盛　琦

出版发行：化学工业出版社　（北京市东城区青年湖南街13号　邮政编码100011）
印　　装：高教社（天津）印务有限公司
787mm×1092mm　1/16　印张17¼　字数413千字　2025年2月北京第1版第8次印刷

购书咨询：010-64518888　　售后服务：010-64518899
网　　址：http：//www.cip.com.cn
凡购买本书，如有缺损质量问题，本社销售中心负责调换。

定　　价：68.00元

前言

    2019年1月24日国务院正式印发《国家职业教育改革实施方案》明确提出，在职业院校、应用型本科高校启动"学历证书+职业技能等级证书"（即1+X证书）制度试点，鼓励学生在获得学历证书的同时，积极取得多类职业技能等级证书。《特种作业人员安全技术培训考核管理规定》指出，特种作业人员必须经专门的安全技术培训并考核合格，取得"中华人民共和国特种作业操作证"后，方可上岗作业。从事电气设备运行、维护、安装、检修、改造、施工、调试等电工作业（不含电力系统进网作业）的人员属于国家规定的特种作业人员，应当依法参加新训或复训并考试合格，持证上岗。特种作业操作证是类似于二代身份证的IC卡，载有持证人的信息，三年复审1次，申请复审前应参加安全培训并考试合格。

    本书根据原国家安全生产监督管理总局颁发的《低压电工作业人员安全技术培训大纲和考核标准（2011年版）》，结合近年来多数省市对特种作业人员安全操作资格培训以及考试的实际情况编写而成。

    本教程具有以下特色及优势。

    1. 对接考纲。全书以知识考点和实操项目为主线，从安全技术基础知识、安全技术专业知识和实际操作技能三个方面，介绍复习及训练策略，有助于读者充满信心参加考试。

    2. 名师导航。编写人员是一批长期担任培训工作的优秀教师，具有扎实的理论功底，实操能力强，同时具备丰富的教学经验及考前辅导经验。

    3. 一学就会。本书用通俗易懂的语言，"简单"的例子和"经典"的总结，将"复杂"的问题理清楚、讲明白，图文并茂，特别适合自学，有助于考生顺利通过考试。

    4. 视频教学。理论考试中的重要考点配有老师讲解视频，有助于读者对概念的理解和方法的掌握；实操考试项目有老师示范操作讲解的视频，介绍本实操项目所需的设备、仪表，操作步骤、操作方法，安全操作要点及防护措施，图文声像并茂，对提高学习效率能起到立竿见影的效果。

考证通关必读：

低压电工特种作业操作证考试分为理论与实践两大部分。如果你没有正式从事电工工作的经历，建议你先看本书，参加技能培训，等待知识储备充足和操作技能熟练后再报考；如果你已经有一段时间的电工作业经历，可以直接报考，但在考试前一定要做好充足的准备，特别是在理论方面。电工朋友们平时都偏重于实践，操作一般没多大问题，主要是在理论方面容易遇到困难，建议考前多看本书附录中的题库，刷刷题，当刷题量到了一定程度之后，会有一种做题的惯性，正确率一定会提高。

本书内容浅显易懂，可作为低压电工培训考核的教材，也可作为职业院校学生参加低压电工作业操作资格证考核的培训教材，还可作为企业低压电工从业人员日常安全工作的参考书。

本书由杨清德、余明飞、孙红霞担任主编，由胡萍、李永佳担任副主编。全书由杨清德教授拟定编写大纲和统稿。

由于水平有限，加之时间仓促，书中难免有疏漏之处，敬请广大读者批评指正，盼赐教至370169719@qq.com，以期再版时修改。

编者

目
录

目录

视频页码

049, 053, 054,
055, 059, 062,
064, 070

视频页码

077, 080, 081,
086, 088, 089

视频页码
091, 094, 096,
099, 100, 102

视频页码
109, 112, 114,
115, 115

视频页码
124, 125, 125,
128

视频页码
132, 134, 136

目 录

视频页码
142, 144, 145,
146, 148

视频页码
153, 158, 161,
162, 163, 165,
167, 168, 169,
171, 174, 176,
178, 180

视频页码
190, 193, 194,
194, 194, 197,
198, 199

第1章

电工安全生产须知

低压电工考证培训教程
DIYA DIANGONG KAOZHENG PEIXUN JIAOCHENG SHIPINBAN

1.1　安全生产的法律法规

安全生产法律
法规

1.1.1　特种作业人员安全技术培训考核管理规定

2010年5月24日，国家安全生产监督管理总局制定与发布《特种作业人员安全技术培训考核管理规定》，2015年5月29日进行了第二次修正，主要目的是落实特种作业人员持证上岗制度，提高特种作业人员的安全技术水平，防止和减少伤亡事故。

（1）什么是特种作业

特种作业是指容易发生人员伤亡事故，对操作者本人、他人及周围设施的安全有重大危害的作业。直接从事特种作业者，称为特种作业人员。该规定明确将高压电工作业、低压电工作业、防爆电气作业列为特种作业目录。

高压电工作业　指对1千伏（kV）及以上的高压电气设备进行运行、维护、安装、检修、改造、施工、调试、试验及绝缘工、器具进行试验的作业。

低压电工作业　指对1千伏（kV）以下的低压电气设备进行安装、调试、运行操作、维护、检修、改造施工和试验的作业。

防爆电气作业　指对各种防爆电气设备进行安装、检修、维护的作业。适用于除煤矿井下以外的防爆电气作业。

（2）对特种作业人员的规定

① 特种作业人员必须进行与本工种相适应的、专门的安全技术理论学习与实际操作训练，并经考核合格取得特种作业操作证后方准上岗作业，证书式样如图1-1所示。

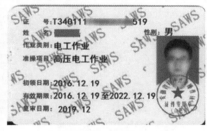

图1-1　证书式样

② 特种作业人员的安全技术培训、考核、发证、复审工作实行统一监管、分级实施、教考分离的原则。

③ 特种作业人员的考核包括考试和审核两部分。考试由考核发证机关或其委托的单位负责；审核由考核发证机关负责。

④ 特种作业操作证有效期为6年，在全国范围内有效。

⑤ 特种作业操作证每3年复审1次。在特种作业操作证有效期内，连续从事本工种10年以上，复审时间可以延长至每6年1次。特种作业操作证需要复审的，应当在期满前60日内，由申请人或者申请人的用人单位向原考核发证机关或者从业所在地考核发证机关提出申请。

【特别提醒】

特种作业人员在参加培训前，**必须到当地县级以上医院进行体检，体检合格者**方可参加与其所从事的特种作业相应的安全技术理论培训和实际操作培训。

培训报名时需填写《特种作业人员培训申报表》，**交一寸近照三张（白底或蓝底）、身份证复印件、学历证书复印件各一张**，并由各所在单位审核盖章。

1.1.2　中华人民共和国安全生产法

（1）安全生产方针

所谓"安全生产"，是指在生产经营活动中，为了避免造成人员伤害和财产损失的事故而采取相应的事故预防和控制措施，使生产过程在符合规定的条件下进行，以保证从业人员的人身安全与健康，设备和设施免受损坏，环境免遭破坏，保证生产经营活动得以顺利进行的相关活动。

安全生产法
解读

2014年12月1日开始实施的《中华人民共和国安全生产法》共7章114条，该法律指出：安全生产工作应当以人为本，坚持安全发展，坚持"**安全第一、预防为主、综合治理**"的12字方针。

① 安全第一　是指在生产过程中始终把安全，特别是从业人员和其他人员的人身安全放在第一重要的位置上，切实保护劳动者的生命安全和身体健康。坚持安全第一，是构建社会主义和谐社会的必然要求。

② 预防为主　就是把安全生产工作的关口前移，超前防范，建立预教、预测、预想、预报、预警、预防的递进式、立体化事故隐患预防体系，改善安全状况，预防安全事故。预防为主就是通过建设安全文化、健全安全法制、提高安全科技水平、落实安全责任、加大安全投入，构筑坚固的安全防线。虽然人类在生产活动还不能完全避免安全事故的发生，但只要人们思想重视，预防措施得当，事故是可以预防和减少的。

③ 综合治理　是指适应我国安全生产形势的要求，自觉遵循安全生产规律，正视安全生产工作的长期性、艰巨性和复杂性，抓住安全生产工作中的主要矛盾和关键环节，综合运用经济、法律、行政等手段，人管、法治、技防，多管齐下，并充分发挥社会、职工、舆论的监督作用，有效解决安全生产领域的问题。

【特别提醒】

安全生产的12字方针是一个有机统一的整体。"安全第一"是预防为主、综合治理的统帅和灵魂，没有安全第一的思想，预防为主就失去了思想支撑，综合治理就失去了整治依据。"预防为主"是实现安全第一的根本途径。"综合治理"是落实安全第一、预防为主的手段和方法。

（2）对从业人员的有关规定

① 从业人员的权利

a. 知情、建议权。从业人员有权了解其作业场所和工作岗位存在的危险因素、防范措施及事故应急措施，有权对本单位的安全生产工作提出建议。

b. 批评、检举控告权。从业人员有权对本单位安全生产工作中存在的问题提出批评、检举、控告。

c. 拒绝权。从业人员有权拒绝违章指挥和强令冒险作业。

d. 撤险权。从业人员发现直接危及人身安全的紧急情况时，有权停止作业或者在采取应急措施后撤离作业场所。生产经营单位不得因从业人员在紧急情况下停止作业或者采取紧急撤离而降低其工资、福利等待遇或者解除与其订立的劳动合同。

e. 保外索赔权。因生产安全事故受到损害的从业人员，除依法享有工伤社会保险外，依照有关民事法律尚有获得赔偿的权利的，有权向本单位提出赔偿要求。

② 从业人员的义务

a. 遵章守纪。在作业过程中应当严格遵守本单位的安全生产规章制度和操作规程，服从管理，正确佩戴和使用劳动保护用品。

b. 教育培训。应当接受安全生产教育和培训，掌握本职工作所需的安全生产知识，提高安全生产技能，增强事故预防和应急处理能力。

c. 报告隐患。发现事故隐患或者其他不安全因素，应当立即向现场安全生产管理人员或者本单位负责人报告，如图1-2所示；接到报告的人员应当及时予以处理。

图1-2　从业人员有报告隐患的义务

【特别提醒】

工会对生产经营单位违反安全生产法的行为，有权要求纠正；对违章指挥、强令冒险作业或者发现事故隐患时，有权提出解决的建议；有权依法参加事故调查，向有关部门提出处理意见，并要求追究有关人员的责任。

1.1.3　其他法律法规

（1）消防法

《中华人民共和国消防法》于1998年4月29日通过，2008年10月28日第十一届全国人民代表大会常务委员会第五次会议修订，2019年4月23日第十三届全国人民代表大会常务委员会第十次会议修订，自2019年4月23日起施行。新消防法关于从业人员在消防工作中权利和义务的规定主要有：

① 任何人都有维护消防安全、保护消防设施、预防火灾、报告火警的义务。任何成年人都有参加有组织的灭火工作的义务。

② 任何人不得损坏、挪用或者擅自拆除、停用消防设施、器材，不得埋压、圈占、遮挡消火栓或者占用防火间距，不得占用、堵塞、封闭疏散通道、安全出口、消防车通道。

③ 任何人发现火灾都应当立即报警。任何人都应当无偿为报警提供便利，不得阻拦报警。严禁谎报火警。

④ 火灾扑灭后，相关人员应当按照公安机关消防机构的要求保护现场，接受事故调查，如实提供与火灾有关的情况。

 【特别提醒】

　　电工要增强防火意识，时刻关注消防安全，当好企业防火的宣传员。

（2）劳动法和劳动合同法

①《中华人民共和国劳动法》于1994年7月5日第八届全国人民代表大会常务委员会第八次会议通过，自1995年1月1日起施行。2009年8月27日第十一届全国人民代表大会常务委员会第十次会议进行了第一次修正，2018年12月29日第十三届全国人民代表大会常务委员会第七次会议进行了第二次修正。

《中华人民共和国劳动法》规定：劳动者享有平等就业和选择职业的权利、取得劳动报酬的权利、休息休假的权利、获得劳动安全卫生保护的权利、接受职业技能培训的权利、享受社会保险和福利的权利、提请劳动争议处理的权利以及法律规定的其他劳动权利。劳动者应当完成劳动任务，提高职业技能，执行劳动安全卫生规程，遵守劳动纪律和职业道德。

②《中华人民共和国劳动合同法》于2007年6月29日通过，自2008年1月1日起施行，2012年12月28日第十一届全国人民代表大会常务委员会第三十次会议进行了修正。

《中华人民共和国劳动合同法》规定：用人单位自用工之日起即与劳动者建立劳动关系。订立劳动合同，应当遵循合法、公平、平等自愿、协商一致、诚实信用的原则。依法订立的劳动合同具有约束力，用人单位与劳动者应当履行劳动合同约定的义务。

（3）工伤保险条例

《工伤保险条例》为保障因工作遭受事故伤害或者患职业病的职工获得医疗救治和经济补偿，促进工伤预防和职业康复，分散用人单位的工伤风险制定。由国务院于2003年4月27日发布，自2004年1月1日起施行。2010年国务院第586号令对它修订，自2011年1月1日实施。

（4）电力安全事故应急处置和调查处理条例

《电力安全事故应急处置和调查处理条例》于2011年6月15日国务院第159次常务会议通过，自2011年9月1日起施行。该条例共6章37条。

电力安全事故的等级划分，涉及采取相应的应急处置措施、适用不同的调查处理程序以及确定相应的事故责任等，在条例中予以明确非常必要。根据事故影响电力系统安全稳定运行或者影响电力正常供应的程度，条例将电力安全事故划分为特别重大事故、重大事故、较大事故、一般事故四个等级。

【特别提醒】

电工应了解和掌握的法律法规的相关规定还有很多，大家可以通过书籍或网络进一步阅读学习其原文，使自己在工作中更好地知法和守法。

1.2 保安全与防触电措施

1.2.1 保证电工作业安全的组织措施

（1）工作票制度

工作票是准许在电气设备上工作的书面命令，也是明确安全职责，向工作人员进行安全交底，以及履行工作许可手续、工作间断、转移和终结手续，并实施保证安全技术措施等的书面依据。工作票分为**第一种工作票**和**第二种工作票**两种。

工作票制度

1）电气第一种工作票

适用范围：高压设备上工作需要全部停电或部分停电者；高压室内的二次接线和照明等回路上的工作，需要将高压设备停电或做安全措施者；其他工作需要将高压设备停电或需要做安全措施者；400V等级的低压设备检修或试验，需要运行做安全措施者。

2）电气第二种工作票

适用范围：带电作业和在带电设备外壳上的工作；在控制盘和低压配电盘、配电箱、电源干线上的工作；在二次接线回路上的工作，无须将高压设备停电者；在转动中的发电机、励磁回路或高压电动机转子电阻回路上的工作；非当值值班人员用绝缘棒和电压互感器定相或用钳形电流表测量高压回路的电流；更换生产区域及生产相关区域照明灯泡的工作。

【特别提醒】

各种工作票的填用范围，《电业安全工作规程》上都有明确的规定。

口头或电话命令仅适用于完成第一种工作票和第二种工作票以外的其他工作。

（2）工作许可制度

工作许可制度是工作许可人（当值值班电工）根据低压工作票或低压安全措施票的内容在做设备停电安全技术措施后，向工作负责人发出工作许可的命令；工作负责人方可开始工作；在检修工作中，工作间断、转移，以及工作终结，必须由工作许可人的许可，所有这些组织程序规定都叫工作许可制度。

工作许可制度是工作许可人审查工作票中所列各项安全措施后决定是否许可工作的制度。工作许可人向工作负责人发出工作许可命令后，工作负责人方可开始工作；在检修工作中，工作间断、转移，以及工作终结，必须由工作许可人的许可。

工作许可人由值班员担任，但不得签发工作票。换句话说，工作票签发人不得兼任该项工作负责人（许可人）。

（3）工作监护制度

完成工作许可手续后，工作负责人（监护人）应向工作班人员交代现场安全措施，带电部位和其他注意事项。

工作负责人（监护人）必须始终在工作现场，随时检查、及时纠正工作班人员在工作过程中的违反安全工作规程和安全措施的行为。特别当工作者在工作中，人体某部位移近带电部分或工作班人员转移工作地点、部位、姿势、角度时，更应重点加强监护，以免发生危险。

全部停电时，工作负责人（监护人）可以参加工作班工作；部分停电时，只能在安全措施可靠，人员集中在一个工作地点，不至于误碰带电部分的情况下可以参加工作班工作；工作期间，工作负责人因故必须离开工作地点时，应指定能胜任的人员临时代替，并告知工作班人员，原工作负责人返回后也应履行同样的手续。

（4）工作间断、转移和终结制度

工作间断时，所有安全措施应保持不动。在电力线路上的工作，如果工作班须暂时离开工作地点，则必须采取安全措施和派人看守，不让人、畜接近挖好的基坑或接近未竖立稳固的杆塔以及负载的起重和牵引机械装置等，恢复工作前，应检查接地线等各项安全措施的完整性。

当天不能完成的工作，每日收工应清扫工作地点，开放已封闭的道路，并将工作票交回值班员，次日复工时，应得到值班员许可，取回工作票。工作负责人必须事前重新认真检查安全措施是否符合工作票的要求后方可工作。

在同一电气连接部分用同一工作票依次在几个工作地点转移工作时，全部安全措施由值班员在开工前一次做完，不需再办理转移手续，但工作负责人在转移工作地点时，应向工作人员交代带电范围、安全措施和注意事项。

全部工作完毕后，工作班应清扫、整理现场。工作负责人应先周密检查，确认无问题后带领工作人员撤离现场，再向值班人员讲清所修项目发现的问题、试验结果和存在问题等，并与值班人员共同检查设备状况，有无遗留物件、是否清洁等，然后在工作票上填明工作终结时间，经双方签名后，工作票方告终结。

【特别提醒】- -

已经终结的工作票，至少要保存3个月。

1.2.2　防止触电的技术措施

防触电技术
措施

（1）防止直接触电的技术措施

1）绝缘

绝缘是用绝缘材料把带电体封闭或者隔离起来，使设备能长期安全、正常地工作，同时可以防止人体触及带电部分，避免发生触电事故。

良好的绝缘是设备和线路正常运行的必要条件，也是防止触电事故的重要措施。在电器、电气设备、装置及电气工程上，常用的绝缘材料有胶木、塑料、橡胶、云母及矿物油等。

绝缘材料经过一段时间的使用会发生绝缘破坏，所以绝缘需定期检测，保证电气绝缘的安全可靠。绝缘检测包括绝缘试验和外观检查。在现场只能进行绝缘电阻试验，包括绝缘电阻测量和吸收比测量。

常用的绝缘安全用具有绝缘手套、绝缘靴、绝缘鞋、绝缘垫和绝缘台等。绝缘安全用具可分为基本安全用具和辅助安全用具。

【特别提醒】

在低压带电设备上工作时，绝缘手套、绝缘鞋（靴）、绝缘垫可作为基本安全用具使用，在高压情况下，只能用作辅助安全用具。

2）屏护

屏护是指采用遮栏、栅栏、护罩、护盖或隔离板、箱闸等把带电体同外界隔绝开来。屏护具有防止触电（人体触及或过分接近带电体）、防止电弧伤人、防止弧光短路火灾、便于检修工作安全等作用。

开关电器的可动部分一般不能加包绝缘，而需要屏护。对于高压设备，由于全部加绝缘往往有困难，而且当人接近至一定程度时，即会发生严重的触电事故。因此，不论高压设备是否已加绝缘，都要采取屏护或其他防止接近的措施。

屏护装置不直接与带电体接触，对所用材料的电性能没有严格要求。屏护装置所用材料应当有足够的机械强度和良好的耐火性能。但是金属材料制成的屏护装置，为了防止其意外带电造成触电事故，必须将其接地或接零。

屏护装置有永久性屏护装置（如配电装置的遮栏、开关的罩盖）、临时性屏护装置（如检修工作中使用的临时遮栏装置）、固定屏护装置（如母线的护网）。

【特别提醒】

遮栏、栅栏等屏护装置上应有明显的标志，挂标志牌，必要时还应上锁。

3）安全间距

安全间距是指在带电体与地面之间、带电体与其他设施、设备之间、带电体与带电体之间保持的一定安全距离，简称间距。

设置安全间距的目的是：防止人体触及或接近带电体造成触电事故；防止车辆或其他物体碰撞或过分接近带电体造成事故；防止电气短路事故、过电压放电和火灾事故；便于操作。

主要的电气安全间距有线路间距、设备间距、检修间距等。

【特别提醒】

安全间距的大小取决于电压高低、设备类型以及安装方式。

4）安全电压

我国确定的安全电压标准是42V、36V、24V、12V、6V。

【特别提醒】

　具有安全电压的设备属于Ⅲ设备。

安全标志及使用

5）安全色和安全标志

国家规定的安全色有红、蓝、黄、绿四种颜色，各色表示的含义见表1-1。

表1-1　安全色的含义

序号	种类	含义
1	红色	表示禁止、停止、危险，用于禁止标志、停止信号以及禁止人们触动的部位
2	蓝色	表示指令及必须遵守的规定，如必须佩带某种防护用品的标志以及指引车辆行驶的标志都涂以蓝色
3	黄色	表示警告、注意，各种警告如"注意安全、当心触电"等都用黄色表示
4	绿色	表示提示、安全状态、通行，如车间内部的安全通道、消防设备等用绿色表示

在实际中，安全色常采用其他颜色（即对比色）做背景色，使其更加醒目，以提高安全色的辨别度。如红色、蓝色和绿色采用白色作对比色，黄色采用黑色作对比色。黄色与黑色的条纹交替，视见度较好，一般用来标示警告危险，红色和白色的间隔常用来表示"禁止跨越"等。

根据《安全标志及其使用导则》（GB 2894—2008），安全标志是用以表达特定安全信息的标志，由图形符号、安全色、几何形状（边框）或文字构成。

安全标志的分类为禁止标志、警告标志、指令标志和提示标志四类，还有补充标志，与电力相关的安全标志见表1-2。

表1-2　安全标志

种类	定义	几何图形	与电力相关的安全标志
禁止标志	不准或制止人们的某些行动	带斜杠的圆环，其中圆环与斜杠相连，用红色；图形符号用黑色，背景用白色	禁放易燃物、禁止吸烟、禁止通行、禁止烟火、禁止用水灭火、禁带火种、禁止启机修理时禁止转动、运转时禁止加油、禁止跨越、禁止乘车、禁止攀登等
警告标志	警告人们可能发生的危险	黑色的正三角形、黑色符号和黄色背景	注意安全、当心触电、当心爆炸、当心火灾、当心腐蚀、当心中毒、当心机械伤人、当心伤手、当心吊物、当心扎脚、当心落物、当心坠落、当心车辆、当心弧光、当心冒顶、当心瓦斯、当心塌方、当心坑洞、当心电离辐射、当心裂变物质、当心激光、当心微波、当心滑跌等
指令标志	必须遵守	圆形，蓝色背景，白色图形符号	必须戴安全帽、必须穿防护鞋、必须系安全带、必须戴防护眼镜、必须戴防毒面具、必须戴防护耳器、必须戴防护手套、必须穿防护服等
提示标志	示意目标的方向	方形，绿、红色背景，白色图形符号及文字	一般提示标志（绿色背景）有6个：安全通道、太平门等；消防设备提示标志（红色背景）有7个：消防警铃、火警电话、地下消火栓、地上消火栓、消防水带、灭火器、消防水泵结合器
补充标志	对前述四种标志的补充说明，以防误解		补充标志分为横写和竖写两种。横写的为长方形，写在标志的下方，可以和标志连在一起，也可以分开；竖写的写在标志杆上部。补充标志的颜色：竖写的，均为白底黑字；横写的，用于禁止标志的用红底白字；用于警告标志的用白底黑字；用带指令标志的用蓝底白字

（2）保护接零和保护接地

间接接触电击即故障状态下的电击。保护接零和保护接地是防止间接接触电击的基本技术。

1）保护接零

把电气设备在正常情况下不带电的金属部分与电网的零线（或中性线）紧密地连接起来，称为保护接零。

保护接零

保护接零的应用范围，主要是用于三相四线制供电系统（TN-C）和三相五线制供电系统（TN-S）。在工厂里，用于380/220V的低压电气设备上。

在中性点接地的三相四线制供电系统（TN-C）中，保护零线（PE）与工作零线（N）合二为一，即工作零线也充当保护零线，如图1-3所示。

在三相五线制供电系统（TN-S）中，专用保护零线（PE）和工作零线（N）除在变压器中性点共同接地外，两根线不再有任何联系，严格分开，如图1-4所示。

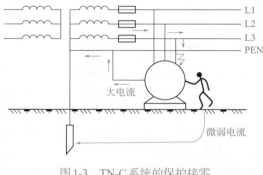

图1-3　TN-C系统的保护接零

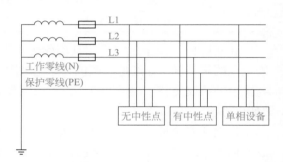

图1-4　TN-S系统的保护接零

2）保护接地

所谓保护接地，一般是指电气装置为达到安全的目的，采用包括接地极、接地母线、接地线的接地系统与大地做成电气连接，即接大地；或是电气装置与某一基准电位点做电气连接，即接基准地。保护接地的类型见表1-3。

保护接地

表1-3　保护接地的类型

接地方式	说明	原理图
工作接地	在三相交流电力系统中，为供电的电源变压器变压中性点接地称为工作接地。采取工作接地，可减轻高压窜入低压的危险，减低低压某一相接地时的触电危险 工作接地是低压电网运行的主要安全设施，工作接地电阻必须小于4Ω	零点　L1 L2 L3 工作接地 接地体

续表

接地方式	说明	原理图
保护接地	为了防止电气设备外露的不带电导体意外带电造成危险，将该电气设备经保护接地线与深埋在地下的接地体紧密连接起来的做法称为保护接地 保护接地是中性点不接地低压系统的主要安全措施。在一般低压系统中，保护接电电阻应小于4Ω	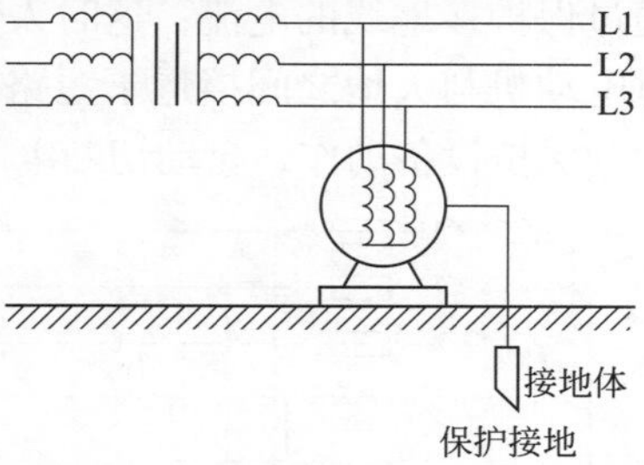
防雷接地	为了防止电气设备和建筑物因遭受雷击而受损，将避雷针、避雷线、避雷器等防雷设备进行接地，称为防雷接地	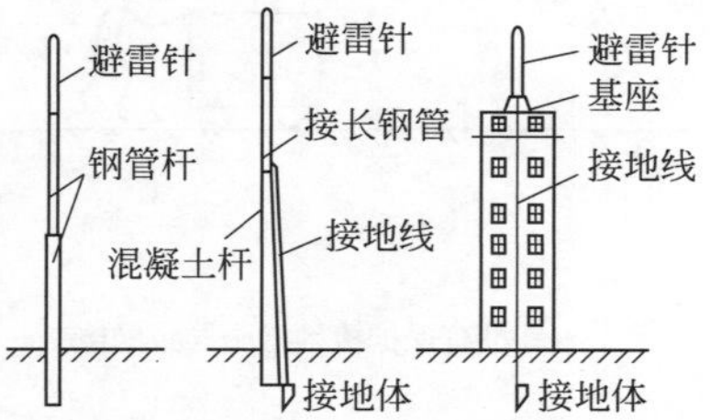
防静电接地	为消除生产过程中产生的静电而设置的接地，称为防静电接地	
屏蔽接地	为防止电磁感应而对电力设备的金属外壳、屏蔽罩、屏蔽线的外皮或建筑物金属屏蔽体等进行接地，称为屏蔽接地	
重复接地	三相四线制的零线（或中性点）一处或多处经接地装置与大地再次可靠连接，称为重复接地	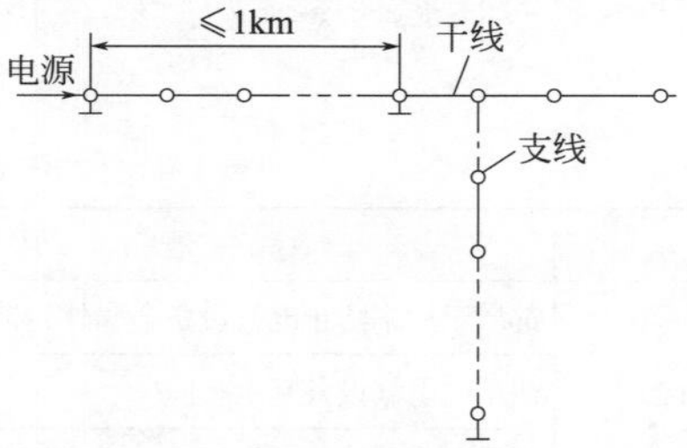
共同接地	在接地保护系统中，将接地干线或分支线多点与接地装置连接，称为共同接地	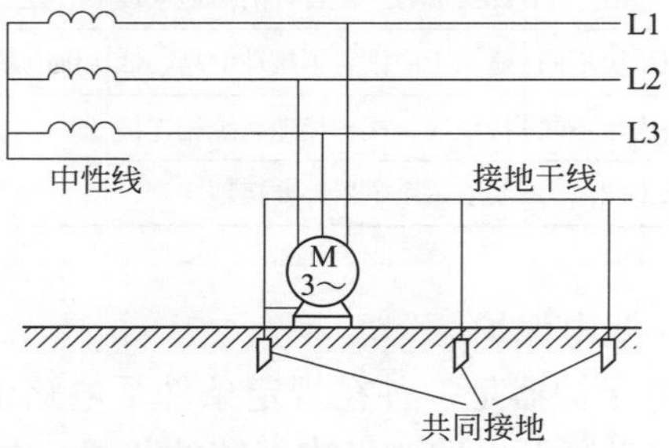

　　保护接地是怎样实现保护人身安全的呢？如果是一台没有保护接地装置的电动机，当它的内部绝缘损坏致使外壳带电时，人体一旦接触，就通过人体连通了由带电金属外壳与大地之间的电流通路，金属外壳上的电流经人体流入大地而使人触电，如图1-5（a）所示。

　　将电动机的金属外壳用导线与大地作可靠的电气连接后，如图1-5（b）所示，如果这台电动机绝缘损坏使金属外壳带电，当人体接触它时，金属外壳与大地之间将形成两条并联电流通路：一条是通过保护接地线将电流泄放到大地，另一条是通过人体将电流泄放到大地。在这两条并联电路中，保护接地线电阻很小，通常只有4Ω左右，而人体电阻最小也在500Ω以上。根据并联电路中电流与电阻成反比的原理，人体所通过的电流就大大小于通过保护接地线的电流，这时人体就没有触电的感觉。再则，由于保护接地线电阻太小，对电动机与大地之间接近于短路，所以将有大电流通过保护接地线，这种大电流会使电路中的保护设备动作，自动切断电路，从另一层面上保护了人身与设备的安全。

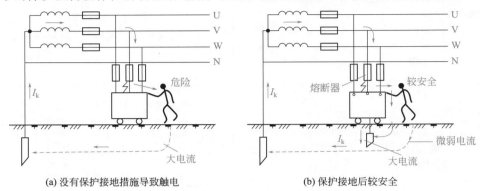

图1-5　保护接地原理

【特别提醒】

　　保护接地与保护接零是两种既有相同点又有区别的安全用电技术措施，其比较见表1-4。

表1-4　保护接地与保护接零的比较

比较		保护接地	保护接零
相同点		都属于用来防止电气设备金属外壳带电而采取的保护措施	
		适用的电气设备基本相同	
		都要求有一个良好的接地或接零装置	
区别	适用系统不同	适用于中性点不接地的高、低压供电系统	适用于中性点接地的低压供电系统
	线路连接不同	接地线直接与接地系统相连接	保护接零线则直接与电网的中性线连接，再通过中性线接地
	要求不同	要求每个电器都要接地	只要求三相四线制系统的中性点接地

　　（3）漏电保护

　　漏电保护器是一种在规定条件下电路中漏（触）电电流（mA）值达到或超过其规定值时能自动断开电路或发出报警的装置。漏电保护器动作灵敏，切断电源时间短，主要用于防止间接接触电击和直接接触电击，除了保护人身安全以外，还可以防止漏电火灾，以及用于监测一相接地故障。

　　漏电保护器的种类很多，按照动作原理可分为电压型和电流型两类；按照极数，可分为二极、三极和四极；按动作时间，可分为快速动作型、延时型和反时限型漏电保护装置。

　　选用漏电保护装置应根据保护对象的不同要求进行选型，既要保证在技术上有效，还应考虑经济上的合理性。不合理的选型不仅达不到保护目的，还会造成漏电保护装置的拒动作或误动作。正确合理地选用漏电保护装置，是实施漏电保护措施的关键。

1.3　电气事故与触电急救

1.3.1　电流对人体的危害

（1）触电电流

通过人体的电流越大，人体的生理反应越明显，引起心室颤动所需的时间越短，致命的危险就越大。对于工频交流电，按照通过人体的电流大小不同，人体呈现不同的状态，可将电流划分为感知电流、摆脱电流和致命电流三个等级，见表1-5。

表1-5　人体触电电流的三个等级　　　　　mA

名称	概念		对成年男性	对成年女性
感知电流	引起人感觉的最小电流，此时，人的感觉是轻微麻木和刺痛	工频	1.1	0.7
		直流	5.2	3.5
摆脱电流	人触电后能自主摆脱电源的最大电流，此时，有发热、刺痛的感觉增强。电流大到一定程度，触电者将因肌肉收缩，发生痉挛而紧抓带电体，不能自行摆脱电	工频	16	10.5
		直流	76	51
致命电流	在较短时间内危及生命的电流	工频	30～50	
		直流	1300（0.3s）、50（3s）	

（2）电流大小对人体伤害

无论是交流电还是直流电，电压越高、电流强度越大，对人的危险性就越大。一般来说，电流大小与人体的伤害程度见表1-6。

表1-6　电流大小与人体的伤害程度

电流/mA	人的感觉程度
1	人就会有"麻电"的感觉
5	有相当痛的感觉
8～10	感到有受不了的痛苦
20	肌肉剧烈收缩，失去动作自由
50	有生命危险
100	死亡

（3）电流路径与人体的伤害

触电时，通过心脏、肺和中枢神经系统的电流强度越大，其后果也就越严重。不同路径通过心脏电流的百分数见表1-7。

表1-7　不同路径通过心脏电流的百分数

电流路径	左手→双脚	右手→双脚	右手→左手	左脚→右脚
百分数	6.7	3.7	3.3	0.4

1.3.2 触电原因及种类

（1）触电事故发生的原因

① 缺乏电气安全知识，例如：带负荷拉高压隔离开关；低压架空线折断后不停电，用手误触火线；在光线较弱的情况下带电接线，误触带电体；手触摸破损的胶盖刀闸。

② 违反安全操作规程，例如：带负荷拉高压隔离开关；带电拉临时照明线；安装接线不规范等。

③ 设备不合格，例如：高低压交叉线路，低压线误设在高压线上面。用电设备进出线未包扎好裸露在外；人触及不合格的临时线等。

④ 设备管理不善，例如：大风刮断低压线路和刮倒电杆后，没有及时处理；水泵电动机接线破损使外壳长期带电等。

⑤ 其他偶然因素，例如：大风刮断电力线路触到人体、人体受雷击等。

（2）触电事故的规律

触电事故的一般规律如下。

① 有明显季节性。一年之中第二、三季度事故较多，6～9月的事故最集中。

② 低压触电多于高压触电。

③ 农村触电事故多于城市。

④ 电气连接部位容易发生触电事故。例如，接线端、压接头、焊接头、灯头、插头、插座、控制器、接触器、熔断器等。

⑤ 便携式和移动式设备发生触电事故多。

⑥ 违章作业和误操作引起的触电事故多。

（3）触电事故的种类

触电类型及方式

一般来说，电流对人体的伤害有两种类型：电击和电伤。通过对许多触电事故分析，两种触电的伤害会同时存在。

① 电击　电击是电流通过人体内部，破坏人的心脏、神经系统、肺部的正常工作造成的伤害。由于人体触及带电的导线、漏电设备的外壳或其他带电体，以及由于雷击或电容放电，都可能导致电击。

② 电伤　电伤是电流的热效应、化学效应或机械效应对人体造成的局部伤害，包括电弧烧伤、烫伤、电烙印、皮肤金属化、电气机械性伤害、电光眼等不同形式的伤害。

【特别提醒】

　　无论是电击还是电伤，都会危害人的身体健康，甚至会危及生命。

1.3.3 触电方式

根据人体触及带电体的方式和电流流过人体的途径，触电可分为单相触电、两相触电和跨步电压触电等。

（1）单相触电

当人体某一部位与大地接触，另一部位与一相带电体接触所致的触电事故，如图1-6所示。

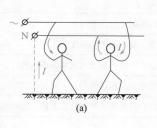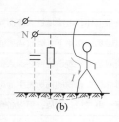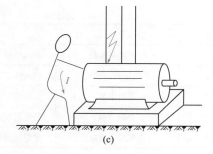

(a)　　　　　　　　　(b)　　　　　　　　　(c)

图 1-6　单相触电

（2）两相触电

发生触电时，人体的不同部位同时触及两相带电体，称为两相触电。两相触电时，相与相之间以人体作为负载形成回路电流，如图1-7所示。此时，流过人体的电流大小完全取决于电流路径和供电电网的电压。

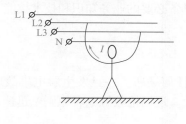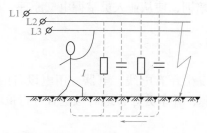

图 1-7　两相触电

（3）跨步电压触电

电气设备碰壳或电力系统一相接地短路时，电流从接地极四散流出，在地面上形成不同的电位分布，人在走近短路地点时，两脚之间的电位差叫跨步电压。人体触及跨步电压而造成的触电，称为跨步电压触电，如图1-8所示。

当发觉跨步电压威胁时，人应赶快把双脚并在一起，或尽快用一条腿或两条腿跳着离开危险区20m以外。

触电方式还有接触电压触电、感应电压触电和剩余电荷触电等。

图 1-8　跨步电压触电

【特别提醒】

　　无论哪种方式的触电，都有危险，非常危险！在日常工作中如果没有必要的安全措施，我们不要接触低压带电体，也不要靠近高压带电体。

1.3.4　电气事故

（1）电气事故的类型

根据电能的不同作用形式，电气事故的类型见表1-8。

表1-8　电气事故的类型

序号	类型	说明
1	电流伤害事故	指人体触及带电体，电流通过人体而导致的触电伤亡事故
2	电磁场伤害事故	指人体在电磁场的作用下，吸收辐射能量而受到的不同程度的伤害
3	雷电事故	指发生雷击时造成建筑设施毁坏、人畜伤亡、并可造成火灾和爆炸事故
4	静电事故	静电可在爆炸性混合物的场所发生静电放电而引起爆炸
5	电气设备事故	电路故障属于电气设备事故，但设备事故往往是和人身事故联系在一起的

（2）电气事故的原因

①操作人员对电气原理掌握不好；②设备安装不到位；③电气故障累计起来，引起大的事故；④原设计存在有一定的缺陷；⑤操作人员对安全防护没有做到位。

（3）预防措施

①加强操作人员的安全意识，严格执行《国家电网公司电力安全工作规程》。

②通过培训，使从业人员掌握电气原理，具备必要的业务知识和技术技能。

1.3.5　触电急救操作

触电可发生在有电线、电器、用电设备的任何场所。一旦发生触电事故应尽快使触电者脱离电源，并争分夺秒地对触电者进行抢救。现场抢救触电者原则：迅速，就地，准确，坚持。

（1）使触电者脱离电源的操作

1）脱离低压电源的操作

发生220V触电事故，要立即想办法切断电源。

操作口诀

人触电，先断源；一根一根地剪断。

情急时，杆挑线；干燥木棍或竹竿。

不得已，将人拉，戴上手套站木板。

措施当，保安全，单手拉拖最保险。

不要直接将人拽，防止被电连成串。

【特别提醒】

让触电者与电源脱离，最好用一只手进行。

2）切断高压电源的操作

发现有人高压触电，其他人不但不能接触，而且还不能靠近高压电气设备或线路。对于高压触电事故，可采用口诀中介绍的方法让触电者快速脱离电源。触电者脱离带电导线后亦应迅速带至8～10m以外，并立即开始急救。

操作口诀

高压触电打电话，供电部门来停电。

安全措施未做好，应离八至十米远。

穿绝缘靴戴手套，绝缘工具拉开关。
临近架空高压线，抛掷一根短路线。
线路短路并接地，保护动作就断电。
伤者脱离电源后，立即带到安全点。
针对症状施急救，直到来了医务员。

（2）脱离电源后的急救操作

触电者脱离电源后，应根据具体情况展开急救，见表1-9。越短时间内开展急救，被救活的概率就越大。

表1-9　触电者脱离电源后的急救措施

序号	症状	急救措施
1	神志清醒，呼吸心跳均自主者	就地平卧，严密观察，暂时不要站立或走动，防止继发休克或心衰
2	呼吸停止，心跳存在者	将伤者就地平卧，解松衣扣，通畅气道，立即进行口对口人工呼吸
3	心跳停止，呼吸存在者	立即采取胸外心脏按压法实施急救
4	呼吸心跳均停止者	现场抢救最好能两人分别施行口对口人工呼吸及胸外心脏按压，以2∶15的比例进行，即人工呼吸2次，心脏按压15次 单人徒手心肺复苏操作，考试实际操作时，要求口对口人工呼吸与胸外心脏按压法交替使用10∶150，从判断颈动脉开始到最后一次吹气，总时间不超过130s

【特别提醒】

触电伤员如意识丧失，应在10s内，用看、听、试等方法，迅速判定伤员的呼吸、心跳情况。触电者是否死亡，要由医生下结论。

现场抢救中，不要随意移动伤员。移动伤员或将其送医院，除应使伤员平躺在担架上并在背部垫以平硬阔木板外，应继续抢救，心跳呼吸停止者要继续人工呼吸和胸外心脏按压，在医院医务人员未接替前救治不能中止。

如果触电者有皮肤灼伤，可用净水冲洗拭干，再用纱布或手帕等包扎好，以防感染。

（3）口对口人工呼吸

对失去知觉的触电者，若呼吸不齐、微弱或呼吸停止而有心跳的，应采用口对口人工呼吸法进行抢救。

如图1-9所示，先使触电者头偏向一侧，清除口中的血块、痰液或口沫，取出口中假牙等杂物，使其呼吸道畅通；急救者深深吸气，捏紧触电者的鼻子，大口地向触电者口中吹气，然后放松鼻子，使之自身呼气，每5s一次，重复进行，在触电者苏醒之前，不可间断。

人工呼吸操作
要领

口诀

伤员仰卧平地上，解开领扣松衣裳。
张口捏鼻手抬颌，贴嘴吹气看胸张。
张口困难吹鼻孔，五秒一次吹正常。
吹气多少看对象，大人小孩要适量。
人工呼吸不间断，联系医生要尽快。

清除口腔阻塞　　头部尽量后仰　　含嘴吹气　　放开换气

图1-9　口对口人工呼吸法操作步骤

（4）胸外心脏挤压

对有呼吸而心脏跳动微弱、不规则或心跳已停的触电者，应采用胸外心脏挤压法进行抢救。

胸外心脏挤压
操作要领

如图1-10所示，先使触电者头部后仰，急救者跪跨在触电者臀部位置，右手掌置放在触电者的胸上，左手掌压在右手掌上，向下挤压3～4cm后，突然放松。挤压和放松动作要有节奏，每秒1次（儿童2秒钟3次），挤压时应位置准确，用力适当，用力过猛会造成触电者内伤，用力过小则无效，对儿童进行抢救时，应适当减小按压力度，在触电者苏醒之前不可中断。

口诀

病人仰卧硬板床，通畅气道有保障。
掌根下压不冲击，突然放松手不离。
手腕略弯压一寸，一秒一次较适宜。
颈脉搏动能触及，按压效果才够上。

找准挤压位置　　　手形和姿势　　　压胸　　　放松

图1-10　胸外心脏挤压法操作步骤

1.4　电气防火防爆防雷防静电

1.4.1　电气防火与防爆

（1）电气火灾和爆炸的原因

电气火灾与爆炸的原因很多，设备缺陷、安装不当等是重要原因。电流产生的热量和电路产生的火花或电弧是直接原因。

电气防火与防爆

① 电气设备过热　引起电气设备过热主要是电流产生的热量造成的，包括短路、过载、接触不良、铁芯发热、散热不良等情况。

② 电火花或电弧　电火花是电极间的击穿放电现象。大量的电火花汇集形成电弧，引起可燃物燃烧，构成危险的火源。在易燃易爆场所很容易造成火灾或爆炸事故。

电火花主要包括工作火花和事故火花两类。工作火花是指电气设备正常工作时或正常操作过程中产生的火花。如直流电机电刷与整流子滑动接触处、交流电机电刷与滑环滑动接触处电刷后方的微小火花、开关或接触器开合时的火花、插销拔出或插入时的火花等。事故火花是线路或设备发生故障时出现的火花。如发生短路或接地时出现的火花、绝缘损坏时出现的闪光、导线连接松脱时的火花、保险丝熔断时的火花、过电压放电火花、静电火花、感应电火花以及修理工作中错误操作引起的火花等。

（2）电气防火与防爆措施

发生电气火灾和爆炸要具备三个条件：一是要有易燃易爆物质和环境，二是要有引燃条件，三是要有氧气（空气）。在生产场所的动力、照明、控制、保护、测量等系统和生活场所中的各种电气设备和线路，在正常工作或事故中常常会产生电弧、火花和危险的高温，这就具备了引燃或引爆条件。客观上很多工业现场满足爆炸条件。当爆炸性物质与氧气的混合浓度处于爆炸极限范围内时，若存在爆炸源，将会发生爆炸。因此采取防爆就显得很必要了。因此，防火防爆措施必须是综合性的措施，主要包括以下内容：

a. 选用合理的电气设备；

b. 保持必要的防火间距；

c. 确保电气设备正常运行，应具有良好的通风条件，并采用耐火设施，有完善的继电保护装置；

d. 有合格的接地（接零）措施。

（3）防爆场所及防爆电气的识别

① 危险场所危险区域划分　见表1-10。

表1-10　危险场所危险区域划分

爆炸性物质	区域定义	中国标准	北美标准
气体 （CLASS I）	在正常情况下，爆炸性气体混合物连续或长时间存在的场所	0区	Div.1
	在正常情况下爆炸性气体混合物有可能出现的场所	1区	—
	在正常情况下爆炸性气体混合物不可能出现，仅在不正常情况下偶尔或短时间出现的场所	2区	Div.2
粉尘或纤维 （CLASS II/III）	在正常情况下，爆炸性粉尘或可燃纤维与空气的混合物可能连续，短时间频繁地出现或长时间存在的场所	10区	Div.1
	在正常情况下，爆炸性粉尘或可燃纤维与空气的混合物不能出现，仅仅在不正常情况下，偶尔或短时间出现的场所	11区	Div.2

② 爆炸性气体危险场所　爆炸性气体危险场所按其危险程度大小，划分为0区、1区、2区三个级别。

0区——连续出现或长期出现爆炸性气体混合物的环境。

1区——在正常运行时可能出现爆炸性气体混合物的环境。

2区——在正常运行时不可能出现爆炸性气体混合物的环境，或即使出现也仅是短时存在的爆炸性气体混合物的环境。

0区一般只存在于密封的容器、贮罐等内部气体空间，在实际设计过程中1区也很少存在，大多数情况属于2区。

（4）防爆电气设备分类

I类——煤矿井下用电气设备。

Ⅱ类——除矿井以外的场合使用的电气设备。

Ⅱ类电气设备，按其适用于爆炸性气体混合物最大试验安全间隙或最小点燃电流比，分为ⅡA、ⅡB、ⅡC三类；并按其最高表面温度分为T1～T6六组。

（5）电气火灾的扑救

电气火灾，预防为先。扑救电气火灾必须根据现场火灾情况，采取适当的方法，以保证灭火人员的安全。

1）切断电源

当发生电气火灾时，若现场尚未停电，则首先应想办法切断电源，这是防止扩大火灾范围和避免触电事故的重要措施。切断电源时应该注意以下几点：

① 切断电源是必须使用可靠的绝缘工具，以防操作过程中发生触电事故；

② 切断电源的地点选择要适当，以免影响灭火工作；

③ 剪断导线时，非同相的导线应在不同的部位剪断，以免造成人为短路；

④ 如果导线带有负荷，应先尽可能消除负荷，再切断电源。

2）防止触电

为了防止灭火过程中发生触电事故，带电灭火时应注意与带电体保持必要的安全距离。不得使用水、泡沫灭火器灭火。应该使用干黄沙和二氧化碳灭火器、干粉灭火器进行灭火。防止身体、手、足，或者使用的消防灭火器等直接与有电部分接触或有电部分过于接近造成触电事故。带电灭火时，还应该戴绝缘橡胶手套。

3）充油设备的灭火

扑灭充油设备内部火灾时，应该注意以下几点：

① 充油设备外部着火时，可用二氧化碳、1211、干粉等灭火器灭火；如果火势较大，应立即切断电源，用水灭火；

② 如果是充油设备内部起火，应立即切断电源，灭火时使用喷雾水枪，必要时可用砂子、泥土等灭火。外泄的油火，可用泡沫灭火器熄灭；

③ 发电机、电动机等旋转电机着火时，为防止轴和轴承变形，可令其慢慢转动，用喷雾水枪灭火，并帮助其冷却。也可用二氧化碳灭火器、1211灭火器、蒸汽等灭火。

- - - 【特别提醒】- -

情况危急或受条件限制必须带电灭火时应注意：二氧化碳、1211、干粉等灭火器所使用的灭火剂都是不导电的，可用来带电灭火。使用二氧化碳灭火器时，应保证通风良好，并且要适当远离火区，并注意防止喷出的二氧化碳沾染皮肤。带电灭火时，应注意灭火器本体、喷嘴及人体与带电体保持一定的距离。

1.4.2　电气防雷和防静电

（1）雷电危害

雷电（闪电）是大气中发生的剧烈放电现象，具有大电流、高电压、强电磁辐射等特征。带电积云是产生雷电的条件。闪电的平均电流是3万安，最大电流可达30万安。闪电的电压很高，约为1亿至10亿伏。闪电时的温度高达2万度。

电气防雷与
防静电

雷电分直击雷、球形雷、电磁脉冲、云闪四种。其中直击雷和球形雷都会对人和建筑造成危害，而电磁脉冲主要影响电子设备，主要是受感应作用所致；云闪由于是在两块云之间或一块云的两边发生，所以对人类危害最小。闪电按其发生的位置可分为云内闪电、云际闪电和云地闪电。

雷电的主要危害如下：

① 雷电产生强大电流，瞬间通过物体时产生高温，引起燃烧、熔化；触及人畜时，会造成人畜伤亡。

② 击毁供配电系统，造成大范围停电。

雷击爆炸作用和静电作用能引起树林、电杆等物体被劈裂倒塌。

③ 各种电力线、电话线、通信线由于雷击产生高压，致使电气设备损坏。

（2）雷电的防护措施

① 提高线路本身的绝缘水平。

② 加强对绝缘薄弱点的保护。

③ 绝缘子铁脚接地。

④ 装设防雷装置以保护建筑物免遭直击雷。一套完整的防雷装置包括避雷针、避雷网、避雷带、接闪器、引下线和接地装置。

⑤ 雷暴时，尽量少在室外逗留，确需巡检时，应穿好塑料等不浸水的雨衣，不准登高作业。切勿站立于山顶、楼顶上或其他接近导电性高的物体。注意关闭好站内所有门窗，防止球形雷进入室内。尽量远离站内避雷针塔、烟囱、孤树、路灯杆、旗杆等建筑设施。尽量减少使用电话和手机。

（3）静电危害及防护

所谓静电，就是一种处于静止状态的电荷或者说不流动的电荷（流动的电荷就形成了电流）。当电荷聚集在某个物体上或表面时就形成了静电。当带静电物体接触零电位物体（接地物体）或与其有电位差的物体时都会发生电荷转移，就是我们日常见到的火花放电现象。

1）静电的危害

一是可能引起爆炸和火灾。静电的能量虽然不大，但因其电压很高且易放电，出现静电火花；二是可能产生电击。静电产生的电击虽然不会致人死亡，但是往往会导致二次事故，因此也要加以防范；三是可能影响生产。在生产中，静电有可能会影响仪器设备的正常运行或降低产品的质量。此外，静电还会引起电子自动元件的误操作。

2）消除静电防护

① 创造条件加速静电泄漏或中和。主要包括两种方法，泄漏法和中和法。接地、增湿、加入抗静电剂等属于泄漏法；运用感应静电消除器、放射线静电消除器及离子流静电消除器等属于中和法，一般企业都采用接地的措施。

② 控制工艺过程。其途径就是工艺控制法，包括材料选择、工艺设计、设备结构及操作管理等方面所采取的措施。

电工基础知识

2.1　直流电路基础知识

2.1.1　电路及其基本物理量

（1）电路的分类和组成

认识电路

电路按照传输电压、电流的频率可以分为直流电路和交流电路；按照作用可以划分为电力电路和电子电路。

（2）电路的组成及作用

简单电路由4大部分组成，即电源、负载、控制装置和连接导线。电路各个组成部分的作用见表2-1。

表2-1　电路各个组成部分的作用

组成部分	作　用	举　例
电源	它是供应电能的设备，其作用是为电路中的负载提供电能	干电池、蓄电池、发电机等
负载	各种用电设备总称为负载，它是取回电能的装置，其作用是将电能转换成所需形式的能量	灯泡将电能转化为光能，电动机将电能转化为机械能，电炉将电能转化为热能等
控制装置	根据负载的需要，在电路中分配电能和控制整个电路	开关、熔断器等控制电路工作状态（通/断）的器件或设备
连接导线	它是电源与负载形成通路的中间环节，起输送和分配电能的作用	各种连接电线

【特别提醒】

由于电路的类型较多，实际应用的电路都比较复杂，以便能够实现不同的功能。

（3）电路的三种工作状态

电路的三种状态

电路的三种工作状态如图2-1所示。

① 有载状态（通路）　有载工作状态下，电源与负载接通，电路中有电流通过，负载能获得一定的电压和电功率。

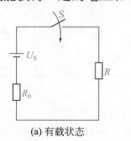
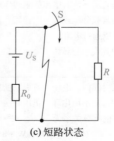

(a) 有载状态　　　(b) 开路状态　　　(c) 短路状态

图2-1　电路的3种工作状态

厂家对电气设备的工作电流、电压、功率等都规定了一个数值，该数值称为电气设备的额定值。电气设备工作在额定值时的状态称为额定工作状态。

电路的有载状态分为三种情形。电路的额定工作状态称为满载；小于额定值时称为欠载；超过额定值时称为过载。

② 开路（断路） 在开路状态下，电路中没有电流通过。

电路发生开路的原因很多，如开关断开、熔体熔断、电气设备与连接导线断开等均可导致电路发生开路。

③ 短路（捷路） 电路中本不该接通的地方短接在一起的现象称为短路。短路时输出电流很大，如果没有保护措施，电源或负载会被烧毁甚至发生火灾。所以，通常要在电路中安装熔断器或保险丝等保险装置，以避免短路时产生不良后果。

 【特别提醒】

　　电路的这三种工作状态各有其用处，例如一些调节或控制回路常用到短路。

电流　　　　电动势

（4）电路的基本物理量

电路的基本物理量见表2-2。

表2-2　电路的基本物理量

物理量	说明	公式	符号表示	单位及符号
电动势	电动势等于在电源内部电源力将单位正电荷由低电位（负极）移到高电位（正极）做的功与被移动电荷电量的比值 电动势是反映电源把其他形式的能转换成电能的本领的物理量 电动势的方向规定为，在电源内部由负极指向正极	$E = \dfrac{W}{q}$	E	伏特，V
电流	把单位时间里通过导体任一横截面的电量称为电流强度，简称电流 电流的方向规定：正电荷的流动方向为电流方向。在金属导体中，电流的方向与自由电子定向移动的方向相反	$I = \dfrac{q}{t}$	I	安培，A
电压	在电路中，任意两点之间的电位差称为这两点的电压 电压的方向规定：从高电位（正极）指向低电位（负极）的方向	$U_{ab} = \dfrac{W_{ab}}{q}$	U_{ab}	伏特，V
电位	电位是电场中某点与参考点之间的电压 参考点可以任意选定。若参考点改变，则电位将发生变化	$V = U_{ab}$	V_a	伏特，V
电阻	电阻是表示导体对电流的阻碍作用大小的物理量。电阻在电路中通常起分压或分流的作用；对信号来说，交流与直流信号都可以通过电阻 电阻的其大小与导体长度、材料、横截面积、温度等因素有关	$R = \rho \dfrac{L}{S}$	R	欧姆，Ω
电能	在一段时间内，电场力所做功的称为电能。对于电能的单位，人们常常不用焦耳，仍用非法定计量单位"度"。焦耳和"度"的换算关系为 　　1度（电）= 1kW·h = 3.6×10⁶J	$W = qU = IUt = I^2Rt = \dfrac{U^2}{R}$	W	焦耳，J
电功率	在单位时间内电流所做的功称为电功率，是描述电流做功快慢程度的物理量。电功率等于导体两端电压与通过导体电流的乘积 用电器在额定电压下正常工作的功率称为额定功率，用电器在实际电压下工作的功率称为实际功率	$P = \dfrac{W}{t} = IU = I^2R = \dfrac{U^2}{R}$	P	瓦特，W

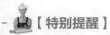
【特别提醒】

正确理解有关基本物理量的定义，熟记它们的单位和符号，以及单位换算。

2.1.2　欧姆定律

（1）部分电路的欧姆定律

流过导体的电流 I 与导体两端的电压 U 成正比，与这段导体的电阻值成反比。即

$$I = \frac{U}{R} \quad 或 \quad U = IR$$

部分电路欧姆定律

欧姆定律揭示了电路中电流、电压和电阻三者之间的关系。它是电路的基本定律之一，应用非常广泛。

（2）全电路欧姆定律

闭合电路的电流与电源电动势成正比，与整个电路的电阻（内电阻和外电阻之和）成反比。即

$$I = \frac{E}{R + r} \quad 或 \quad E = IR + Ir$$

端电压随外电路电阻的变化规律如下。

① R 增大时，因为 $I = \dfrac{E}{R + r}$，所以 I 将减少，Ir 将减少，而 $U = E - Ir$，所以 U 将增大。

特例：电路开路时，$R = \infty$，$I = 0$，$U = E$。因此把电压表接到电源两端，测得的电压近似等于电源电动势（因为电压表内阻很大）。换言之，在开路（断路）时，端电压等于电源电动势，电流为零。

② R 减少时，因为 $I = \dfrac{E}{R + r}$，所以 I 将增大，Ir 将增大，而 $U = E - Ir$，所以 U 将减少。

特例：电路短路时，$R = 0$，$I = E/r$，电流将很大，$U = 0$。换言之，在短路时，端电压为零，电路中的电流最大。因此，不允许用电流表直接接到电源两端测电流（因为电流表的内阻很小，这样做容易烧坏电流表和电源）；同时，要求电路中必须设置保护装置，以免烧坏电源和造成火灾等事故。

【特别提醒】

欧姆定律只适用于纯电阻电路，金属导电和电解液导电，在气体导电和半导体元件等中欧姆定律将不适用。

2.1.3　电阻的串联和并联

电阻串、并联电路的特点及应用见表2-3。

电阻的串联　　　　电阻的并联

表2-3　电阻串、并联电路的特点及应用

项目	连接方式	
	串　联	并　联
电流	电流处处相等，即 $I_1 = I_2 = I_3 = \cdots = I$	总电流等于各支路电流之和，即 $I = I_1 + I_2 + \cdots + I_n$
电压	两端的总电压等于各个电阻两端电压之和，即 $U = U_1 + U_2 + U_3 + \cdots + U_n$	总电压等于各分电压，即 $U_1 = U_2 = \cdots = U$
电阻	总电阻等于各电阻之和，即 $R = R_1 + R_2 + R_3 + \cdots + R_n$	总电阻的倒数等于各个并联电阻倒数之和，即 $\dfrac{1}{R} = \dfrac{1}{R_1} + \dfrac{1}{R_2} + \ \dfrac{1}{R_n}$
电阻与分压	各个电阻两端上分配的电压与其阻值成正比，即 $U_1 : U_2 : U_3 : \cdots : U_n = R_1 : R_2 : R_3 : \cdots : R_n$	各个支路电阻上的电压相等
电阻与分流	不分流	各支路电流与电阻值成反比，即 $I_1 : I_2 : \ I_n = \dfrac{1}{R_1} : \dfrac{1}{R_2} : \ \dfrac{1}{R_n}$
功率分配	各个电阻分配的功率与其阻值成正比，即 $P_1 : P_2 : P_3 : \cdots : P_n = R_1 : R_2 : R_3 : \cdots : R_n$	各电阻分配的功率与阻值成反比，即 $R_1 P_1 = R_2 P_2 = \cdots = R_n P_n = RP$
应用举例	（1）用于分压：为获取所需电压，常利用电阻串联电路的分压原理制成分压器 （2）用于限流：在电路中串联一个电阻，限制流过负载的电流 （3）用于扩大伏特表的量程：利用串联电路的分压作用可完成伏特表的改装，即将电流表与一个分压电阻串联，便把电流表改装成了伏特表	（1）组成等电压多支路供电网络，例如220V照明电路 （2）分流与扩大电流表量程。运用并联电路的分流作用可对安培表进行扩大量程的改装，即将电流表与一个分流电阻相并联，便把电流表改装成了较大量程的安培表

① 若有两个电阻串联，则分压公式为

$$U_1 = \frac{R_1}{R_1 + R_2} U, \ U_2 = \frac{R_2}{R_1 + R_2} U$$

② 若两个电阻串联，则功率分配公式为

$$\frac{P_1}{P_2} = \frac{R_1}{R_2}, \ \frac{1}{R} = \frac{1}{R_1} + \frac{1}{R_2} + \ \frac{1}{R_n}$$

③ 若只有两个电阻并联，则

$$R = \frac{R_1 R_2}{R_1 + R_2}$$

若3个电阻并联，则

$$R = \frac{R_1 R_2 R_3}{R_1 R_2 + R_1 R_3 + R_2 R_3}$$

④ 若只有两个电阻并联，则分流公式为

$$I_1 = \frac{R_2}{R_1 + R_2} I$$

$$I_2 = \frac{R_1}{R_1 + R_2} I$$

求解混联电路等效电阻的步骤如下：

① 首先整理电路，使之连接关系明朗化。整理出各电阻串、并联连接线的等效电路图。

② 简化支路，即根据电阻串联的特点求出各支路的等效电阻。

③ 合并支路，即根据电阻并联的特点进一步简化电路，如图2-2所示。

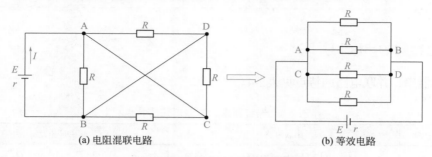

(a) 电阻混联电路　　　　　　　　　(b) 等效电路

图2-2　电阻混联电路及其等效电路

【特别提醒】

读者要正确理解串联电路和并联电路的特点和二者的区别，以便解决电路中的实际问题。

2.1.4　基尔霍夫定律及其应用

（1）基尔霍夫第一定律（KCL）

基尔霍夫第一定律又叫节点电流定律，简称KCL定律。它是指，在任何时刻流入任一节点的电流之和等于流出该节点的电流之和，即

$$\Sigma I_入 = \Sigma I_出$$

若规定流进节点的电流为正，流出节点的电流为负，则在任一时刻，流过任一节点的电流代数和恒等于零，这就是基尔霍夫定律的另一种表述，即

$$\Sigma I = 0$$

【特别提醒】

节点电流定律不仅适用于节点，还可推广于任意假设的封闭面来说，它仍然成立。

参考方向是任意假定的方向。若计算结果为正值，表明该矢量的实际方向与参考方向相同；计算结果为负值，表明该矢量的实际方向与参考方向相反。

（2）基尔霍夫第二定律（KVL）

基尔霍夫第二定律也叫回路电压定律，简称KVL定律，它确定了一个闭合回路中各部分电压间的关系。在任何时刻，沿着电路中的任一回路绕行方向，回路中各段电压的代数和恒等于零，即

$$\Sigma U = 0$$

【特别提醒】

　　运用基尔霍夫定律进行电路分析时，仅与电路的连接方式有关，而与构成该电路的元器件具有什么样的性质无关。

2.1.5　电容器的串联和并联

　　电容器串、并联电路的特点见表2-4。

表2-4　电容器串、并联电路的特点

物理量	串联电路	并联电路
电量	$Q = Q_1 = Q_2 = \cdots = Q_n$	$Q = Q_1 + Q_2 + \cdots + Q_n$
电压	$U = U_1 + U_2 + \cdots + U_n$ 电压分配与电容成反比 $\dfrac{U_1}{U_2} = \dfrac{C_1}{C_2}$	$U = U_1 = U_2 = \cdots = U_n$
电容	$\dfrac{1}{C} = \dfrac{1}{C_1} + \dfrac{1}{C_2} + \cdots + \dfrac{1}{C_n}$ 当n个电容为C_0的电容器串联时， $C = \dfrac{C_0}{n}$	$C = C_1 + C_2 + \cdots + C_n$ 当n个电容为C_0的电容器并联时 $C = nC_0$

　　（1）电容器串联的应用

　　当实际工作电压高于电容器的额定工作电压时，就可以将电容器串联使用。注意，此时总的电容量是会减小的。

　　（2）电容器并联的应用

　　在实际电路中，当一只电容器电容量不够时，可以将几只电容器并联使用，增大其电容量。额定工作电压以并联的电容器中耐压最低的为标准。

【特别提醒】

　　电容器的串联、并联的特点与电阻器的串联、并联的特点虽然对应，但是区别甚大，宜对比记忆。

2.2　电磁基础知识

2.2.1　电流的磁场

　　（1）磁感线

　　①磁感线上某点的切线方向与该点的磁场方向相同，如图2-3（a）所示。

② 磁感线的疏密表示磁场的强弱，如图2-3（b）所示。

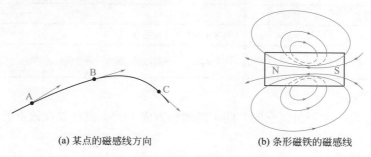

(a) 某点的磁感线方向　　　　(b) 条形磁铁的磁感线

图2-3　磁感线

③ 匀强磁场的磁感线是一些分布均匀的平行直线。

（2）电流的磁场

直线电流及通电螺线管周围电流的方向和磁场方向可用右手螺旋定则来确定，如图2-4所示。

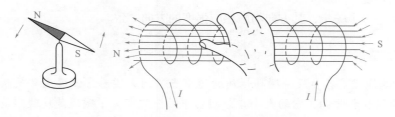

图2-4　右手螺旋定则判定通电线圈磁场

磁感线有如下几个特点。

① 磁感线在磁体外面的方向都是由N极指向S极，而磁体内部却是由S极指向N极，形成一个闭合回路。

② 磁感线互不相交，即磁场中任一点的磁场方向是唯一的。

③ 磁场越强，磁感线越密。

④ 当存在导磁材料时，磁感线主要趋向从导磁材料中通过。

通电直导体和通电螺线管的磁场都是用右手螺旋定则判断的。

① 通电直导体中，大拇指指向电流方向，四指弯曲的方向是磁感线环绕的方向。

② 通电螺线管中，四指指向电流方向，大拇指指的是螺线管中磁感线的N极方向。

2.2.2　磁场的基本物理量

磁感应强度、磁通、磁导率和磁场强度是描述磁场的4个基本物理量，见表2-5。

磁场基本物理量

表2-5　磁场的基本物理量

物理量	符号	表达式	说明
磁感应强度	B	$B = \dfrac{F}{IL}$	它是描述磁场力效应的物理量，表示磁场中任意一点磁场的强弱和方向
磁通	Φ	$\Phi = BS$	磁感应强度和与其垂直的某一截面积的乘积，称为通过该面积的磁通

物理量	符号	表达式	说明
磁导率	μ	$\mu = \mu_r \mu_0$	用来衡量物质导磁能力
磁场强度	H	$H = \dfrac{B}{\mu}$	它是磁场中某点的磁感应强度与磁介质磁导率的比值

（1）磁感应强度

磁感应强度是一个矢量，它的方向（即磁感方向）为小磁针放在该点处，静止时N极所指的方向。

（2）相对磁导率

根据相对磁导率μ_r的大小，可将物质分为3类。

①$\mu_r < 1$的物质叫反磁性物质，如氢气、铜、石墨、银、锌等。

②$\mu_r > 1$的物质叫顺磁性物质，如空气、锡、铝、铅等。

③$\mu_r = 1$的物质叫铁磁性物质，如铁、钢、镍、钴等。

（3）磁场强度

磁场强度是一个矢量，其方向与磁感应强度的方向一致。

 【特别提醒】

　　4个基本物理量各自反映磁场性质的侧重点不同。磁感应强度主要反映磁场中某一点的磁场强弱和方向，它的大小与该磁场中的介质有关；磁通是反映磁场中某一个截面的磁场情况，它同样与介质有关；磁场强度是反映磁场中某一点的磁场情况，与励磁电流和导体形状有关，但它与磁场中的介质无关，它只是为了使运算简便而引入的一个物理量。

2.2.3　左手定则

（1）磁场对载流导体的作用

① 在匀强磁场中，垂直于磁场方向的一段通电导体所受磁场力的大小，可由磁感应强度的定义式$B = \dfrac{F}{IL}$推出，即$F = BIL$。作用力的方向可用左手定则判定。

② 如果在匀强磁场中，电流方向与磁场方向成一夹角θ，则磁场对通电导体的作用力为

$$F = BIL\sin\theta$$

③ 磁场对矩形线圈的力偶矩的大小为

$$M = NBIS\cos\theta$$

（2）左手定则的应用

伸出左手，让拇指跟其他四指垂直，并与手掌在一个平面内，让磁感线穿入手心，四指指向电流方向，大拇指所指的方向即为通电直导线在磁场中所受力的方向，如图2-5所示。

左手定则记忆口诀

电流通入直导线，就能产生电磁力。

左手用来判断力，拇指四指成垂直。

平伸左手磁场中，N极正对手心里，
四指指向电流向，拇指所向电磁力。

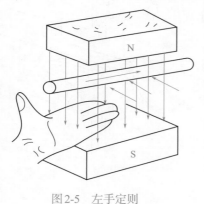

图2-5　左手定则

图2-6　磁场对通电线圈的作用力矩

（3）磁场对通电线圈的作用力矩

由左手定则可知：$F \perp B$，$F \perp I$，即F垂直于B和I所决定的平面。

如图2-6所示，当线圈平面与磁感线平行时，力臂最大，线圈受磁力矩最大；当线圈平面与磁感线垂直时，力臂为零，线圈受磁力矩也为零。

2.2.4　电磁感应现象与楞次定律

电磁感应现象

（1）感应电动势和感应电流的条件

① 只要穿过闭合回路的磁通量发生变化，回路中便产生感应电动势和感应电流。如果回路是不闭合的，则只有感应电动势而无感应电流。

② 只要闭合线路中的一部分导体在磁场中做切割磁感线运动，回路里就产生感应电流。这种情况只是电磁感应现象中的一种特殊情况。因为闭合线路的一部分导体在磁场中做切割磁感线运动时，实际上线路中的磁通量必然发生变化。

（2）楞次定律

① 楞次定律的内容：线圈中感应电动势的方向总是企图使它所产生的感应电流的磁场阻碍原有磁通的变化。

②用楞次定律判定感应电流方向的具体步骤如下：

a. 确定原磁通的方向；

b. 判定穿过回路的原磁通的变化情况是增加还是减少；

c. 根据楞次定律确定感应电流的磁场方向；

d. 根据右手螺旋法则，由感应电流磁场的方向确定感应电流的方向。

③ 楞次定律的适用范围：楞次定律是判断感应电流方向的普遍规律。它不但适用闭合线路中的一部分导体在磁场中做切割磁感线运动所产生的感应电流方向的判定，与右手定则所判定的结果相同，而且适用穿过闭合回路里的磁通发生变化时产生感应电流的方向判定。

关于电磁感应中的定则应用

（3）感应电动势和感应电流方向的判定

① 右手定则的内容：伸开右手，将手掌伸平，让拇指和其余四指垂直，掌心对着磁感线的来向，大拇指指向导体切割磁感线的运动方向，则四指所指的就是感应电流方向，如

图2-7所示。

② 右手定则的适用范围：右手定则适用于闭合线路中的部分导体在磁场中做切割磁感线运动，产生感应电流的方向的判定。

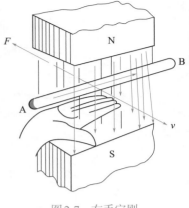

右手定则记忆口诀

导线切割磁感线，感应电势生里面。
导线外接闭合路，感应电流右手判。
平伸右手磁场中，手心面对N极端。
导线运动拇指向，四指方向为电流。

图2-7　右手定则

2.2.5　自感和互感

（1）自感现象

① 由于线圈中电流的变化而在线圈本身引起感应电动势的现象称为自感现象。

② 空心线圈的电感 L 是一个常数，即 $L = \dfrac{\psi}{I}$，其大小与线圈的尺寸几何形状、匝数等因数有关，与通电电流大小无关。线圈的自感系数 L 是线圈的本身属性，它反映线圈产生自感电动势和储存磁场能量的能力。

③ 自感现象的应用：自感现象是一种特殊的电磁感应现象，在电气设备和无线电技术中有着广泛的应用。日光灯的镇流器就是利用线圈自感现象的一个例子。

【特别提醒】

　　自感现象也有不利的一面。在自感系数很大而电流又很强的电路（如大型电动机的定子绕组）中，在切断电路的瞬间，由于电流在很短的时间内发生很大的变化，会产生很高的自感电动势，使开关的闸刀和固定夹片之间的空气电离而变成导体，形成电弧。因此，切断这段电路时必须采用特制的安全开关。

（2）互感现象

① 相邻的两个线圈，当一个线圈中的电流发生变化时引起另一个线圈的磁通变化，这种现象叫互感现象。

② 互感系数：两个线圈互感系数的大小完全取决于两个线圈的结构、尺寸、匝数及它们之间的相对位置，与线圈的电流无关，它反映两个线圈间产生互感磁通和互感电动势的能力。

2.3　交流电基础知识

2.3.1　单相正弦交流电

（1）正弦交流电的特点
正弦交流电有3个特点。

① 瞬时性：在一个周期内，不同时刻的瞬时值是不相同的。

② 周期性：每隔一个相同的时间间隔，变化规律是相同的。

③ 规律性：按正弦函数规律变化。

（2）正弦交流电的物理量及解析式

大小及方向均随时间按正弦规律做周期性变化的电流、电压、电动势叫作正弦交流电流、电压、电动势，在某一时刻 t 的瞬时值可用解析式（三角函数式）来表示，即

正弦交流电的
物理量

$$i(t) = I_m \sin(\omega t + \varphi_{i0})$$
$$u(t) = U_m \sin(\omega t + \varphi_{u0})$$
$$e(t) = E_m \sin(\omega t + \varphi_{e0})$$

式中，I_m、U_m、E_m 分别叫作交流电流、电压、电动势的振幅（也叫峰值或最大值），电流的单位为安培（A），电压和电动势的单位为伏特（V）；ω 为交流电的角频率，单位为弧度/秒（rad/s），它表征正弦交流电流每秒内变化的电角度；φ_{i0}、φ_{u0}、φ_{e0} 分别是电流、电压、电动势的初相位或初相，单位为弧度（rad）或度（°），它表示初始时刻（$t = 0$ 时）正弦交流电所处的电角度。

通常把振幅（最大值或有效值）、频率（或者角频率、周期）、初相位，称为交流电的三要素。知道了交流电的三要素，就可写出其解析式，也可画出其波形图。反之，知道了交流电解析式或波形图，也可找出其三要素。任何正弦量都具备这三个要素。

综上所述，表征正弦交流电的基本电参量（物理量）见表2-6。

表2-6　正弦交流电的物理量

物理量	概　念	符 号 表 示
瞬时值	随时间变化的电流、电压、电动势和功率在任何一瞬间的数值	分别用 i、u、e、P 表示。例如电动势表示为 $e = E_m \sin \omega t$
最大值	正弦交流电在一个周期内所能达到的最大数值，也称幅值、峰值、振幅等	分别用 E_m、U_m、I_m 表示
有效值	正弦交流电的有效值是根据电流的热效应规定的。即让交流电与直流电分别通过阻值相同的电阻，如果在相同的时间内，它们所产生的热量相等，就把直流电的数值定义为交流电的有效值	分别用 E、U、I 表示
平均值	正弦交流电在半个周期内，在同一方向通过导体横截面的电流与半个周期时间之比值	分别用 I_{pj}、U_{pj}、E_{pj} 表示
周期	交流电完成一次周期性变化（或发电机的转子旋转一周）所用的时间	用 T 表示，单位是秒（s）
频率	交流电在单位时间内（1s）完成周期性变化的次数（或发电机在1s内旋转的圈数）	用 f 表示，单位是赫兹（Hz）。频率常用单位还有千赫（kHz）和兆赫（MHz），它们的关系为 $1kHz = 10^3 Hz$；$1MHz = 10^6 Hz$
角频率	交流电在1s内角度的变化量（即发电机转子在1s内所转过的几何角度）	用 ω 表示，单位是弧度每秒（rad/s）
相位	表示正弦交流电在某一时刻所处状态的物理量。相位不仅决定正弦交流电的瞬时值的大小和方向，还能反映正弦交流电的变化趋势	在正弦交流电的三角函数式中，"$\omega t + \varphi$"就是正弦交流电的相位。单位是度（°）或弧度（rad）

物理量	概　念	符 号 表 示
初相位	表示正弦交流电起始时刻的状态的物理量。正弦交流电在 $t=0$ 时的相位（或发电机的转子在没有转动之前，其线圈平面与中性面的夹角）叫初相位，简称初相	用 φ_0 表示。初相位的大小和时间起点的选择有关，初相位的绝对值用小于π的角表示
相位差	两个同频率正弦交流电，在任一瞬间的相位之差就是相位差	用符号 $\Delta\varphi$ 表示

① 有效值与最大值的关系

$$I = \frac{I_m}{\sqrt{2}} = 0.707 I_m, \quad U = \frac{U_m}{\sqrt{2}} = 0.707 U_m, \quad E = \frac{E_m}{\sqrt{2}} = 0.707 E_m$$

② 平均值与最大值的关系

$$I_{pj} = \frac{2}{\pi} I_m = 0.637 I_m, \quad U_{pj} = \frac{2}{\pi} U_m = 0.637 U_m, \quad E_{pj} = \frac{2}{\pi} E_m = 0.637 E_m$$

③ 周期、频率和角频率三者的关系

$$\omega = 2\pi f = \frac{2\pi}{T}, \quad f = \frac{1}{T} = \frac{\omega}{2\pi}, \quad T = \frac{1}{f} = \frac{2\pi}{\omega}$$

（3）画正弦交流电波形图的方法

① 横轴：正弦交流电的波形图中，横坐标轴可以为时间 t、周期 T 和电角度 ωt 等3种。在识图和画图时，要特别注意横轴所表示的是什么。

② 纵轴：看纵轴上标出的字母 i、u、e 来区别表示的是电流、电压还是电动势。

③ 初相：它是波形画法中最难的。画图时，看初相是正还是负。初相为负角时，计时点即 $t=0$ 时的起点应在负半周，其波形是从负值向正值变化到与横轴相交的零点。如图2-8（a）中的A点到原点 O 点之间的电气角为负的初相位，它在纵轴的右侧。

初相为正角时，计时起点 $t=0$ 应在正半周，其波形从负值向正值变化到与横轴相交的零点，如图2-8（b）的A′ 与原点 O 之间的电气角为正的初相位，它在纵轴的左侧。

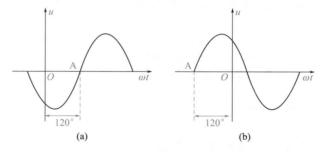

(a)   (b)

图2-8　正弦交流电波形图画法举例

（4）单相正弦交流电路

基本交流电路有纯电阻电路、纯电感电路和纯电容电路，其性质比较见表2-7。

表2-7　三种基本交流电路性质比较

特性名称	纯电阻电路	纯电感电路	纯电容电路
电压电流矢量图	→ i → $\dot{U}$	$\dot{U}_L$ → i	$\dot{I}$ $\dot{U}_C$

续表

特性名称		纯电阻电路	纯电感电路	纯电容电路
阻抗特性	阻抗	电阻R	感抗$X_L = \omega L$	容抗$X_C = 1/(\omega C)$
	直流特性	呈现一定的阻碍作用	通直流（相当于短路）	隔直流（相当于开路）
	交流特性	呈现一定的阻碍作用	通低频、阻高频	通高频、阻低频
电压与电流关系	大小关系	$U_R = RI_R$	$U_L = X_L I_L$	$U_C = X_C I_C$
	相位关系（电压与电流相位差）	u、i同相	u超前于i90°	u滞后于i90°
功率情况		耗能组件，存在有功功率 $P_R = U_R I_R = I^2 R$（W）	储能组件（$P_L = 0$），存在无功功率$Q_L = U_L I_L = I^2 X_L$（var）	储能组件（$P_C = 0$），存在无功功率$Q_C = U_C I_C = I^2 X_C$（var）
满足欧姆定律参数		最大值、有效值、瞬时值	最大值、有效值	最大值、有效值

2.3.2　三相交流电

（1）三相交流电的表达式

发电机定子上有三组线圈，由于三组线圈的几何尺寸和匝数都相等，所以3个电动势e_1、e_2、e_3的振幅相同，频率相同，彼此间相位相差$\dfrac{2\pi}{3}$。若把e_1的初相位规定为零，则三相电动势的瞬时值表达式为

三相电源的连接

$$\begin{cases} e_1 = E_m \sin \omega t \\ e_2 = E_m \sin(\omega t - \dfrac{2\pi}{3}) \\ e_3 = E_m \sin(\omega t + \dfrac{2\pi}{3}) \end{cases}$$

（2）三相交流电源的波形图

如图2-9所示为三相交流电源的波形图。从图中可以看出，E_1超前$E_2 \dfrac{2\pi}{3}$达到最大值，E_2又超前$E_3 \dfrac{2\pi}{3}$达最大值。习惯上三相交流电源的相序为L1—L2—L3。

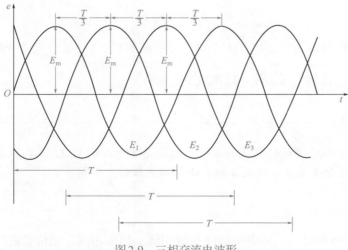

图2-9　三相交流电波形

（3）三相四线制电源

产生三相电动势的每个线圈称为一相，它的首端引出线称为相线（俗称火线）。3个线圈有3个末端，接在一起用一根线引出，该线称为中性线（俗称零线）。这种连接方式的供电系统称为三相四线制供电系统，如图2-10所示，用符号"Y"表示。

三相四线制电源输出有两种电压，即相电压和线电压，各相线与中线之间的电压称为相电压，分别用 U_1、U_2、U_3 表示其有效值。相线与相线之间的电压称为线电压，分别用 U_{12}、U_{23}、U_{31} 表示有效值。它们之间的关系为

$$\begin{cases} U_{12} = U_1 - U_2 \\ U_{23} = U_2 - U_3 \\ U_{31} = U_3 - U_1 \end{cases}$$

其向量图如图2-11所示。

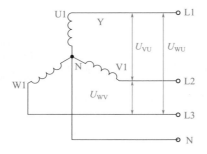

图2-10　三相四线制供电系统

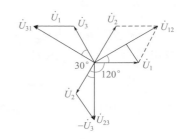

图2-11　三相四线制电源的电压向量

从图中可以看出，线电压 U_{12} 与相电压 U_1、U_2 的关系：

$$U_{12} = 2U_1 \cos 30° = \sqrt{3}U_1$$

同理：

$$U_{23} = \sqrt{3}U_2, \quad U_{31} = \sqrt{3}U_3$$

一般情况下，用 U_L 表示线电压，U_Φ 表示相电压，则线电压 U_L 和相电压 U_Φ 之间的关系式为

$$U_L = \sqrt{3}U_\Phi$$

从图2-11中还可以看出，U_{12}、U_{23}、U_{31} 分别超前 U_1、U_2、U_3 $\dfrac{\pi}{6}$，3个线电压彼此间的相位差仍为 $\dfrac{2\pi}{3}$，所以相电压、线电压都成中心对称。

【特别提醒】

　　三相电源星形连接时的电压关系：线电压是相电压的1.732倍（$\sqrt{3}$倍）；三相电源三角形连接时的电压关系：线电压的大小与相电压的大小相等。

（4）三相交流电的特点

① 对称三相电动势　三相电动势的振幅相同，频率相同，相位彼此间相差 $\dfrac{2\pi}{3}$，工程

上称这种三相电动势为对称三相电动势。能供给对称三相电动势的电源称为三相电源。

② 三相电源的特点

a. 对称三相电动势有效值相等，频率相同，各相之间的相位差为 $\frac{2\pi}{3}$ ；

b. 三相四线制电源的相电压、线电压都是中心对称的；

c. 线电压是相电压的 $\sqrt{3}$ 倍，线电压相位超前相电压相位 $\frac{\pi}{6}$ ，即

$$\begin{cases} U_{\text{L}} = \sqrt{3}U_{\Phi} \\ \varphi_{\text{L}} - \varphi_{\Phi} = \dfrac{\pi}{6} \end{cases}$$

（5）三相负载的星形接法

① 三相负载的星形接法　把U相、V相、W相负载的3个末端连接在一起接到电源中线上，各相的首端分别与3根相线相连，这种连接方式称三相负载的星形接法，符号为"Y"。原理图和实际电路图如图2-12所示。

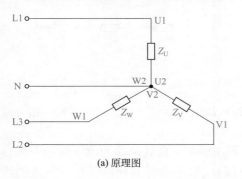
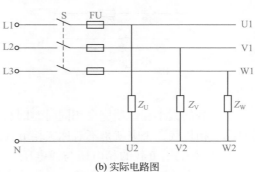

(a) 原理图　　　　　　　　　　　　　(b) 实际电路图

图2-12　三相负载的星形接法

② 三相对称负载的星形接法——三相三线制电路。当三相负载对称时，中线电流为零，即中线里没有电流，去掉中线也不影响三相电路的正常工作。去掉中线后，成为三相三线制电路，如图2-13所示。常见的三相电动机、三相变压器、三相电炉等都是三相对称负载，因此可以采用三相三线制电路供电。

③ 三相不对称负载的星形接法——三相四线制电路。

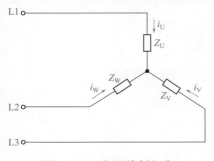
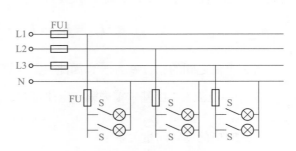

图2-13　三相三线制电路　　　　　　　　图2-14　三相四线制电路

当三相负载不对称时，为使每相负载都能够获得相同的相电压，必须采用三相四线制供电（如图2-14所示），这时中线电流不为零，中线的作用显得十分重要。中线能使三相电路成为三个互不影响的独立回路，无论负载有无变化，负载均承受相同的相电压。为防

止事故发生，在三相四线制中规定，中线不许安装保险丝和开关。通常还要把中线接地，使它与大地等电位，以保证安全。

一旦中线断开后，就会使电路中某一相负载两端的电压升高并超过额定电压而损坏用电设备；还会使某一相负载的电压降低而达不到额定电压，使电器不能正常工作。

（6）三相负载的三角形接法

把三相负载分别接到三相交流电源的每两根相线之间，这种连接方式称三角形接法。用符号"△"表示，如图2-15所示。

当对称负载做三角形连接时，线电流为相电流的$\sqrt{3}$倍。即

$$I_{\Delta L} = \sqrt{3}\, I_{\Delta\phi}$$

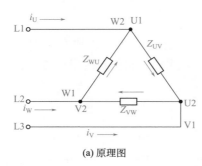

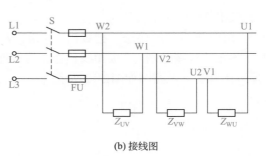

(a) 原理图　　　　　　　　　　(b) 接线图

图2-15　三相负载的三角形接法

当负载的大小和性质完全相同时，即$R_U = R_V = R_W$，$X_U = X_V = X_W$，这样的三相负载称为对称三相负载，否则就是不对称三相负载。

① 对称三相负载的相电压与线电压　在星形连接中，负载两端的电压叫相电压，用$U_{Y\phi}$表示。当不考虑输电线电阻时，负载的相电压$U_{Y\phi}$等于电源的相电压U_ϕ；负载的线电压U_{YL}等于电源的线电压U_L。所以，负载线电压U_{YL}与相电压$U_{Y\phi}$的关系：

$$\begin{cases} U_{YL} = U_L \\ U_{Y\phi} = U_\phi \\ U_L = \sqrt{3}U_\phi \end{cases}$$

② 对称三相负载的相电流与线电流　由于电源和负载都对称，因此流过每相负载的电流大小（相电流）是相等的，即

$$I_{Y\phi} = I_{U\phi} = I_{V\phi} = I_{W\phi} = \frac{U_{Y\phi}}{Z_\phi}$$

各相电流之间的相位差为$\frac{2\pi}{3}$，因此只需计算出一相的电流就可以了。

③ 中线电流I_N　由基尔霍夫第一定律可知，流入中线的电流：

$$i_N = i_U + i_V + i_W$$

上式对应的旋转向量关系：

$$I_N = I_U + I_V + I_W$$

绘制对称三相负载的相电流的旋转向量，如图2-16所示，求出I_U、I_V、I_W的向量和为零，中线电流为零，即

$$I_N = 0$$

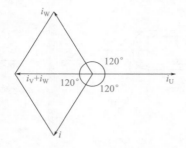

图2-16 三相负载的相电流的旋转向量图

【特别提醒】

三相负载既可以星形连接，也可以三角形连接。具体如何连接，应根据负载的额定电压和电源电压的数值而定，务必使每相负载所承受的电压等于额定电压。例如，对线电压380V的三相电源来说，当负载额定电压为220V时，负载应连接成星形；当负载额定电压为380V时，则负载应连接成三角形。

（7）三相交流电路的功率

三相负载的有功功率等于各相功率之和，即

$$P = P_1 + P_2 + P_3$$

在对称三相电路中，无论负载是星形连接还是三角形连接，由于各相负载相同，各相电压大小相等，各相电流也相等，所以三相功率：

$$P = 3U_P I_P \cos\varphi = \sqrt{3} U_L I_L \cos\varphi$$

式中，φ 为对称负载的阻抗角，也是负载相电压与相电流之间的相位差。

三相电路的视在功率：

$$S = 3U_P I_P = \sqrt{3} U_L I_L$$

三相电路的无功功率：

$$Q = 3U_P I_P \sin\varphi = \sqrt{3} U_L I_L \sin\varphi$$

三相电路的功率因数：

$$\lambda = \frac{P}{S} = \cos\varphi$$

2.4 电子技术基础知识

2.4.1 晶体二极管及整流电路

（1）认识二极管

① 结构及符号　晶体二极管内部有一个PN结，在 PN 结两端各引出一根引线，然后用外壳封装起来。P区引出的引线称为阳极（正极），N区引出的引线称为阴极（负极）。二极管具有单向导电性，它的结构及电路符号如图2-17所示。

(a) 二极管结构　　　　　(b) 二极管电路符号

图2-17　二极管的结构及电路符号

② 种类

a. 按结构不同，二极管可分为点接触型和面接触型两种。点接触型二极管的结电容小，正向电流和允许加的反向电压小，常用于检波、变频等电路；面接触型二极管的结电容较大，正向电流和允许加的反向电压较大，主要用于整流等电路，面接触型二极管中用得较多的一类是平面型二极管，平面型二极管可以通过更大的电流，在脉冲数字电路中用作开关管。

b. 按材料不同，二极管可分为锗二极管和硅二极管。锗管与硅管相比，具有正向压降低（锗管为0.2～0.3V，硅管为0.5～0.7V）、反向饱和漏电流大、温度稳定性差等特点。

c. 按用途不同，二极管可分为普通二极管、整流二极管、开关二极管、发光二极管、变容二极管、稳压二极管、光电二极管等。

二极管加正向电压导通，加反向电压截止。单向导电性是二极管的最重要特性。

③ 识别

a. 手插二极管引脚极性的标注方法有三种：直标标注法、色环标注法和色点标注法，如图2-18所示，仔细观察二极管封装上的一些标记，一般可以看出引脚的正负极性。

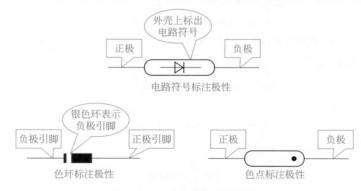

图2-18　二极管引脚极性识别

也有部分厂家生产的二极管是采用符号标志为"P""N"来确定二极管极性的。

b. 贴片二极管有片状和管状两种。贴片二极管正、负极的判别，通常观察管子外壳标示即可。一般采用在一端用一条丝印的灰杠或者色环来表示负极，如图2-19所示。

c. 金属封装的大功率二极管，可以依据其外形特征分辨出正负极，如图2-20所示。

d. 发光二极管的正负极可从引脚长短来识别，长脚为正，短脚为负。如果引脚一样长，发光二极管内部面积大点的是负极，面积小点的是正极，如图2-21所示。有的发光二极管带有一个小平面，靠近小平面的一根引线为负极。

e. PCB上二极管极性的识别。在PCB中，通过看丝印的符号可判别二极管的极性，PCB上二极管极性的几种表示法如图2-22所示。

图2-19 贴片二极管极性识别　　　　　　图2-20 金属封装大功率二极管极性识别

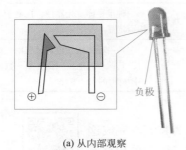

(a) 从内部观察

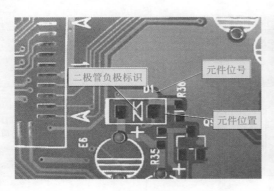

(b) 从引脚长短观察

图2-21 发光二极管极性识别

图2-22 PCB上二极管极性的几种表示法

PCB上二极管极性的常用表示法如下：

· 有缺口的一端为负极；

· 有横杠的一端为负极；

· 有白色双杠的一端为负极；

· 三角形箭头方向的一端为负极；

· 插件二极管丝印小圆一端是负极，大圆是正极。

（2）二极管的主要参数

①最大整流电流 I_{OM}　是指二极管长时间工作时允许通过的最大正向平均直流电流值。

②最高反向工作电压 U_{RM}　是指二极管正常使用时所允许加的最高反向工作电压。

③反向电流 I_R　是指二极管击穿时的反向电流值。其值越小，二极管的单向导电性越好。反向电流值与温度有密切关系，在高温环境中使用二极管时要特别注意这一参数。

④最高工作频率 f_M　主要由PN结的结电容大小决定，超过此值，二极管的单向导电性将不能很好地体现。

（3）常用二极管的特点

常用二极管的特点见表2-8。在电路中，二极管常用于整流、开关、检波、限幅、钳位、保护和隔离等场合。

表2-8 常用二极管的特点

名称	特点	名称	特点
整流二极管	利用PN结的单向导电性，把交流电变成脉动的直流电	开关二极管	利用二极管的单向导电性，在电路中对电流进行控制，可以起到接通或关断的作用
检波二极管	把调制在高频电磁波上的低频信号检测出来	发光二极管	一种半导体发光器件，在电子电器中常用作指示装置
变容二极管	结电容随着加到管子上的反向电压的大小而变化，利用这个特性取代可变电容器	稳压二极管	它是一种齐纳二极管，利用二极管反向击穿时，其两端的电压固定在某一数值，而基本上不随电流的大小变化

（4）二极管整流电路

将交变电流换成单方向脉动电流的过程，称为整流。完成这种功能的电路叫整流电路，又叫整流器。常用的二极管单相整流电路有半波整流电路、全波整流电路和桥式整流电路，见表2-9。

半波整流电路

全波整流电路

表2-9 二极管单相整流电路性能比较

比较项目	电路名称		
	单相半波整流电路	单相全波整流电路	单相桥式整流电路
电路结构			
整流电压波形			
负载电压平均值U_0	$U_0 = 0.45U_2$	$U_0 = 0.9U_2$	$U_0 = 0.9U_2$
负载电流平均值I_0	$I_0 = 0.45U_2/R_L$	$I_0 = 0.9U_2/R_L$	$I_0 = 0.9U_2/R_L$
通过每只整流二极管的平均电流I_U	$I_U = 0.45U_2/R_L$	$I_U = 0.9U_2/R_L$	$I_U = 0.9U_2/R_L$
整流管承受的最高反向电压U_{RM}	$U_{RM} = \sqrt{2}U_2$	$U_{RM} = 2\sqrt{2}U_2$	$U_{RM} = \sqrt{2}U_2$
优缺点	电路简单，输出整流电压波动大，整流效率低	电路较复杂，输出电压波动小，整流效率高，但二极管承受反压高	电路较复杂，输出电压波动小，整流效率高，输出电压高
适用范围	输出电流不大，对直流稳定度要求不高的场合	输出电流较大，对直流稳定度要求较高的场合	输出电流较大，对直流稳定度要求较高的场合

二极管整流电路的口诀

整流电路有两类，半波整流和全波。

半波整流较简单，输出电压点四五。

全波整流较复杂，输出电压零点九。

2.4.2 晶体三极管及其放大电路

（1）认识三极管

① 三极管有两个PN结、3个区和3个电极。例如，PNP型三极管的半导体排列顺序为P、N、P，它的中间层为N型半导体，上下层为P型半导体。引出三个电极分别是集电极、发射极和基极，如图2-23所示。

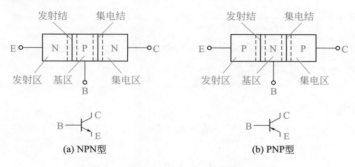

图2-23　三极管的结构及电路符号

在三极管的符号中，发射极上标的箭头代表其电流方向，即发射结加正向偏置时的电流方向。

② 三极管按内部3个区的半导体类型分，有NPN型三极管和PNP型三极管；按半导体材料分，有锗三极管和硅三极管等。

③ 常见三极管根据封装方式不同，可分为塑料封装三极管、金属封装三极管和贴片三极管。各种封装方式的三极管的3个引脚排列有一定的规律可循，一般可通过外形来识别和判断，如图2-24所示。对于个别特殊三极管的引脚判断，不能完全依赖于外形识别，需要与万用表测试相结合。

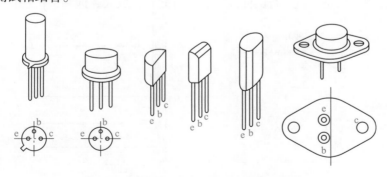

图2-24　常见三极管的封装及引脚排列

④ 三极管的主要技术参数

a. 交流电流放大系数　包括共发射极电流放大系数β和共基极电流放大系数，它是表明晶体管放大能力的重要参数。

b. 集电极最大允许电流 I_{CM} 指三极管的电流放大系数明显下降时的集电极电流。

c. 集-射极间反向击穿电压 U_{CEO} 指三极管基极开路时，集电极和发射极之间允许加的最高反向电压。

d. 集电极最大允许耗散功率 P_{CM} 指三极管参数变化不超过规定允许值时的最大集电极耗散功率。

在三极管的主要参数中，集电极最大允许电流 I_{CM}、集电极发射极间反向击穿电压 U_{CEO}、集电极最大允许耗散功率 P_{CM} 是极限参数，在实际选用三极管时，电路中的实际值不允许超过极限参数的，否则三极管会被损坏。集射间穿透电流 I_{CEO}、电流放大倍数 β 是表示三极管性能优良的参数，尤其是集射间穿透电流 I_{CEO} 要求是越小越好。

- - - **【特别提醒】** -

  这些参数从不同侧面反映三极管的各种性能，是选用三极管的重要依据。在使用三极管时，绝对不允许超过极限参数。

⑤ 三极管的电流关系

$$I_E = I_B + I_C$$
$$I_C = \beta I_B$$
$$I_E = (1+\beta) I_B$$

（2）三极管的特性曲线

① 输入特性曲线 是指三极管在 U_{CE} 保持不变的前提下，基极电流 I_B 和发射结压降 U_{BE} 之间的关系。

由于发射结是一个PN结，具有二极管的属性，所以三极管的输入特性与二极管的伏安特性非常相似。一般说来，硅管的门槛电压约为0.5V，当发射结充分导通时，U_{BE} 约为0.7V；锗管的门槛电压约为0.2V，当发射结充分导通时，U_{BE} 约为0.3V。

② 输出特性曲线 是指三极管在输入电流 I_B 保持不变的前提下，集电极电流 I_C 和 U_{CE} 之间的关系，如图2-25所示。由图可见，当 I_B 不变时，I_C 不随 U_{CE} 的变化而变化；当 I_B 改变时，I_C 和 U_{CE} 的关系是一组平行的曲线族，它有截止、放大、饱和3个工作区。

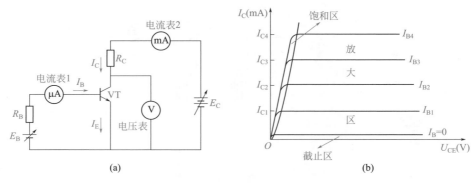

图2-25 三极管输出特性曲线

三极管三种工作状态的特点见表2-10所示。

表2-10　三极管三种工作状态比较

比较项	状态		
	截止	放大	饱和
在输出特性曲线上的位置	$I_B=0$以下的区域	曲线中平行且等距的区域	曲线左边陡直部分到纵轴之间的区域
PN结偏置状态	集电结反偏，发射结反偏	集电结反偏，发射结正偏	集电结正偏，发射结正偏
c、e间等效状态	相当于"开关"断开	受控于I_B的恒流源	相当于"开关"闭合
I_B与I_C的关系	$I_B=0$，$I_C\approx0$	受控 $I_C=\beta I_B$	I_B、I_C较大，但I_C不受I_B控制

（3）三极管放大电路

一个完整的放大电路必须具备电流放大元件（三极管），同时还须满足直流条件（发射结正偏，集电结反偏）和交流条件（交流通路必须畅通）。对放大电路的分析，应先进行静态工作点分析，再进行动态分析。

放大电路的三种组态比较见表2-11。

偏置和三种连接方式

表2-11　放大电路三种组态比较

比较项	组态		
	共发射极放大电路	共集电极放大电路	共基极放大电路
电路形式			
电压放大倍数A_u的大小	$-\dfrac{\beta R'_L}{r_{be}}$（高）	约等于1（低）	$\dfrac{\beta R'_L}{r_{be}}$
输入输出信号相位	反相	同相	同相
电流放大倍数A_i	β（高）	$1+\beta$（高）	约等于1（低）
输入电阻r_i	r_{be}（中）	$r_{be}+(1+\beta)R'_L$（高）	$\dfrac{r_{be}}{1+\beta}$（低）
输出电阻r_o	R_c（高）	$\approx\dfrac{r_{be}}{\beta}$（低）	R_c（高）
高频特性	差	较好	好
稳定性	较差	较好	较好
适用范围	多级放大器中间级，输入级	多级放大器输入级、输出级、缓冲级	高频电路，宽频带放大器

【特别提醒】

三极管在实际的放大电路中使用时，需要加合适的偏置电路。

2.4.3 稳压电路

（1）稳压管稳压电路

利用稳压管的稳压特性可以组成最简单的稳压电路，如图2-26所示。图中，VD为稳压管，在电路中起稳压作用；R为限流电阻，在电路中起降压作用，同时可以限制负载电流，当流过负载的电流超过R允许的最大电流时，R会烧断。

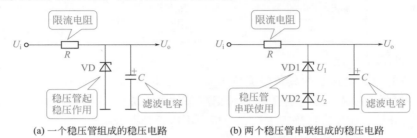

(a) 一个稳压管组成的稳压电路　　　　(b) 两个稳压管串联组成的稳压电路

图2-26　稳压管稳压电路

（2）串联型稳压电路

串联型稳压电路的基本结构如图2-27所示，三极管VT为调整管。由于调整管与负载相串联，因此这种电路称为串联稳压电路。

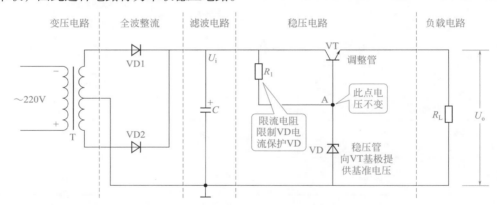

图2-27　串联型基本稳压电路的基本结构

稳压管VD为调整管提供基极电压，称为基准电压。

电路的稳压过程是：

$$U_I \uparrow \to U_0 \uparrow \to U_{BE} \uparrow \to I_B \to VT 导通程度减弱 \to U_{CE} \uparrow \to U_0 \downarrow$$

（3）三端集成稳压电路

三端集成稳压电路是以三端稳压器为核心构成的，三端稳压器是一种集成式稳压电路，它将稳压电路中的所有元件集成在一起，形成一个稳压集成块，它对外只引出3个引脚，即输入脚、接地脚和输出脚，如图2-28（a）所示。

使用三端稳压器后，可使稳压电路变得十分简洁，如图2-28（b）所示，它只需在输入端和输出端上分别加一个滤波电容就可以了。为了获得更大的输出电流，提高带负载能力，还可将三端稳压器并联使用，如图2-28（c）所示。表2-12为常用集成稳压器的应用情况。

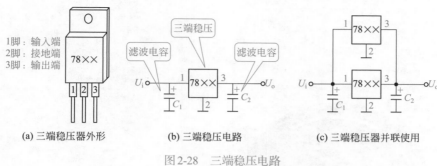

1脚：输入端
2脚：接地端
3脚：输出端

(a) 三端稳压器外形　　　　(b) 三端稳压电路　　　　(c) 三端稳压器并联使用

图2-28　三端稳压电路

表2-12　常用集成稳压器的应用情况

集成稳压器		引脚功能	输出电压/V	应用电路
固定式	CW78×× 正压	输 地 输 入 出 78××	电压挡级： 5、6、9、12、15、18、24	79×× U_i C_1 0.33μF C_2 0.1μF U_o
	CW79×× 负压	地 输 输 入 出 78××	电压挡级： -5、-6、-9、-12、-15、-18、-24	79×× U_i C_1 0.33μF C_2 0.1μF U_o
可调式	CW317 正压	调 输 输 整 出 入 W317	调整范围：1.2～37	W317 U_i C_1 0.1μF 240Ω R_1 R_P C_2 10μF U_o
	CW337 负压	调 输 输 整 入 出 W337	调整范围：-1.2～-37	W337 U_i C_1 0.1μF 240Ω R_1 R_P C_2 10μF C_3 U_o 1μF

🔧 **【特别提醒】**

　　三端稳压器的通用产品有78系列（正电源）和79系列（负电源），输出电压由具体型号中的后面两个数字代表，有5V、6V、8V、9V、12V、15V、18V、24V等挡级。输出电流以78（或79）后面加字母来区分。L表示0.1A，M表示0.5A，无字母表示1.5A，如78L05表示5V 0.1A。

第**3**章

电工工具仪表与安全标志

低压电工考证培训教程

3.1　电工工具和安全用具的使用

3.1.1　常用电工工具的使用

（1）常用电工工具的使用及注意事项

正确使用工具不但能提高工作效率和施工质量，而且能减轻疲劳、保证操作安全及延长工具的使用寿命。因此，电工必须十分重视工具的合理选择与正确的使用方法。常用电工工具的用途与使用见表3-1。

常用电工工具
使用

表3-1　常用电工工具的用途与使用

名称	图示	用途及规格	使用及注意事项
试电笔		用来测试导线、开关、插座等电器及电气设备是否带电的工具	使用时，用手指握住验电笔身，食指触及笔身的金属体（尾部），验电笔的小窗口朝向自己的眼睛，以便于观察。试电笔测电压的范围为60～500V，严禁测高压电 目前广泛使用电子（数字）试电笔。电子试电笔使用方法同发光管式。读数时最高显示数为被测值
钢丝钳		用来钳夹、剪切电工器材（如导线）的常用工具，规格有150mm、175mm、200mm三种，均带有橡胶绝缘导管，可适用于500V以下的带电作业	钢丝钳由钳头和钳柄两部分组成，钳头由钳口、齿口、刀口和铡口四部分组成。钳口用来弯曲或钳夹导线线头；齿口用来紧固或起松螺母；刀口用来剪切导线或剖削软导线绝缘层；铡口用来铡切电线线芯等较硬金属 使用时注意：①钢丝钳不能当作敲打工具；②要注意保护好钳柄的绝缘管，以免碰伤而造成触电事故
尖嘴钳		尖嘴钳的钳头部分较细长，能在较狭小的地方工作，如灯座、开关内的线头固定等。常用规格有130mm、160mm、180mm三种	与钢丝钳基本相同，特别要注意保护钳头部分，钳夹物体不可过大，用力时切忌过猛
斜口钳		斜口钳又名断线钳，专用于剪断较粗的金属丝、线材及电线电缆等。常用规格有130mm、160mm、180mm和200mm四种	与钢丝钳的使用注意事项基本相同

名称	图示	用途及规格	使用及注意事项
螺丝刀	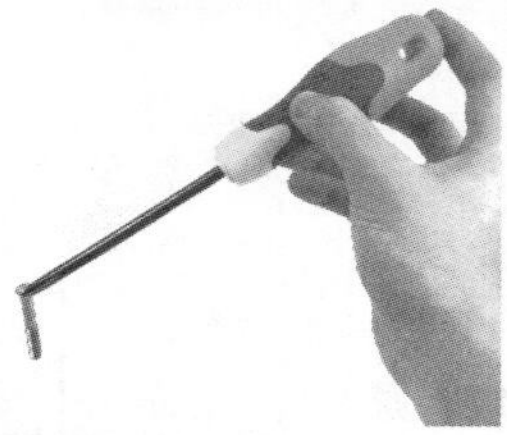	用来旋紧或起松螺钉的工具，常见有一字型和十字型螺丝刀。规格有75mm、100mm、125mm、150mm等几种	①根据螺钉大小及规格选用相应尺寸的螺丝刀，否则容易损坏螺钉与螺丝刀；②带电操作时不能使用穿芯螺丝刀；③螺丝刀不能当凿子用；④螺丝刀手柄要保持干燥清洁，以免带电操作时发生漏电
电工刀	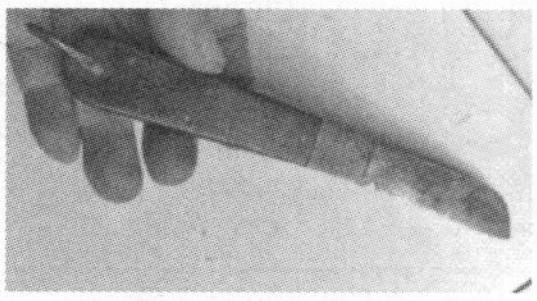	在电工安装维修中用于切削导线的绝缘层、电缆绝缘、木槽板等，规格有大号、小号之分；大号刀片长112mm，小号刀片长88mm	刀口要朝外进行操作；削割电线包皮时，刀口要放平一点，以免割伤线芯；使用后要及时把刀身折入刀柄内，以免刀刃受损或危及人身、割破皮肤
剥线钳		用于剥除小直径导线绝缘层的专用工具，它的手柄是绝缘的，耐压强度为500V。其规格有140mm（适用于铝、铜线，直径为0.6mm、1.2mm和1.7mm）和160mm（适用于铝、铜线，直径为0.6mm、1.2mm，1.7mm和2.2mm）	将要剥除的绝缘长度用标尺定好后，即可把导线放入相应的刃口中（比导线直径稍大），用手将钳柄一握，导线的绝缘层即被割破而自动弹出 注意不同线径的导线要放在剥线钳不同直径的刃口上
活络扳手		电工用来拧紧或拆卸六角螺丝（母）、螺栓的工具，常用的活络扳手有150×20（6英寸）、200×25（8英寸）、250×30（10英寸）和300×36（12英寸）四种	①不能当锤子用；②要根据螺母、螺栓的大小选用相应规格的活络扳手；③活络扳手的开口调节应以既能夹住螺母又能方便地取下扳手、转换角度为宜
手锤	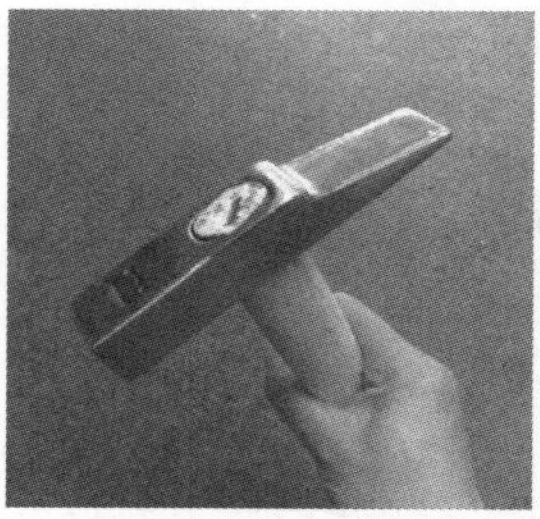	在安装或维修时用来锤击水泥钉或其他物件的专用工具	手锤的握法有紧握和松握两种。挥锤的方法有腕挥、肘挥和臂挥三种。一般用右手握在木柄的尾部，锤击时应对准工件，用力要均匀，落锤点一定要准确

记忆口诀

电工用钳种类多，不同用法要掌握。
绝缘手柄应完好，方便带电好操作。
电工刀柄不绝缘，不能带电去操作。
螺丝刀有两种类，规格一定要选对。
使用电笔来验电，握法错误易误判。
松紧螺栓用扳手，受力方向不能反。
手锤敲击各工件，一定瞄准落锤点。

（2）常用工具维护与保养常识

使用者对常用电工工具的最基本要求是安全、绝缘良好、活动部分应灵活。基于这一最基本要求,大家平时要注意维护和保养好电工工具,下面予以简单说明。

① 常用电工工具要保持清洁、干燥。

② 在使用电工钳之前,必须确保绝缘手柄的绝缘性能良好,以保证带电作业时的人身安全。若工具的绝缘套管有损坏,应及时更换,不得勉强使用。

③ 对钢丝钳、尖嘴钳、剥线钳等工具的活动部分要经常加油,防止生锈。

④ 电工刀使用完毕,要及时把刀身折入刀柄内,以免刀口受损或危及人身安全。

⑤ 手锤的木柄不能有松动,以免锤击时影响落锤点或锤头脱落。

3.1.2 其他电工工具的使用

电工作业的对象不同,需要选用的工具也不一样。这里所说的其他电工工具,主要包括高压验电器、手用钢锯、千分尺、转速表、电烙铁、喷灯、手摇绕线机、拉具、脚扣、蹬板、梯子、錾子和紧线器等,见表3-2。

表3-2 其他电工工具及使用注意事项

名称	图示	用途	使用及注意事项
高压验电器		用于测试电压高于500V以上的电气设备	使用时,要戴上绝缘手套,手握部位不得超过保护环;逐渐靠近被测体,看氖管是否发光,若氖管一直不亮,则说明被测对象不带电;在使用高压验电器测试时,至少应该有一个人在现场监护
手用钢锯		电工用来锯割物件	安装锯条时,锯齿要朝前方,锯弓要上紧。锯条一般分为粗齿、中齿和细齿3种。粗齿适用于锯较软材质的铜、铝和木板材料等,中齿可锯一般材质材料,细齿可锯较硬的铁板及穿线铁管和塑料管等
千分尺	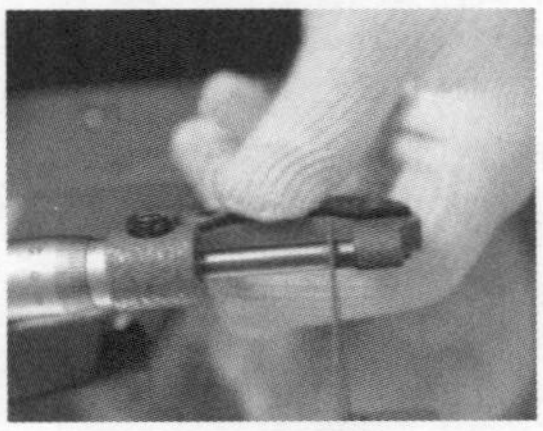	用于测量漆包线外径	使用时,将被测漆包线拉直后放在千分尺砧座和测微杆之间,然后调整微螺杆,使之刚好夹住漆包线,此时就可以读数了。读数时,先看千分尺上的整数读数,再看千分尺上的小数读数,二者相加即为铜漆包线的直径尺寸。千分尺的整数刻度一般1小格为1mm,可动刻度上的分度值一般是每格为0.01mm
转速表	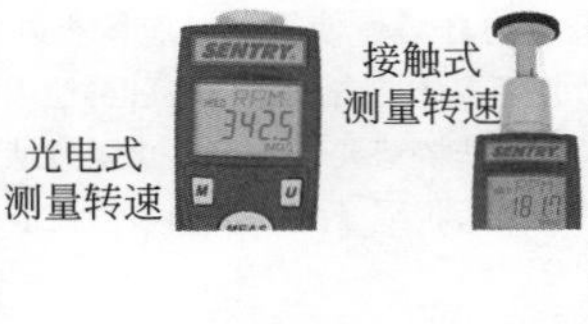	用于测试电气设备的转速和线速度	使用时,先要用眼观察电动机转速,大致判断其速度,然后把转速表的调速盘转到所要测的转速范围内。若没有把握判断电动机转速时,要将速度盘调到高位观察,确定转速后,再向低挡调,可以使测试结果准确。测量转速时,手持转速表要保持平衡,转速表测试轴与电动机轴要保持同心,逐渐增加接触力,直到测试指针稳定时再记录数据

续表

名称	图示	用途	使用及注意事项
电烙铁		焊接线路接头和元器件	使用外热式电烙铁要经常将铜头取下，清除氧化层，以免日久造成铜头烧死；电烙铁通电后不能敲击，以免缩短使用寿命；电烙铁使用完毕后，应拔下插头，待其冷却后再放置于干燥处，以免受潮漏电
喷灯		焊接铅包电缆的铅包层，截面积较大的铜芯线连接处的搪锡，以及其他电连接的镀锡	在使用喷灯前，应仔细检查油桶是否漏油，喷嘴是否堵塞、漏气等。根据喷灯所规定使用的燃料油的种类，加注相应的燃料油，其油量不得超过油桶容量的3/4，加油后应拧紧加油处的螺塞。喷灯点火时，喷嘴前严禁站人，且工作场所不得有易燃物品。点火时，在点火碗内加入适量燃料油，用火点燃，待喷嘴烧热后，再慢慢打开进油阀；打气加压时，应先关闭进油阀。同时，注意火焰与带电体之间要保持一定的安全距离
手摇绕线机		主要用来绕制电动机的绕组、低压电器的线圈和小型变压器的线圈	①要把绕线机固定在操作台上；②绕制线圈要记录开始时指针所指示的匝数，并在绕制后减去该匝数
拉具		用于拆卸皮带轮、联轴器、电动机轴承和电动机风叶	使用拉具拉电动机皮带轮时，要将拉具摆正，丝杆对准机轴中心，然后用扳手上紧拉具的丝杠，用力要均匀。在使用拉具时，如果所拉的部件与电动机轴间已经锈死，可在轴的接缝处浸些汽油或螺栓松动剂，然后用手锤敲击皮带轮外圆或丝杆顶端，再用力向外拉皮带轮
脚扣		用于攀登电力杆塔	使用前，必须检查弧形扣环部分有无破裂、腐蚀，脚扣皮带有无损坏，若已损坏应立即修理或更换。不得用绳子或电线代替脚扣皮带。在登杆前，对脚扣要做人体冲击试验，同时应检查脚扣皮带是否牢固可靠
蹬板		用于攀登电力杆塔	用于攀登电力杆塔。使用前，应检查外观有无裂纹、腐蚀，并经人体冲击试验合格后再使用；登高作业动作要稳，操作姿势要正确，禁止随意从杆上向下扔蹬板；每年对蹬板绳子做一次静拉力试验，合格后方能使用

续表

名称	图示	用途	使用及注意事项
梯子		电工登高作业工具	梯子有人字梯和直梯，使用方法比较简单，梯子要安稳，注意防滑；同时，梯子安放位置与带电体应保持足够的安全距离
錾子	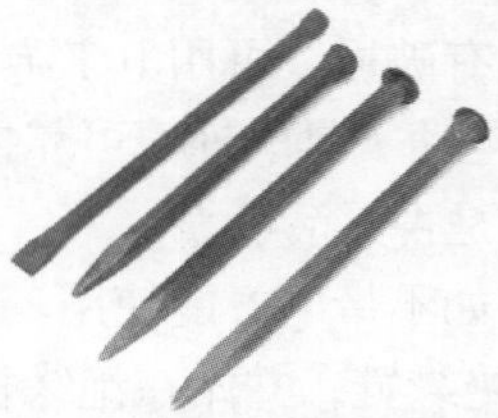	用于打孔，或者对已生锈的小螺栓进行錾断	使用时，左手握紧錾子（注意錾子的尾部要露出约4cm左右），右手握紧手锤，再用力敲打
紧线器		在架空线路时用来拉紧电线的一种工具	使用时，将镀锌钢丝绳绕于右端滑轮上，挂置于横担或其他固定部位，用另一端的夹头夹住电线，摇柄转动滑轮，使钢丝绳逐渐卷入轮内，电线被拉紧而收缩至适当的程度

记忆口诀

直梯登高要防滑，人字梯要防张开。
脚扣蹬板登电杆，手脚配合应协调。
紧线器，紧电线，慢慢收紧勿滑线。
喷灯虽小温度高，能熔电缆的铅包。
电烙铁焊元器件，根据需要选规格。

3.1.3 手动电动工具的使用

电工常用的手动式电动工具主要有手电钻、电锤，见表3-3。

电锤的使用

表3-3 手动式电动工具的使用

名称	图示	用途	使用及注意事项
手电钻	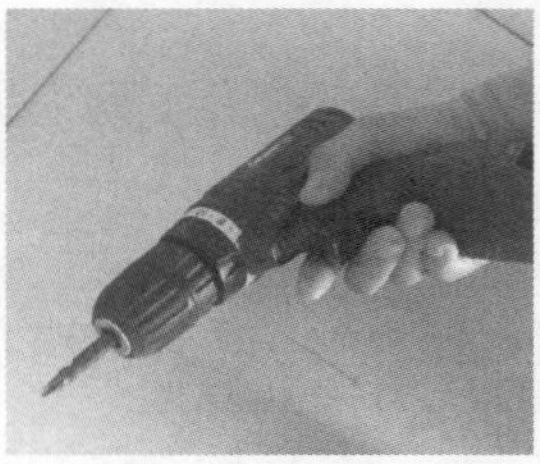	用于钻孔	在装钻头时要注意钻头与钻夹保持在同一轴线，以防钻头在转动时来回摆动。在使用过程中，钻头应垂直于被钻物体，用力要均匀，当钻头被被钻物体卡住时，应立即停止钻孔，检查钻头是否卡得过松，重新紧固钻头后再使用。钻头在钻金属孔过程中，若温度过高，很可能引起钻头退火，为此，钻孔时要适量加些润滑油

续表

名称	图示	用途	使用及注意事项
电锤	 	用于钻孔	电锤使用前应先通电空转一会儿，检查转动部分是否灵活，待检查电锤无故障时方能使用；工作时应先将钻头顶在工作面上，然后再启动开关，尽可能避免空打孔；在钻孔过程中，发现电锤不转时应立即松开开关，检查出原因后再启动电锤。用电锤在墙上钻孔时，应先了解墙内有无电源线，以免钻破电线发生触电。在混凝土中钻孔时，应注意避开钢筋

使用手电钻、电锤等手动电动工具时，应注意以下几点。

① 使用前首先要检查电源线的绝缘是否良好，如果导线有破损，可用电工绝缘胶布包缠好。电动工具最好是使用三芯橡胶软线作为电源线，并将电动工具的外壳可靠接地。

② 检查电动工具的额定电压与电源电压是否一致，开关是否灵活可靠。

③ 电动工具接入电源后，要用电笔测试外壳是否带电，如不带电方能使用。操作过程中若需接触电动工具的金属外壳时，应戴绝缘手套，穿电工绝缘鞋，并站在绝缘板上。

④ 拆装手电钻的钻头时要用专用钥匙，切勿用螺丝刀和手锤敲击电钻夹头，如图3-1所示。

⑤ 装钻头时要注意，钻头与钻夹应保持同一轴线，以防钻头在转动时来回摆动。

⑥ 在使用过程中，如果发现声音异常，应立即停止钻孔，如果因连续工作时间过长，电动工具发烫，要立即停止工作，让其自然冷却，切勿用水淋浇。

⑦ 钻孔完毕，应将导线绕在手动电动工具上，并放置在干燥处以备下次使用。

图中标注：专用钥匙

图3-1　手电钻换钻头的方法

3.1.4　电气安全用具的使用

电气安全用具是指在电气作业中，为了保证作业人员的安全，防止触电、坠落、灼伤等工伤事故所必须使用的各种电工专用工具或用具。电气安全用具按可用途分为基本安全用具、辅助安全用具和一般防护安全用具。

电气安全用具

（1）基本安全用具

基本安全用具是可以直接接触带电部分，能够长时间可靠地承受设备工作电压的工具。常用的有绝缘杆、绝缘夹钳等。

① 绝缘杆　是一种专用于电力系统内的绝缘工具组成的统一称呼，可以被用于带电作业，带电检修以及带电维护作业器具。

② 绝缘夹钳　是用来安装和拆卸高压熔断器或执行其他类似工作的工具，主要用于35kV及以下电力系统。

（2）辅助安全用具

辅助安全用具是用来进一步加强基本安全用具的可靠性和防止接触电压及跨步电压危险的工具。常用的有绝缘手套、绝缘靴、绝缘垫、绝缘站台等。

① 绝缘手套　是一种用橡胶制成的五指手套，主要用于电工作业，具有保护手或人体

的作用。可防电、防水、耐酸碱、防化、防油。

② 绝缘靴　又叫高压绝缘靴、矿山靴。所谓绝缘，是指用绝缘材料把带电体封闭起来，借以隔离带电体或不同电位的导体，使电流能按一定的通路流通。

③ 绝缘胶垫　又称为绝缘毯、绝缘垫、绝缘橡胶板、绝缘胶板、绝缘橡胶垫、绝缘地胶、绝缘胶皮、绝缘垫片等，具有较大体积电阻率和耐电击穿的胶垫。用于配电等工作场合的台面或铺地绝缘材料。

（3）一般防护安全用具

一般防护安全用具包括临时接地线、遮栏、安全牌、标志牌等。

3.2　常用电工仪表的使用

3.2.1　万用表的使用

万用表又称为多用表，主要用来测量电阻，交、直流电压，电流。有的万用表还可以测量晶体管的主要参数以及电容器的电容量等。

万用表是最基本、最常用的电工仪表，主要有指针式万用表和数字式万用表两大类。

（1）指针式万用表的使用

下面以MF7型万用表为例介绍指针式万用表的使用方法。

① 测量电阻　测量电阻必须使用万用表内部的直流电源。打开背面的电池盒盖，右边是低压电池仓，装入一枚1.5V的2号电池；左边是高压电池仓，装入一枚15V的层叠电池，如图3-2所示。现在也有的厂家生产的MF47型万用表，$R \times 10k$挡使用的是9V层叠电池。

指针式万用表
简介

图3-2　安装电池

指针式万用表测量电阻的方法可以总结为如下口诀。

操作口诀

测量电阻选量程，两笔短路先调零。

旋钮到底仍有数，更换电池再调零。

断开电源再测量，接触一定要良好。

两手悬空测电阻，防止并联变精度。

要求数值很准确，表针最好在格中。

读数勿忘乘倍率，完毕挡位电压中。

测量电阻选量程——测量电阻时，首先要选择适当的量程。量程选择时，应力求使测量数值应尽量在欧姆刻度线的0.1～10之间的位置，这样读数才准确。

一般测量100Ω以下的电阻可选"$R \times 1$"挡，测量100Ω～1kΩ的电阻可选"$R \times 10$"，测量1k～10kΩ可选"$R \times 100$"挡，测量10k～100kΩ可选"$R \times 1k$"，测量10kΩ以上的电阻可选"$R \times 10k$"挡。

两笔短路先调零——选择好适当的量程后，要对表针进行欧姆调零。注意，每次变换量程之后都要进行一次欧姆调零操作，如图3-3示。欧姆调零时，操作时间应尽可能短。如果两支表笔长时间碰在一起，万用表内部的电池会过快消耗。

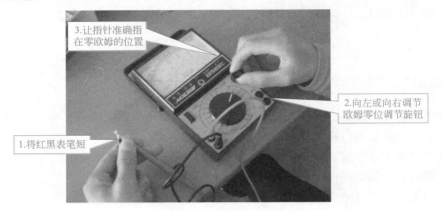

3.让指针准确指在零欧姆的位置

2.向左或向右调节欧姆零位调节旋钮

1.将红黑表笔短

图3-3　欧姆调零的操作方法

旋钮到底仍有数，更换电池再调零——如果欧姆调零旋钮已经旋到底了，表针始终在0Ω线的左侧，不能指在"0"的位置上，说明万用表内的电池电压较低，不能满足要求，需要更换新电池后再进行上述调整。

断开电源再测量，接触一定要良好——如果是在路测量电阻器的电阻值，必须先断开电源再进行测量，否则有可能损坏万用表，如图3-4所示。换言之，不能带电测量电阻。在测量时，一定要保证表笔接触良好（用万用表测量电路其他参数时，同样要求表笔接触良好）。

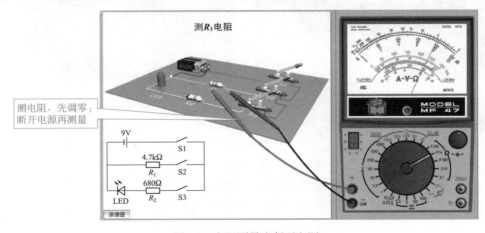

测 R_1 电阻

测电阻，先调零；断开电源再测量

9V

S1

4.7kΩ R_1 S2

680Ω R_2 S3

LED

原理图

图3-4　电阻测量应断开电源

两手悬空测电阻，防止并联变精度——测量时，两只手不能同时接触电阻器的两个引脚。因为两只手同时接触电阻器的两个引脚，等于在被测电阻器的两端并联了一个电阻（人体电阻），所以将会使得到的测量值小于被测电阻的实际值，影响测量的精确度。

要求数值很准确，表针最好在格中——量程选择要合适，若太大，不便于读数；若太小，无法测量。只有表针在标度尺的中间部位时，读数最准确。

读数勿忘乘倍率——读数乘以倍率（所选择挡位，如 $R \times 10$、$R \times 100$ 等），就是该电阻的实际电阻值。例如选用 $R \times 100$ 挡测量，指针指示为40，则被测电阻值为：

$$40 \times 100\Omega = 4000\Omega = 4\text{k}\Omega$$

完毕挡位电压中——测量工作完毕后，要将量程选择开关置于交流电压最高挡位，即交流1000V挡位。

② 测量交流电压　测量1000V以下交流电压时，挡位选择开关置所需的交流电压挡。测量1000～2500V的交流电压时，将挡位选择开关置于"交流1000V"挡，正表笔插入"交直流2500V"专用插孔。

指针式万用表测量交流电压的方法及注意事项可归纳以下口诀。

操作口诀

量程开关选交流，挡位大小符要求。

确保安全防触电，表笔绝缘尤重要。

表笔并联路两端，相接不分火或零。

测出电压有效值，测量高压要换孔。

表笔前端莫去碰，勿忘换挡先断电。

量程开关选交流，挡位大小符要求——测量交流电压，必须选择适当的交流电压量程。若误用电阻量程、电流量程或者其他量程，有可能损坏万用表。此时，一般情况是内部的保险管损坏，可用同规格的保险管更换。

确保安全防触电，表笔绝缘尤重要——测量交流电压必须注意安全，这是该口诀的核心内容。因为测量交流电压时人体与带电体的距离比较近，所以特别要注意安全，如图3-5示。如果表笔有破损、表笔引线有破碎露铜等，应该完全处理好后才能使用。

表笔并联路两端，相接不分火或零——测量交流电压与测量直流电压的接线方式相同，即万用表与被测量电路并联，但测量交流电压不用考虑哪个表笔接火线，哪个表笔接零线的问题。

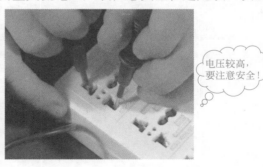

图3-5　测量交流电压

测出电压有效值，测量高压要换孔——用万用表测得的电压值是交流电的有效值。如果需要测量高于1000V的交流电压，要把红表笔插入2500V插孔。不过，在实际工作中一般不容易遇到这种情况。

③ 测量直流电压　测量1000V以下直流电压时，挡位选择开关置于所需的直流电压挡。测量1000～2500V的直流电压时，将挡位选择开关置于"直流1000V"挡，正表笔插入"交直流2500V"专用插孔。

指针式万用表测量直流电压的方法及注意事项可归纳为如下口诀。

操作口诀

确定电路正负极，挡位量程先选好。

红笔要接高电位，黑笔接在低位端。

表笔并接路两端，若是表针反向转，

接线正负反极性，换挡之前请断电。

确定电路正负极，挡位量程先选好——用万用表测量直流电压之前，必须分清电路的正负极（或高电位端、低电位端），注意选择好适当的量程挡位。

电压挡位合适量程的标准是：表针尽量指在满偏刻度的2/3以上的位置（这与电阻挡合适倍率标准有所不同，一定要注意）。

红笔要接高电位，黑笔接在低位端——测量直流电压时，红笔要接高电位端（或电源正极），黑笔接在低位端（或电源负极），如图3-6所示。

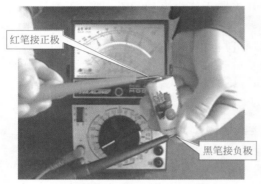

红笔接正极

黑笔接负极

图3-6　测量直流电压

表笔并接路两端，若是表针反向转，接线正负反极性——测量直流电压时，两只表笔并联接入电路（或电源）两端。如果表针反向偏转，俗称打表，说明正负极性搞错了，此时应交换红、黑表笔再进行测量。

换挡之前请断电——在测量过程中，如果需要变换挡位，一定要取下表笔，断电后再变换电压挡位。

④ 测量直流电流　一般来说，指针式万用表只有直流电流测量功能，不能用直接用指针式万用表测量交流电流。

MF47型万用表测量500mA以下直流电流时，将挡位选择开关置所需的"mA"挡。测量500mA～5A的直流电流时，将挡位选择开关置于"500mA"挡，正表笔插入"5A"插孔。

指针式万用表测量直流电流的方法及注意事项看归纳为以下口诀。

操作口诀

量程开关拨电流，确定电路正负极。

红色表笔接正极，黑色表笔要接负。

表笔串接电路中，高低电位要正确。

挡位由大换到小，换好量程再测量。

若是表针反向转，接线正负反极性。

量程开关拨电流，确定电路正负极——指针式万用表都具有测量直流电流的功能，但一般不具备测量交流电流的功能。在测量电路的直流电流之前，需要首先确定电路正、负极性。

红色表笔接正极，黑色表笔要接负——这是正确使用表笔的问题，测量时，红色表笔接电源正极，黑色表笔接电源的负极，如图3-7所示为测量电池电流的方法。

表笔串接电路中，高低电位要正确——测量前，应将被测量电路断开，再把万用表串联接入被测电路中，红表笔接电路的高电位端（或电源的正极），黑表笔接电路的低电位端（或电源的负极），这与测量直流电压时表笔的连接方法完全相同。

万用表置于直流电流挡时，相当于直流表，内阻会很小。如果误将万用表与负载并联，就会造成短路，烧坏万用表。

挡位由大换到小，换好量程再测量——在测量电流之前，可先估计一下电路电流的大小，若不能大致估计电路电流的大小，最好的方法是挡位由大换到小。

若是表针反向转，接线正负反极性——在测量时，若是表针反向偏转，说明正负极性接反了，应立即交换红、黑表笔的接入位置。

图3-7　测量电池电流

⑤ 使用注意事项

a. 测量先看挡，不看不测量。每次拿起表笔准备测量时，必须再核对一下测量类别及量程选择开关是否拨对位置。为了安全，必须养成这种习惯。

b. 测量不拨挡，测完拨空挡。测量中不能任意拨动量程选择开关，特别是测高压（如220V）或大电流（如0.5A）时，以免产生电弧，烧坏转换选择开关触点。测量完毕，应将量程选择开关拨到交流最高挡或"OFF"位置。

c. 表盘应水平，读数要对正。使用万用表应水平放置，待指针稳定后读数，读数时视线要正对着表针。

d. 量程要合适，针偏过大半。选择量程，若事先无法估计被测量大小，应尽量选较大的量程，然后根据偏转角大小，逐步换到较小的量程，直到指针偏转到满刻度的2/3左右为止。

e. 测R不带电，测C先放电。严禁在被测电路带电的情况下测电阻。检查电气设备上的大容量电容器时，应先将电容器短路放电后再测量。

f. 测R先调零，换挡需调零。测量电阻时，应先将转换开关旋到电阻挡，把两表笔短接，旋"Ω"调零电位器，使指针指零欧后再测量。每次更换电阻挡时，都应重新调整欧姆零点。

g. 黑负要记清，表内黑接"+"。万用表的红表笔为正极，黑表笔为负极。但在电阻挡上，黑表笔接的是内部电池的正极。

h. 测I应串联，测U要并联。测量电流时，应将万用表串接在被测电路中；测量电压时，应将万用表并联在被测电路的两端。

i. 极性不接反，单手成习惯。测量直流电流和电压时，应特别注意红、黑表笔的极性不能接反。使用万用表测量电压、电流时，要养成单手握笔操作的习惯，以确保安全，如图3-8（a）所示。在不通电时测量体积较小的元器件，可以双手握笔操作，如图3-8（b）所示。

（2）数字万用表的使用

① 测量电阻

a. 将黑表笔插入COM插孔，红表笔插入V/Ω插孔。

b. 根据待测电阻标称值（可从电阻器的色环上观察）选择量程，所选择的量程应比电阻器的标称值稍微大一点。

数字万用表简介

c. 将数字万用表表笔与被测电阻并联，从显示屏上直接读取测量结果。

如图3-9所示测量标称阻值是12kΩ的电阻器，实际测得其电阻值为11.97kΩ。

(a) 单手握笔　　　　　　　　　(b) 双手握笔

图3-8　万用表测量操作

直接按所选量程及单位读数，这与使用指针式万用表测量电阻时读数方法是不同的

图3-9　测量电阻

② 测量直流电压

a. 黑表笔插入COM插孔，红表笔插入V/Ω插孔。

b. 将功能开关置于直流电压挡"DCV"或"V ⋯"合适量程。

c. 两支表笔与被测电路并联（一般情况下，红表笔接电源正极，黑表笔接电源负极），即可测得直流电压值。如果表笔极性接反，在显示电压读数时，显示屏上用"−"号指示出红表笔的极性。如图3-10所示显示"−3.78"，表明此次测量电压值为3.78V，负号表示红表笔接的是电源负极。

"−"号表示红表笔与电源负极连接

表笔可以不分极性

图3-10　测量直流电压

③ 测量交流电压

a. 黑表笔插入COM插孔，红表笔插入 V/Ω 插孔。

b. 将功能开关置于交流电压挡"ACV"或"V ～"的合适量程。

c. 测量时表笔与被测电路并联，表笔不分极性。直接从显示屏上读数，如图3-11所示。

手不能与表笔的金属部分接触，以免触电

测量220V交流电压，量程选择为700V挡

图3-11　测量交流电压

④ 测量电流

a. 将黑表笔插入COM插孔，当被测电流在200mA以下时，红表笔插入"mA"插孔，当测量0.2 ～ 20A的电流时，红表笔插入"20A"插孔。

b. 转换开关置于直流电流挡"ACA"或"A—"的合适量程。

c. 测量时必须先断开电路，将表笔串联接入到被测电路中，如图3-12所示。显示屏在显示电流值时，同时会指示出红表笔的极性。

选择量程为20mA时，显示读数为0.82mA

选择量程为2mA时，显示读数为0.822mA

图3-12　测量电流

⑤ 使用注意事项

a. 测量 U/I 看高低，量程选择要合适。如果无法预先估计被测电压或电流的大小，则应先拨至最高量程挡测量一次，再视情况逐渐把量程减小到合适位置，如图3-13所示。测量完毕，应将量程开关拨到最高电压挡，并关闭电源。

b. 屏幕显示数字"1"，"1"的含义不一样。有一些型号的数字万用表，按下电源开关后，没有进行任何测量时，屏幕上也是显示数字"1"。

数字万用表测量时（例如电阻、电压、电流），屏幕仅在最高位显示数字"1"，其他位均消失，"1"的意思是计算值"溢出"，说明实际值已经超过该挡测量最大值，挡位需要向更高的一挡拨动。即：量程开关置错位，屏幕出现"1"字样。

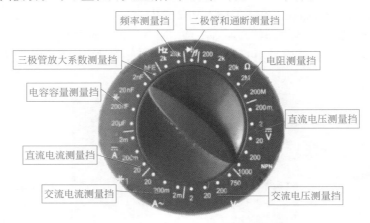

图3-13　数字万用表的量程选择

如果量程选择开关置于蜂鸣挡（图标是二极管图标），显示1。始终显示数字"1"，是因为两表笔之间的被测量部分是不通的（或电阻很大于1000Ω）。

c. 量程选择要合适，测量时候不拨挡。禁止在测量高电压（220V以上）或大电流（0.5A以上）时换量程，以防止产生电弧，烧毁开关触点。一般来说，数字万用表的电流量程范围，较小为毫安挡，最大为20A挡。

d. 电池电量若不足，及时更换新电池。当显示"BATT"或"LOWBAT"时，表示电池电压低于工作电压，应更换新电池。如果数字万用表长期不用的话，要将电池取出来，避免因电池漏液腐蚀表内的零器件，如图3-14所示。

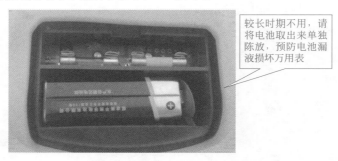

图3-14　数字万用表的电池盒

3.2.2　钳形电流表的使用

钳形电流表是一种不需要中断负载运行（即不断开载流导线）就可测量低压线路上的交流电流大小的携带式仪表，它的最大特点是无需断开被测电路，就能够实现对被测导体中电流的测量，所以特别适合于不便于断开线路或不允许停电的测量场合。

钳形电流表
的使用

（1）使用前的检查

① 重点检查钳口上的绝缘材料（橡胶或塑料）有无脱落、破裂等现象，包括表头玻璃罩在内的整个外壳的完好与否，这些都直接关系着测量安全并涉及仪表的性能问题。

② 检查钳口的开合情况，要求钳口开合自如，如图3-15所示，钳口两个结合面应保证接触良好，如钳口上有油污和杂物，应用汽油擦干净；如有锈迹，应轻轻擦去。

③ 检查零点是否正确，若表针不在零点时可通过调节机构调准。

④ 多用型钳形电流表还应检查测试线和表笔有无损坏，要求导电良好、绝缘完好。

⑤ 数字式钳形电流表还应检查表内电池的电量是否充足，不足时必须更新。

图3-15 检查钳口开合情况

（2）使用方法

① 在测量前，应根据负载电流的大小先估计被测电流数值，选择合适量程，或先选用较大量程的电流表进行测量，然后再根据被测电流的大小减小量程，使读数超过刻度的1/2，以获得较准的读数。

② 在进行测量时，用手捏紧扳手使钳口张开，将被测载流导线的位置应放在钳口中心位置，以减少测量误差，如图3-16所示。然后，松开扳手，使钳口（铁芯）闭合，表头即有指示。注意，不可以将多相导线都夹入钳口测量。

图3-16 载流导线放在钳口中心位置

图3-17 测量5A以下电流的方法

③ 测量5A以下的电流时，如果钳形电流表的量程较大，在条件许可时，可把导线在钳口上多绕几圈，如图3-17所示，然后测量并读数。线路中的实际电流值为读数除以穿过钳口内侧的导线匝数。

④ 在判别三相电流是否平衡时，若条件允许，可将被测三相电路的三根相线同方向同时放入钳口中，若钳形电流表的读数为零，则表明三相负载平衡；若钳形电流表的读数不为零，说明三相负载不平衡。

（3）使用注意事项

① 某些型号的钳形电流表附有交流电压刻度，测量电流、电压时，应分别进行，不能同时测量。

② 钳形表钳口在测量时闭合要紧密，闭合后如有杂音，可打开钳口重合一次。若杂音仍不能消除时，应检查磁路上各接合面是否光洁，有尘污时要擦拭干净。

③ 被测电路电压不能超过钳形表上所标明的数值，否则容易造成接地事故，或者引起触电危险。

④ 在测量现场，各种器材均应井然有序，测量人员应戴绝缘手套，穿绝缘鞋。身体的各部分与带电体之间至少不得小于安全距离（低压系统安全距离为0.1～0.3m）。读数时，往往会不由自主地低头或探腰，这时要特别注意肢体，尤其是头部与带电部分之间的安全距离。

⑤ 测量回路电流时，应选有绝缘层的导线上进行测量，同时要与其他带电部分保持安全距离，防止相间短路事故发生。测量中禁止更换电流挡位。

⑥ 测量低压熔断器或水平排列的低压母线电流时，应将熔断器或母线用绝缘材料加以相间隔离，以免引起短路。同时应注意不得触及其他带电部分。

⑦ 对于数字式钳形电流表，尽管在使用前曾检查过电池的电量，但在测量过程中，也应当随时关注电池的电量情况，若发现电池电压不足（如出现低电压提示符号），必须在更换电池后再继续测量。能否正确地读取测量数据，直接关系到测量的准确性。如果测量现场存在电磁干扰，就必然会干扰测量的正常进行，故应设法排除干扰。

⑧ 对于指针式钳形电流表，首先应认准所选择的挡位，其次认准所使用的是哪条刻度尺。观察表针所指的刻度值时，眼睛要正对表针和刻度以避免斜视，减小视差。数字式表头的显示虽然比较直观，但液晶屏的有效视角是很有限的，眼睛过于偏斜时很容易读错数字，还应当注意小数点及其所在的位置，这一点千万不能被忽视。

⑨ 测量完毕，一定要把调节开关放在最大电流量程位置，以免下次使用时，不小心造成仪表损坏。

钳形电流表的基本使用方法及注意事项可归纳为如下口诀。

操作口诀

不断电路测电流，电流感知不用愁。

测流使用钳形表，方便快捷算一流。

钳口外观和绝缘，用前一定要检查。

钳口开合应自如，清除油污和杂物。

量程大小要适宜，钳表不能测高压。

如果测量小电流，导线缠绕钳口上。

带电测量要细心，安全距离不得小。

3.2.3 绝缘电阻表的使用

绝缘电阻表俗称兆欧表，主要用来检查电气设备、家用电器或电气线路对地及相间的绝缘电阻，以保证这些设备、电器和线路工作在正常状态，避免发生触电伤亡及设备损坏等事故。

兆欧表的使用

（1）使用方法

① 将被测设备脱离电源，并进行放电，再把设备清扫干净（双回线，双母线，当一路带电时，不得测量另一路的绝缘电阻）。

② 测量前应对绝缘电阻表进行校验，即做一次开路试验（测量线开路，摇动手柄，指针应指于"∞"处）和一次短路试验（测量线直接短接一下，摇动手柄，指针应指"0"），两测量线不准相互交缠，如图3-18所示。

③ 正确接线。一般绝缘电阻表上有三个接线柱，一个为线接线柱的标号为"L"，一

个为地接线柱的标号为"E",另一个为保护或屏蔽接线柱的标号为"G"。在测量时,"L"与被测设备和大地绝缘的导体部分相接,"E"与被测设备的外壳或其他导体部分相接。一般在测量时只用"L"和"E"两个接线柱,但当被测设备表面漏电严重、对测量结果影响较大而又不易消除时,例如空气太潮湿、绝缘材料的表面受到侵蚀而又不能擦干净时就必须连接"G"端钮,如图3-19所示。同时在接线时还须注意不能使用双股线,应使用绝缘良好且不同颜色的单根导线,尤其对于连接"L"接线柱的导线必须具有良好绝缘。

(a) 开路试验

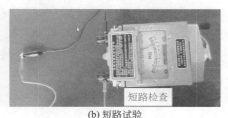
(b) 短路试验

图3-18 绝缘电阻表校验

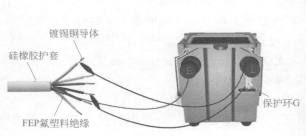

镀锡铜导体

硅橡胶护套

FEP氟塑料绝缘

保护环G

图3-19 绝缘电阻表接线示例

④ 在测量时,绝缘电阻表必须放平。如图3-20所示左手按住表身,右手摇动绝缘电阻表摇柄,以120r/min的恒定速度转动手柄,使表指针逐渐上升,直到出现稳定值后,再读取绝缘电阻值(严禁在有人工作的设备上进行测量)。

⑤ 对于电容量大的设备,在测量完毕后,必须将被测设备进行对地放电(绝缘电阻表没停止转动时及放电设备切勿用手触及)。

(2)使用注意事项

绝缘电阻表本身工作时要产生高电压,为避免人身及设备事故,必须重视以下几点注意事项。

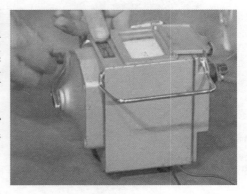

图3-20 摇动绝缘电阻表摇柄的方法

① 不能在设备带电的情况下测量其绝缘电阻。测量前被测设备必须切断电源和负载,并进行放电;已用绝缘电阻表测量过的设备如要再次测量,也必须先接地放电。

② 绝缘电阻表测量时要远离大电流导体和外磁场。

③ 与被测设备的连接导线,要用绝缘电阻表专用测量线或选用绝缘强度高的两根单芯多股软线,两根导线切忌绞在一起,以免影响测量准确度。

④ 测量过程中，如果指针指向"0"位，表示被测设备短路，应立即停止转动手柄。

⑤ 被测设备中如有半导体器件，应先将其插件板拆去。

⑥ 测量过程中不得触及设备的测量部分，以防触电。

⑦ 测量电容性设备的绝缘电阻时，测量完毕，应对设备充分放电。

⑧ 测量过程中手或身体的其他部位不得触及设备的测量部分或绝缘电阻表接线桩，即操作者应与被测量设备保持一定的安全距离，以防触电。

⑨ 数字式绝缘电阻表多采用5号电池或者9V电池供电，工作时所需供电电流较大，故在不使用时务必要关机，即便有自动关机功能的绝缘电阻表，建议用完后就手动关机。

⑩ 记录被测设备的温度和当时的天气情况，有利于分析设备的绝缘电阻是否正常。

3.2.4 电能表的使用

（1）种类

电能表是用来测量电能的仪表，又称电度表、火表、千瓦小时表。

交流电能表按其相线又可分为单相电能表、三相三线电能表和三相四线电能表。

电能表按其工作原理可分为电气机械式电能表和电子式电能表（又称静止式电能表、固态式电能表）。其中，电子式电能表可分为全电子式电能表和机电式电能表。

电能表按其用途可分为有功电能表、无功电能表、最大需量表、标准电能表、复费率分时电能表、预付费电能表、损耗电能表和多功能电能表等。

（2）单相电能表的使用

机械式单相电能表主要由铭牌、电压线圈、电流线圈、计数器、接线盒、转盘等组成，机械式单相电能表的结构及接线原理图如图3-21所示。

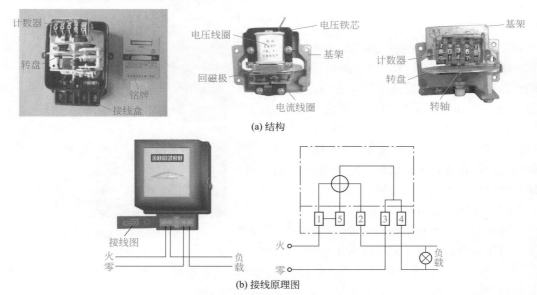

(a) 结构

(b) 接线原理图

图3-21 机械式单相电能表

（3）三相电能表的使用

三相有功电能表的结构基本上与单相电能表相同，不同的是三相电能表有二组（三线制）或者三组（四线制）电压线圈、电流线圈。三相有功电能表接线原理图如图3-22所示。

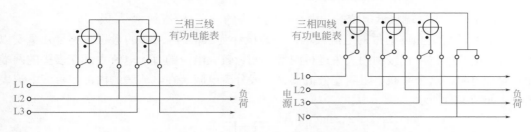

图3-22　三相有功电能表接线原理图

a. 在低电压（不超过500V）和小电流（几十安）的情况下，电能表可直接接入电路进行测量。在高电压或大电流的情况下，电能表不能直接接入线路，需配合电压互感器或电流互感器使用，如图3-23所示。

b. 测量三相有功电能时，应根据负荷情况，使用三相三线有功电能表或三相四线有功电能表。当三相负荷平衡时，可使用三相三线有功电能表；当三相负荷不平衡时，应使用三相四线有功电能表。

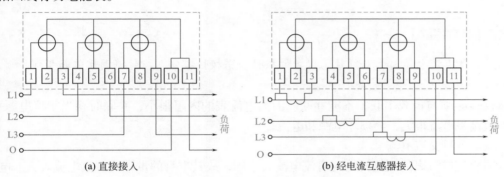

(a) 直接接入　　　　　　　　　　　(b) 经电流互感器接入

图3-23　三相四线制电能表接线原理图

【特别提醒】

　　直接接入式三相电能表计量的电能，可直接从其计度器的窗口上两次读数差算出。采用间接接入式三相电能表计量电能时，其实际计量的电能数，应为两次查表读数的差乘以电流互感器和电压互感器的比率后所得的数值。

3.2.5　电流表的使用

电流表是专门用来测量电路电流的一种仪表，常用的电流表有指针式电流表和数字电流表2类。

（1）测量直流电流

用来测量直流电流的仪表叫作直流电流表。直流电流表按量程可分为安培表、毫安表、微安表，分别以符号A、mA和μA表示。直流电流表有固定式与便携式两种，固定式电流表的外形有方形和圆形。

电流表有两个接线柱，在接线柱的旁边有"+"及"-"的符号。电流表的"+"端接电路高电位端，"−"端接低电位端，电流从电流表的"+"极流到"−"极。

　　电流表的表头允许通过的电流较小，一般设计为50μA到5mA的量程，测量几毫安以下的直流电流时，可直接利用表头进行测量。测量较大电流的直流电流表都在表头的两端并联附加电阻，这个并联电阻叫作分流器，一般分流电阻装在电流表的内部。直流电流表接入法如图3-24所示。

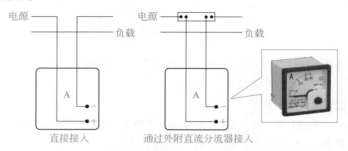

图3-24　直流电流表接入法

【特别提醒】

　　测量直流电流时，必须注意仪表的极性。若极性接错，指针将因反偏而损坏。

　　仪表必须与负载串联，不能并联。因为电流表的内阻很小，并联时相当于将电源正、负极短接，电流很大，会损坏电源和电流表。

　　（2）测量交流电流

　　因交流电流表的测量机构与直流电流表不同，故其本身的量程比直流电流表大。电力系统中常用的交流电流表是1T1-A型电磁式交流电流表，其最大量程为200A。因此，在此范围内，电流表可以与负载串联，如图3-25（a）所示。

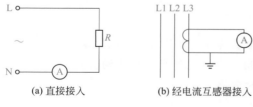

(a) 直接接入　　　(b) 经电流互感器接入

图3-25　交流电流的测量

　　在低压线路中，当负载电流大于电流表的量程时，应采用电流互感器。将电流互感器一次绕组与电路中的负载串联，二次绕组接电流表，如图3-25（b）所示。在高压电路中，电流表的接线方法与图3-25相同，但电流互感器必须为高压用电流互感器。

【特别提醒】

　　直流电流表和交流电流表区别很大，不能交换测量，而且也没有办法交换测量。

3.2.6　电压表的使用

　　电压表是用来测量电路中电压的仪表。在强电领域，交流电压表常用来测量监视线路的电压大小。

　　电压表按被测电流波形，可分为直流电压表和交流电压表。电压表根据量程的不同，分为微伏表（表盘上标有"μV"）、毫伏表（表盘上标有"mV"）、伏特表（表盘上标有"V"）、千伏表（表盘上标有"kV"）。

（1）直流电压的测量

测量直流电压时，将电压表与被测电路并联，电压表的正极与被测电路的"+"极端相连，负极则与被测电路"−"极端相连。

为使被测电路的工作不因接入电压表受影响，则电压表的内阻应很大。当电压表内阻相对被测电路来讲不够大，则需要在电压表侧串联一个大电阻进行测量。

（2）交流电压的测量

交流电压表的接线是不分极性的，但在一个系统中，所有的电压表接线应是一致的，特别是220V或使用互感器的电压表必须遵守这一规则。

测量高电压时，必须采用电压互感器。电压表的量程应与互感器二次的额定值相符。交流电压表及其电压互感器回路必须配置熔断器，以防短路。

三相交流电压测量的接线方法如图3-26所示。

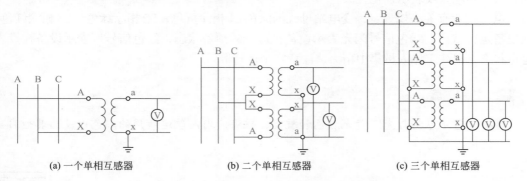

| (a) 一个单相互感器 | (b) 二个单相互感器 | (c) 三个单相互感器 |

图3-26 三相交流电压测量的接线方法

3.3 电气安全标志

3.3.1 电气安全色

（1）作用

安全色是特定的表达安全信息的颜色。颜色常被用作为加强安全和预防事故而设置的标志。安全色要求醒目，容易识别。

采用安全色可以使人的感官适应能力在长期生活中形成和固定下来，以利于生活和工作，目的是使人们通过明快的色彩能够迅速发现和分辩安全标志，提醒人们注意，防止事故发生。

（2）含义和用途

安全色应该有统一的规定。

国际标准化组织建议采用红色、黄色和绿色三种颜色作为安全色，并用蓝色作为辅助色。《安全色》（GB 2893—2008）规定红、蓝、黄、绿四种颜色为安全色。其含义和用途见表3-4。

表3-4　安全色的含义和用途

序号	颜色	含义	用途
1	红色	表示禁止、停止、消防和危险	禁止、停止和有危险的器件设备或者环境涂红色标记
2	蓝色	表示指令、必须遵守的规定	一般用于指令标志，如必须佩戴个人防护用具涂蓝色标记
3	黄色	表示警告、注意	用于警告人们需要注意的器件、设备或者环境涂黄色标记
4	绿色	表示提示信息、安全、通行	用于提示标志、行人和车辆通行标志等。如机器启动按钮、安全信号旗涂绿色标记

（3）安全色的应用

在实际应用中，安全色常采用其他颜色（即对比色）做背景色，使其更加醒目，以提高安全色的辨别度。

对比色是使安全色更加醒目的反衬色，有黑、白两种，如安全色需要使用对比色时，应按如下方法使用，即红与白，蓝与白，绿与白，黄与黑。也可以使用红白相间、蓝白相间、黄黑相间条纹表示强化含义。

电力工业有关法规规定，变电站母线的涂色L1相涂黄色，L2相涂绿色，L3相涂红色。在设备运行状态，绿色信号闪光表示设备在运行的预备状态，红色信号灯表示设备在投入运行状态，提醒工作人员集中精力、注意安全运行等。

【特别提醒】

安全色不包括灯光、荧光颜色和航空、航海、内河航运所用的颜色以及为其他目的而使用的颜色。

3.3.2　电气安全标志牌

电气安全标志

（1）种类

电气安全牌由安全色、几何图形和图形符号构成，用以表达特定的安全信息的标志。有禁止标志、警告标志、指令标志和提示标志4大类型，如图3-27所示。

(a) 禁止标志　　　(b) 警告标志　　　(c) 指令标志　　　(d) 提示标志

图3-27　电气安全牌示例

① 禁止类标志牌　用于禁止人们不安全行为。圆形，背景为白色，红色圆边，中间为一红色斜杠，图像用黑色。一般常用的有"禁止烟火""禁止启动"等。

② 警告类标志牌　用于提醒人们注意周围环境，避免可能发生的危险。等边三角形，

背景为黄色，边和图像都用黑色。一般常用的有"当心触电""注意安全"等。

③ 指令类标志牌　用于强制人们必须作出某种动作或采用某种防范措施。圆形，背景为蓝色，图像及文字用白色。一般常用的有"必须戴安全帽""必须戴护目镜"等。

④ 提示类标志牌　用于向人们提供某一信息，如标明安全设施或安全场所。矩形、背景用绿色，图像和文字用白色。

（2）使用规定

安全牌一般用钢板、塑料等材料制成，同时也不应有反光现象。

安全牌应安装在光线充足明显之处；高度应略高于人的视线，使人容易发现；一般不应安装于门窗及可移动的部位，也不宜安装在其他物体容易触及的部位；安全标志不宜在大面积或同一场所使用过多，通常应在白色光源的条件下使用，光线不足的地方应增设照明。

《电业安全工作规程》（发电厂和变电所电气部分）明确规定了悬挂标示牌和装设遮栏的不同场合的用途：

① 在一经合闸即可送电到工作地点的开关和刀闸的操作把手上，均应悬挂白底红字的"禁止合闸，有人工作"标示牌。如线路上有人工作，应在线路开关和刀闸操作把手上悬挂"禁止合闸，线路有人工作"的标示牌。

② 在施工地点带电设备的遮栏上；室外工作地点的围栏上；禁止通过的过道上；高压试验地点、室外架构上；工作地点临近带电设备的横梁上悬挂白底红边黑字有红色箭头的"止步，高压危险！"的标示牌。

③ 在室外和室内工作地点或施工设备上悬挂绿底中有直径210mm的圆圈，黑字写于白圆圈中的"在此工作"标示牌。

④ 在工作人员上下的铁架、梯子上悬挂绿底中有直径210mm白圆圈黑字的"从此上下"标示牌。

⑤ 在工作人员上下的铁架临近可能上下的另外铁架上，运行中变压器的梯子上悬挂白底红边黑字的"禁止攀登，高压危险！"标示牌。

第4章

低压电器

4.1 低压电器基础知识

4.1.1 低压电器的分类

（1）按用途和控制对象分类

按用途和控制对象不同，低压电器可分为电力网系统用的配电电器、电力拖动及自动控制系统用的控制电器两大类，见表4-1。

表4-1 低压电器按用途和控制对象分类

电器名称		主要品种	用途	图示
配电电器	刀开关	大电流刀开关 熔断器式刀开关 开关板用刀开关 负荷开关	主要用于电路隔离，也可用于接通和分断额定电流	
	转换开关	组合开关 换向开关	用于两种以上电源或负载的转换和通断电路	
	断路器	万能式断路器 塑料外壳式断路器 限流式断流器 漏电保护断路器	用于线路过载、短路或欠压保护，也可用作不频繁接通和分断电路	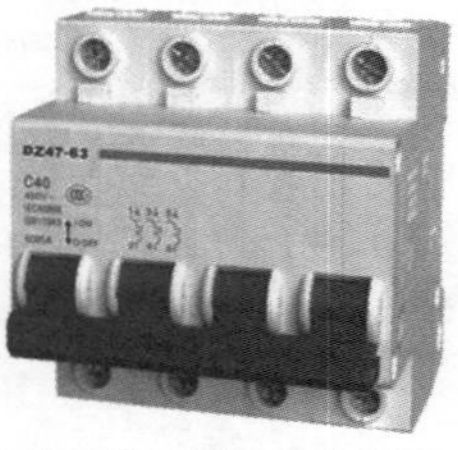
	熔断器	有填料熔断器 无填料熔断器 快速熔断器 自复熔断器	用于线路或电气设备的短路和过载保护	
控制电器	接触器	交流接触器 直流接触器	主要用于远距离频繁启动或控制电动机，以及接通和分断正常工作的电路	

073

续表

电器名称		主要品种	用途	图示
控制电器	控制继电器	电流继电器 电压继电器 时间继电器 中间继电器 热继电器	主要用于远距离频繁启动或控制其他电器或作主电路的保护	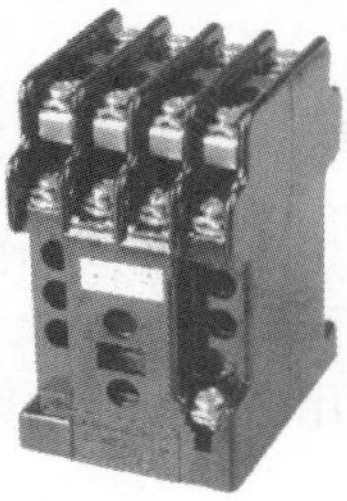
	启动器	磁力启动器 减压启动器	主要用于电动机的启动和正反方向控制	
	控制器	凸轮控制器 平面控制器	主要用于电器控制设备中转换主回路或励磁回路的接法，以达到电动机启动、换向和调速的目的	
	主令电器	按钮 限位开关 微动开关 万能转换开关	主要用于接通和分断控制电路	
	电阻器	铁基合金电阻	用于改变电路和电压、电流等参数或变电能为热能	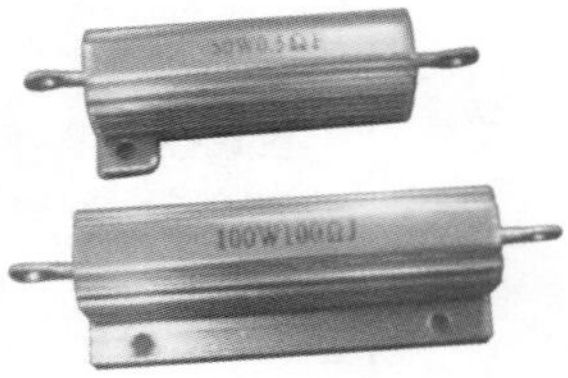
	变阻器	励磁变阻器 启动变阻器 频繁变阻器	主要用于发电机调压以及电动机的减压启动和调速	
	电磁铁	起重电磁铁 牵引电磁铁 制动电磁铁	用于起重、操作或牵引机械装置	

（2）低压电器按操作方式分类

按操作方式不同，低压电器可分为自动电器和手动电器两大类，见表4-2。

表4-2 低压电器按操作方式分类

电器名称		用途
自动电器	接触器 继电器	通过电磁（或压缩空气）做功来完成接通、分断、启动、反向和停止等动作的电器称为自动电器
手动电器	刀开关 转换开关主令电器	通过人力做功来完成接通、分断、启动、反向和停止等动作的电器称为手动电器

（3）低压电器按执行机构分类

按执行机构不同，低压电器可分为有触点电器和无触点电器，见表4-3。

表4-3 低压电器按执行机构分类

电器名称		用途
有触点电器	接触器 继电器	具有可分离的动触点和静触点，利用触点的接触和分离以实现电路的接通和断开控制
无触点电器	接近开关 固态继电器	没有可分离的触点，主要利用半导体元器件的开关效应来实现电路的通断控制

【特别提醒】

电气设备根据工作电压高低可分为高压电器和低压电器。国际上公认的高低压电器的分界线：交流1kV（直流则为1.5kV）。交流1kV以上为高压电器，1kV及以下为低压电器。

工业上的电器一般使用380/220V和6kV两个电压等级。前者是低压电器，后者是高压电器。

4.1.2 低压电器的常用术语

要正确选用低压电器，首先得理解其常用术语的含义，见表4-4。

表4-4 低压电器常用术语的含义

术语	含义
短路接通能力	在规定的条件下，包括开关电器的出线端短路在内的接通能力
短路分断能力	在规定的条件下，包括开关电器的出线端短路在内的分断能力
操作频率	开关电器在每小时内可能实现的最高循环操作次数
通电持续率	电器的有载时间和工作周期之比，常以百分数表示
电寿命	在规定的正常工作条件下，机械开关电器不需要修理或更换零件的负载操作循环次数
通断时间	从电流开始在开关电器的一个极流过的瞬间起，到所有极的电弧最终熄灭瞬间为止的时间间隔
燃弧时间	电器分断过程中，从触点断开（或熔体熔断）出现电弧的瞬间开始，至电弧完全熄灭为止的时间间隔
分断能力	开关电器在规定的条件下，能在给定的电压下分断的预期分断电流值
接通能力	开关电器在规定的条件下，能在给定的电压下接通的预期接通电流值
通断能力	开关电器在规定的条件下，能在给定的电压下接通和分断的预期电流值

【特别提醒】

　　低压电器在电力输配电系统和电力拖动、自动控制系统中应用非常广泛，电工必须熟练掌握常用低压电器的结构、原理，并能正确选用和维护。如图4-1所示为低压电器的应用实例。

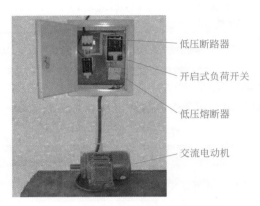

　　　　低压断路器
　　　　开启式负荷开关
　　　　低压熔断器
　　　　交流电动机

图4-1　低压电器控制电动机的运转

4.1.3　低压电器的选用与安装

　　（1）选用原则

　　在电力拖动和传输系统中使用的主要低压电器，具有不同的用途和不同使用条件，因而也就有不同的选用方法，但是总的要求应遵循以下两个基本原则。

　　① 安全原则　使用安全可靠是对任何开关电器的基本要求，保证电路和用电设备的可靠运行，是使生产和生活得以正常进行的重要保障。

　　② 经济原则　在符合安全标准，并可以达到所需的技术指标的条件下，尽可能选择性能价格比较高的电器。此外，还应根据低压电器使用时间及维修、更换周期的长短和维修的方便与否来选择。

　　（2）选用注意事项

　　① 根据控制对象的类别（电机控制、机床控制、其他设备的电气控制）、控制要求及使用的环境来选取适合的低压电器。

　　② 根据使用正常情况下的工作条件，如：工作的海拔、相对湿度，有害气体、导电尘埃的侵蚀度，允许安装的方位角，抗冲击能力，室内、外工作等条件选取适合的低压电器。

　　③ 根据被控对象的技术要求、确定电器技术指标（如额定电压、额定电流、操作频率、工作制等）。

　　④ 被选取的低压电器的容量应大于被控设备的容量。对于一些有特殊控制要求的设备，应选用特殊的低压电器来完成（如速度要求、压力要求等）。

　　⑤ 在选择与被控设备相符合的低压电器的同时，还要考虑电器的"通""断"能力、使用寿命、工艺要求等因素。

　　（3）安装要求

　　① 低压电器应垂直安装。安装位置应便于操作，不易被碰坏。

　　② 低压电器要安装在没有剧烈振动的场所，距地面要有适当的高度。若在有剧烈振动

的场所安装低压电器时，应采取减振措施。

③ 低压电器的金属外壳或金属支架必须接地（或接零）。电器的裸露部分应加防护罩，双投刀开关的分闸位置应有防止自行合闸的装置。

④ 在有易燃、易爆气体或粉尘的厂房，电器应密封安装在室外，且有防雨措施。对有爆炸危险的场所必须使用防爆电器。

⑤ 使用时应保持电器触点表面的清洁，光滑，接触良好，触点应有足够的压力，各相触点的动作应一致，灭弧装置应保持完整。

⑥ 单极开关必须接在相线上。落地安装的低压电器，其底部应高出地面100mm。在安装低压电器的盘面上，标明安装设备的名称及回路编号或路别。

4.2 低压断路器和漏电保护器

4.2.1 低压断路器

（1）低压断路器的功能

低压断路器主要用于不频繁通断电路，并能在电路过载、短路及失压时自动分断电路。

（2）低压断路器的类型及结构

低压断路器主要包括框架式（万能式）和塑壳式（装置式）两大类，其结构如图4-2所示。

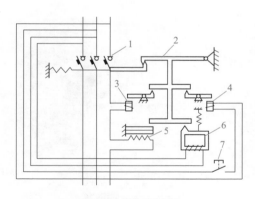

(a) 万能式低压断路器

1—天弧罩；2—开关本体；3—抽屉座；4—合闸按钮；
5—分闸按钮；6—智能脱扣器；7—摇勺柄插入位置；
8—连接/试验/分离指示

(b) 塑壳式低压断路器

1—主触头；2—自由脱扣器；3—过电流脱扣器；
4—分励脱扣器；5—热脱扣器；6—失压脱扣器
7—按钮

图4-2　低压断路的类型及结构

（3）低压断路器的选用

低压断路器主要应用于控制配电线路、电动机和照明三大类负载。选用低压断路器时，一般应遵循以下原则。

① 低压断路器的整定电流应不小于电路正常的工作电流。断路器的整定电流又称为过载脱扣器的电流整定值，是指脱扣器调整到动作的电流值。低压断路器整定电流的选择见表4-5。

表4-5　低压断路器整定电流的选择

负载类型	整定电流与负载工作电流的关系
照明电路	负载电流的6倍
电动机（一台）	装置式低压断路器应为电动机启动电流的1.7倍； 万能式低压断路器的应为电动机启动电流的1.35倍
电动机（多台）	为容量最大的一台电动机启动电流的1.3倍加上其余电动机额定电流之和
配电线路	应等于或大于电路中负载的额定电流之和

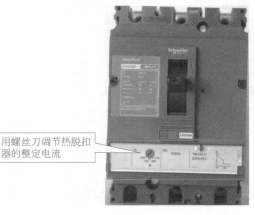

用螺丝刀调节热脱扣器的整定电流

图4-3　调节整定电流

② 热脱扣器的整定电流要与所控制负载的额定电流一致，否则，应进行人工调节，如4-3所示。

③ 选用低压断路器时，在类型、等级、规格等方面要配合上、下级开关的保护特性，不允许因本级保护失灵导致越级跳闸，扩大停电范围。如图4-4所示为家庭及类似场所常用低压断路器的类型。

火线进断路器，零线不进

1P带DPN，火线和零线同时进断路器，安全性更高

(a) 1P断路器

断路器的宽度比1P宽一倍，火线和零线都进断路器

2P带DPN，火线和零线同时进断路器，带漏电保护、断路器的宽度比1P带DPN的宽一倍

(b) 2P断路器

图4-4　常用低压断路器的类型

4.2.2 漏电保护器

（1）漏电保护器的功能

漏电保护断路器具有漏电、触电、过载、短路等保护功能，主要用来对低压电网直接触电和间接触电进行有效保护，也可以作为三相电动机的缺相保护。

漏电保护断路器与其他断路器一样可将主电路接通或断开，而且具有对漏电流检测和判断的功能。当主回路中发生漏电或绝缘破坏时，漏电保护开关可根据判断结果将主电路断开。

（2）漏电保护器的类型

漏电保护器有单相的，也有三相的。

（3）漏电保护器的结构

漏电保护断路器主要由试验按钮、操作手柄、漏电指示和接线端几部分组成，如图4-5所示。

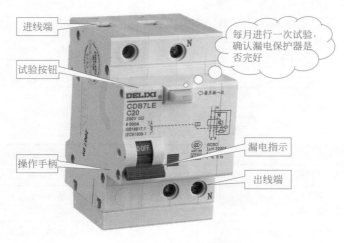

进线端

试验按钮

操作手柄

每月进行一次试验，确认漏电保护器是否完好

漏电指示

出线端

图4-5 漏电保护断路器

（4）漏电保护器的选用

居民和动力用电（统指400V系统）漏电保护器，主要以泄漏电流值作为选用依据，见表4-6。

表4-6 漏电保护器的选用

适用场所	选用依据
家庭及类似场所	一般选择动作电流不超过30mA、动作时间不超过0.1s的小型漏电保护器
浴室、游泳池等场所	漏电保护器的额定动作电流不宜超过10mA
在触电后可能导致二次事故的场所	漏电保护器的额定动作电流不宜超过10mA

 【特别提醒】

在工业配电系统中，漏电保护断路器与熔断器、热继电器配合，可构成功能完善的低压开关元件。

4.3 接触器和继电器

4.3.1 接触器

接触器

（1）接触器的功能

接触器主要用于频繁接通或分断交、直流电路，具有控制容量大，可远距离操作，配合继电器可以实现定时操作，联锁控制，各种定量控制和失压及欠压保护，广泛应用于自动控制电路，其主要控制对象是电动机，也可用于控制其他电力负载，如电热器、照明、电焊机、电容器组等。

【特别提醒】

交流接触器利用主触点来开闭电路，用辅助触点来执行控制指令。在工业电气中，接触器的型号很多，电流在5～1000A的不等，其用处相当广泛。

（2）交流接触器的结构

接触器主要由电磁系统、触点系统、灭弧装置等几部分构成，见表4-7。其外形及结构如图4-6所示。

表4-7　接触器的结构

装置或系统	组成及说明
电磁系统	可动铁芯（衔铁）、静铁芯、电磁线圈、反作用弹簧
触点系统	主触点（用于接通、切断主电路的大电流）、辅助触点（用于控制电路的小电流）；一般有三对动合主触点，若干对辅助触点
灭弧装置	用于迅速切断主触点断开时产生的电弧，以免使主触点烧毛、熔焊。大容量的接触器（20A以上）采用缝隙灭弧罩及灭弧栅片灭弧，小容量接触器采用双断口触点灭弧、电动力灭弧、相间弧板隔弧及陶土灭弧罩灭弧

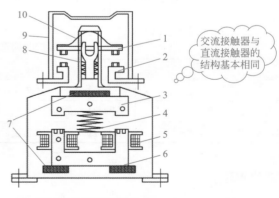

图4-6　交流接触器的外形及结构

1—动触桥；2—静触点；3—衔铁；4—缓冲弹簧；
5—电磁线圈；6—铁芯；7—垫毡；8—触点弹簧；9—灭弧罩；10—触点压力弹簧

交流接触器结构及原理口诀

话说交流接触器，三大部分来组成。

电磁力驱机构动，电能变为机械能。

执行元件是触点，动断、动合两类型。

触点分断生电弧，灭弧装置消弧灵。

其他部件比较多，各司其职分工明。

线圈得电衔铁吸，触点动合线路通。

电压过高或太低，线圈可能要烧毁。

（3）接触器的选用

接触器的选用方法见表4-8。

表4-8　接触器的选用

选择要点	方法及说明
接触器的类型	根据电路中负载电流的种类选择。交流负载应选用交流接触器，直流负载应选用直流接触器，如果控制系统中主要是交流负载，直流电动机或直流负载的容量较小，也可都选用交流接触器来控制，但触点的额定电流应选得大一些
主触点的额定电压	接触器主触点的额定电压应等于或大于负载的额定电压 交流接触器的额定电压主要有：127V、220V、380V、500V 直流接触器的额定电压主要有：110V、220V、440V
主触点的额定电流	被选用接触器主触点的额定电流应大于负载电路的额定电流。也可根据所控制的电动机最大功率进行选择。如果接触器是用来控制电动机的频繁启动、正反或反接制动等场合，应将接触器的主触点额定电流降低使用，一般可降低一个等级 交流接触器的额定电流主要有：5A、10A、20A、40A、60A、100A、150A、250A、400A、600A 直流接触器的额定电流主要有：40A、80A、100A、150A、250A、400A、600A
吸引线圈额定电压和辅助触点容量	如果控制线路比较简单，所用接触器的数量较少，则交流接触器线圈的额定电压一般直接选用380V或220V 如果控制线路比较复杂，使用的电器又比较多，为了安全起见，线圈的额定电压可选低一些，这时需要加一个控制变压器 交流接触器吸引线圈额定电压主要有：36V、110（127）V、220V、380V 直流接触器吸引线圈额定电压主要有：24V、48V、220V、440V

交流接触器选用口诀

选用交流接触器，负载要求应满足。

操作频率的选用，要看次数和电流。

额定电流的选择，电机功率是依据。

额定电压的选择，等或大于负载压。

线圈电压的选择，要看线路的繁简。

4.3.2　继电器

（1）继电器的种类

继电器是一种具有隔离功能的自动开关元件，其触点通常接在控制电路中，不直接控制电流较大的主电路，而是通过接触器或其他电器对主电路进行控制。

继电器

继电器的种类很多，常见继电器见表4-9。

表4-9 继电器的种类

分类方法	种类
按输入信号性质分	电流继电器、电压继电器、速度继电器、压力继电器
按工作原理分	电磁式继电器、电动式继电器、感应式继电器、晶体管式继电器和热继电器
输出方式分	有触点式和无触点式
按外形尺寸分	微型继电器、超小型继电器、小型继电器
按防护特征分	密封继电器、塑封继电器、防尘罩继电器、敞开继电器

 【特别提醒】

继电器的额定电流一般不大于5A。

（2）电压继电器

① 特点　线圈并联在电路中，匝数多，导线细。

② 功能　电压继电器主要用于监控电气线路中的电压变化情况。当电路的电压值变化超过设定值时，电压继电器便会动作，触点状态产生切换，发出信号，如图4-7所示。

图4-7　电压继电器

③ 选用　a. 选用过电压继电器主要是看额定电压和动作电压等参数，过电压继电器的动作值一般按系统额定电压的1.1 ～ 1.2倍整定；b. 电压继电器线圈的额定电压一般可按电路的额定电压来选择。

 【特别提醒】

电压继电器的线圈匝数多且导线细，使用时将电压继电器的电磁线圈并联接于所监控的电路中，与负载并联，将动作触点串接在控制电路中。

电压继电器记忆口诀

电压继电器两种，过电压和欠电压。

线圈匝数多且细，整定范围可细化。

并联负载电路中，密切监控电变化。

额定电压要相符，安装完毕试几下。

（3）电流继电器

① 特点　线圈串接于电路中，导线粗、匝数少、阻抗小。

② 功能　电流继电器是反映电流变化的控制电器，主要用于监控电气线路中的电流变化。当电路电流的变化超过设定值时，电流继电器便会动作，触点状态产生切换，发出信号，如图4-8所示。

图4-8　电流继电器

③ 选用　a. 过电流继电器线圈的额定电流一般可按电动机长期工作的额定电流来选择。对于频繁启动的电动机，考虑到启动电流在继电器中的热效应，因此额定电流可选大一级。b. 过电流继电器的动作电流可根据电动机工作情况，一般按电动机启动电流的 $1.1 \sim 1.3$ 倍整定，频繁启动场合可取 $2.25 \sim 2.5$ 倍。一般绕线转子感应电动机的启动电流按2.5倍额定电流考虑，笼型感应电动机的启动电流按额定电流的 $5 \sim 8$ 倍考虑。c. 欠电流继电器常用于直流电机磁场的弱磁保护，必须按实际需要进行整定。

【特别提醒】

　　电流继电器的线圈匝数少且导线粗，使用时将电磁线圈串联接于被监控的主电路中，与负载相串联，动作触点串联接在辅助电路中。

（4）中间继电器

① 特点　中间继电器实质上是一种电压继电器，结构和工作原理与接触器相同。但它的触点数量较多，在电路中主要是扩展触点的数量。另外其触点的额定电流较大。

② 功能　中间继电器是传输或转换信号的一种低压电器元件，它可将控制信号传递、放大、翻转、分路、隔离和记忆，以达到一点控多点、小功率控大功率的目标，如图4-9所示。

③ 选用　中间继电器的品种规格很多，常用的有J27系列、J28系列、JZ11系列、JZ13系列、JZ14系列、JZ15系列、JZ17系列和3TH系列。选用中间继电器时，主要应根据被控制电路的电压等级、所需触点数量、种类、容量等要求来选择。

（5）热继电器

① 功能　热继电器是用于电动机或其他电气设备、电气线路的过载保护的保护电器。主要用于电动机的过载保护及其他电气设备发热状态的控制，有些型号的热继电器还具有断相及电流不平衡运行的保护。

一般用于控制电路中，不能用于主电路中，因为其触点只能通过小电流

全部都是辅助触点，数量比较多，其额定电流约为5A

图4-9　中间继电器

【特别提醒】

热继电器主要与熔断器配合使用。

② 结构形式

热继电器的结构形式主要有双金属片式、热敏电阻式和易熔合金式，见表4-10。

表4-10　热继电器的结构形式

结构形式	保护原理
双金属片式	利用双金属片受热弯曲，去推动杠杆使触点动作，如图4-10所示
热敏电阻式	利用电阻值随温度变化而变化的特性制成
易熔合金式	利用过载电流发热使易熔合金熔化而使继电器动作

③ 使用与选择　热继电器的热元件与被保护电动机的主电路串联，热继电器的触点串接在接触器线圈所在的控制回路中。

a. 一般电动机轻载启动或短时工作，可选择两相结构的热继电器；当电源电压的均衡性和工作环境较差或多台电动机的功率差别较显著时，可选择三相结构的热继电器；对于三角形接法的电动机，应选用带断相保护装置的热继电器。

b. 热继电器的额定电流应大于电动机的额定电流。

c. 一般将整定电流调整到等于电动机的额定电流；对过载能力差的电动机，可将热元件整定值调整到电动机额定电流的0.6～0.8倍；对启动时间较长，拖动冲击性负载或不允许停车的电动机，热元件的整定电流应调节到电动机额定电流的1.1～1.15倍。绝对不允许弯折双金属片。

热继电器口诀

主要结构三部分，触点、双片、热元件。

串于电机主电路，检测过载或断线。

整定电流需调整，动作时刻是关键。

保护对象是电机，频繁启动难实现。

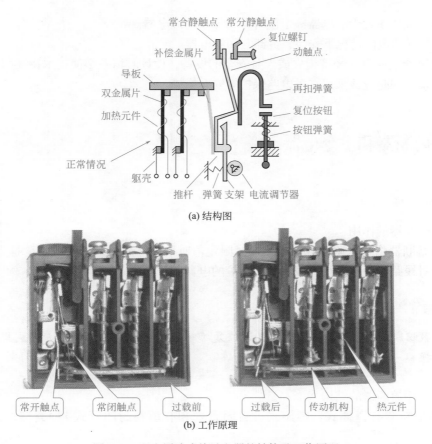

(a) 结构图

常合静触点 常分静触点
复位螺钉
补偿金属片 动触点
导板
双金属片 再扣弹簧
加热元件 复位按钮
按钮弹簧
正常情况
躯壳
推杆 弹簧 支架 电流调节器

常开触点 常闭触点 过载前 过载后 传动机构 热元件
(b) 工作原理

图4-10 双金属片式热继电器的结构及工作原理

（6）时间继电器

① 功能 时间继电器实质上是一个定时器，在定时信号发出之后，时间继电器按预先设定好的时间、时序延时接通和分断被控电路。简单地说，就是按整定时间长短来通断电路。

② 种类 按构成原理分：电磁式、电动式、空气阻尼式、晶体管式和数字式。

按延时方式分：通电延时型和断电延时型。

③ 图形符号 如图4-11所示。

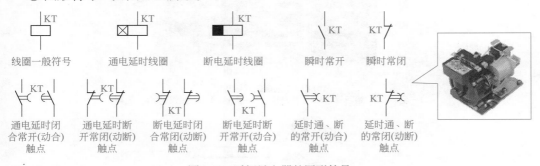

KT 线圈一般符号
KT 通电延时线圈
KT 断电延时线圈
KT 瞬时常开
KT 瞬时常闭

KT 通电延时闭合常开(动合)触点
KT 通电延时断开常闭(动断)触点
KT 断电延时闭合常闭(动断)触点
KT 断电延时断开常开(动合)触点
KT 延时通、断的常开(动合)触点
KT 延时通、断的常闭(动断)触点

图4-11 时间继电器的图形符号

④ 使用与选用

a. 时间继电器的使用工作电压应在额定工作电压范围内。

b. 当负载功率大于继电器额定值时，请加中间继电器。

c. 严禁在通电的情况下安装、拆卸时间继电器。

d. 对可能造成重大经济损失或人身安全的设备，设计时请务必使技术特性和性能数值有足够余量，同时应该采用二重电路保护等安全措施。

4.4　熔断器和主令电器

4.4.1　熔断器

（1）熔断器的作用

低压熔断器俗称保险丝，当电流超过限定值时借熔体熔化来分断电路，是一种用于对线路或设备进行过载和短路保护的电器。

低压熔断器

 【特别提醒】

多数熔断器为不可恢复性产品（可恢复熔断器除外），一旦损坏后应用同规格的熔断器更换。

（2）常用熔断器的结构

常用熔断器有瓷插式、螺旋式、封闭管式和有填料封闭管式4种类型，其结构如图4-12所示。

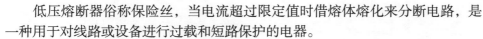

结构简单，成本低，现在很少使用

(a) RC1A系列瓷插式熔断器

1—熔丝；2—动触点；3—瓷盖；4—空腔；5—静触点；6—瓷座

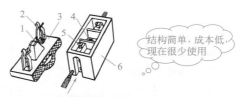

熔断管更换方便，在电力拖动线路中应用广泛

(b) RL1系列螺旋式熔断器

1—瓷套；2—熔断管；3—下接线座；4—瓷座；5—上接线座；6—瓷帽

采用变截面的熔片，应用于在600A以下的电力线路中

(c) RM10系列封闭管式熔断器

1—夹座；2—熔断管；3—钢纸管；4—黄铜套管；5—黄铜帽；6—熔体；7—刀形夹头

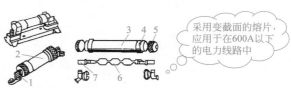

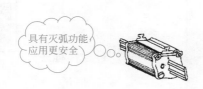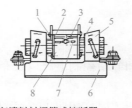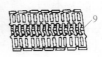

(d) RT0系列有填料封闭管式熔断器

1—熔断指示器；2—石英砂填料；3—指示器熔丝；4—夹头；5—夹座；6—底座；7—熔体；8—熔管；9—锡桥

图4-12　常用熔断器的结构

（3）常用熔断器的特点及应用（见表4-11）

表4-11　常用熔断器的特点及应用

类型	特点	应用	图示
瓷插式	结构简单，价格低廉，更换方便，使用时将瓷盖插入瓷座，拔下瓷盖便可更换熔丝	额定电压380V及以下、额定电流为5～200A的低压线路末端或分支电路中，作线路和用电设备的短路保护，在照明线路中还可起过载保护作用	
螺旋式	熔断管内装有石英砂、熔丝和带小红点的熔断指示器，石英砂用来增强灭弧性能。熔丝熔断后有明显指示	在交流额定电压500V、额定电流200A及以下的电路中，作为短路保护器件	
封闭管式	熔断管为钢质制成，两端为黄铜制成的可拆式管帽，管内熔体为变截面的熔片，更换熔体较方便	用于交流额定电压380V及以下、直流440V及以下、电流在600A以下的电力线路中	
有填料封闭管式	熔体是两片网状紫铜片，中间用锡桥连接。熔体周围填满石英砂起灭弧作用	用于交流380V及以下、短路电流较大的电力输配电系统中，作为线路及电气设备的短路保护及过载保护	

熔断器的类型及应用口诀

简易熔断保险丝，发明可是爱迪生。

严防死守除故障，超过电流自融化。

常用熔断器四种，居民配电用瓷插。

螺旋式的熔断器，机床配电常用它。

无填料式熔断器，设备电缆常用它。

有填料式熔断器，整流元件常用它。

4.4.2 主令电器

（1）功能及类型

主令电器是用来接通和分断控制电路以发布命令，或对生产过程作程序控制的开关电器。

主令电器包括控制按钮（简称按钮）、行程开关、万能转换开关和主令控制器等。另外，还有踏脚开关、接近开关、倒顺开关、紧急开关、钮子开关等。

（2）按钮开关

按钮开关的结构种类很多，可分为普通揿钮式、蘑菇头式、自锁式、自复位式、旋柄式、带指示灯式、带灯符号式及钥匙式等，有单钮、双钮、三钮及不同组合形式，常用按钮开关如图4-13所示。

为了避免误操作，通常将按钮帽做成不同的颜色，以示区别

一般是采用积木式结构，通常做成复合式，有一对动断触点和动合触点

图4-13 按钮开关

（3）限位开关

限位开关又称位置开关，常用的有两大类。一类为以机械行程直接接触驱动，作为输入信号的行程开关和微动开关；另一类为以电磁信号（非接触式）作为输入动作信号的接近开关。如图4-14所示。

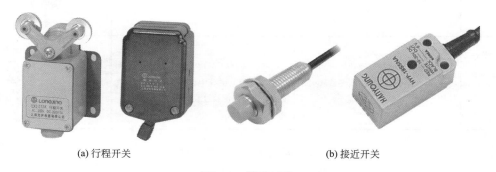

(a) 行程开关　　　　　　　　　　(b) 接近开关

图4-14 限位开关

（4）万能转换开关

万能转换开关是一种多挡位、多段式、控制多回路的主令电器，当操作手柄转动时，带动开关内部的凸轮转动，从而使触点按规定顺序闭合或断开，如图4-15所示。

万能转换开关主要用于各种控制线路的转换，电压表、电流表的换相测量控制，配电装置线路的转换和遥控等。万能转换开关还可以用于直接控制小容量电动机的启动、调速和换向。

组合开关

图4-15 万能转换开关

第 **5** 章

异步电动机

低压电工考证培训教程

DIYA DIANGONG KAOZHENG PEIXUN JIAOCHENG SHIPINBAN

电动机也称电机（俗称马达），是一种把电能转换成机械能的设备。在电路中用字母M表示。它的主要作用是产生驱动力矩，作为用电器或工农业生产机械的动力源。

电动机按结构及工作原理可分为同步电动机和异步电动机。运行时，电动机转速比输入电压形成的旋转磁场慢一些（即异步）的电动机称为异步电动机，异步电动机可分为单相异步电动机和三相异步电动机。

5.1　异步电动机基础知识

5.1.1　电动机简介

（1）电动机的种类

① 根据使用电源的不同，可分为直流电动机和交流电动机两大类，而两大类中又分了许多种，见表5-1。另外，还有一种单相串励电动机，它既可以使用直流电，也可以使用交流电。

表5-1　电动机按使用电源分类

直流电动机	无刷直流电动机		
	有刷直流电动机	永磁式直流电动机	
		电磁式直流电动机	他励直流电动机
			并励直流电动机
			串励直流电动机
			复励直流电动机
交流电动机	异步电动机	三相异步电动机	笼型转子
			绕线型转子
		单相异步电动机	分相式电动机
			电容启动电动机
			电容运转电动机
			电容启动运转电动机
			罩极式电动机
	同步电动机（三相、单相）		

② 按结构及工作原理可分为同步电动机和异步电动机。

a. 运行时，电动机转速比输入电压形成的旋转磁场慢一些（即异步）的电动机称为异步电动机，异步电动机可分为三相异步电动机、单相异步电动机。

b. 运行时，电动机转速与输入电压形成的旋转磁场一致（即同步）的电动机称为同步电动机。同步电动机还可分为永磁同步电动机、磁阻同步电动机和磁滞同步电动机。

③ 还可按外壳防护形式、冷却方式、安装形式、绝缘等级、工作制、电机尺寸中心高和定子铁芯外径等特征进行分类，见表5-2。

表5-2 电动机分类

分类标准	类型
按外壳防护形式	开启式、防护式、封闭式、防尘式、防爆式等
按冷却方式	自冷式、自扇冷式、他扇冷式、管道通风式等
按安装形式	卧式、立式、凸缘（带底脚或不带底脚）
按绝缘等级	A级、E级、B级、F级、H级
按工作制	连续、短时、周期、非周期
按电机尺寸中心高和定子铁芯外径	大型、中型、小型、小功率

（2）电动机的型号

电动机型号由电动机的类型代号、特点代号和设计序号三个部分组成。

电动机类型代号用：Y—表示异步电动机；T—表示同步电动机。如：某电动机的型号标识为Y2-160M2-8，其含义见表5-3。

表5-3 电动机型号Y2-160M2-8的含义

标识	含义
Y	机型，表示异步电动机
2	设计序号，"2"表示第一次基础上改进设计的产品
160	中心高，是轴中心到机座平面高度
M2	机座长度规格，M是中型，其中"2"是M型铁芯的第二种规格，"2"型比"1"型的铁芯长
8	极数，"8"是指8极电动机

（3）电动机的铭牌

铭牌上标出了该电动机的一些数据，要正确使用电动机，必须看懂铭牌，电动机的铭牌如图5-1所示。

图5-1 电动机铭牌示例

交流异步电动机铭牌标注的主要技术参数的含义见表5-4。

表5-4 电动机铭牌各个项目的含义

项目	含义
型号	表示电动机的系列品种、性能、防护结构形式、转子类型等产品代号
额定功率	指电动机在制造厂所规定的额定情况下运行时，其输出端的机械功率，单位一般为千瓦（kW）或HP（马力），1HP = 0.736kW

续表

项目	含义
电压	指电动机额定运行时，外加于定子绕组上的线电压，单位为伏（V）。一般规定电动机的工作电压不应高于或低于额定值的5%
电流	电动机在额定电压和额定频率下，并输出额定功率时定子绕组的三相线电流
接法	指定子三相绕组的接法，其接法应与电动机铭牌规定的接法相符，通常三相异步电动机自3kW以下者，连接成星形（Y）；自4kW以上者，连接成三角形（△）
额定频率	指电动机所接交流电源的频率，我国规定为50Hz±1Hz
转速	电动机在额定电压、额定频率、额定负载下，电动机每分钟的转速（r/min）。电动机转速与频率的公式为 $$n=60f/p$$ 其中，n—电动机的转速（r/min）；60—每分钟（s）；f—电源频率（Hz）；p—电动机旋转磁场的极对数
额定效率	是指电动机在额定工况下运行时的效率，是额定输出功率与额定输入功率的比值。异步电动机的额定效率约为75%～92%
绝缘等级	是指电动机绕组采用的绝缘材料的耐热等级。电动机常用的绝缘材料，按其耐热性分有：A、E、B、F、H五种等级
工作制	是指电动机的运行方式。一般分为"连续"（代号为S1）、"短时"（代号为S2）、"断续"（代号为S3）
LP值	是指电动机的总噪声等级。LP值越小表示电动机运行的噪声越低。噪声单位为dB

（4）电动机的防护等级

电动机的外壳防护有两种，一是对固体异物进入内部以及对人体触及内部带电部分或运动部分的防护；二是对水进入内部的防护。

电动机外壳防护等级的标志方法如图5-2所示。其中，第一位数字表示第一种防护形式等级；第二位数字表示第二种防护形式等级，见表5-5。仅考虑一种防护时，另一位数字用"X"代替。前附加字母是电动机产品的附加字母，W表示气候防护式电动机、R表示管道通风式电动机；后附加字母也是电动机产品的附加字母，S表示在静止状态下进行第二种防护形式试验的电动机，M表示在运转状态下进行第二种防护形式试验的电动机。如不需特别说明，附加字母可以省略。

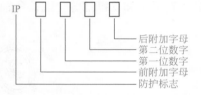

图5-2　电动机外壳防护等级的标志方法

表5-5　电动机的外壳防护等级

第一位数字	对人体和固体异物的防护分级	第二位数字	对防止水进入的防护分级
0	无防护型	0	无防护型
1	半防护型（防止直径大于50mm的固体异物进入）	1	防滴水型（防止垂直滴水）
2	防护型（防止直径大于12mm的固体异物进入）	2	防滴水型（防止与垂直线成小于等于15°的滴水）
3	封闭型（防止直径大于2.5mm的固体异物进入）	3	防淋水型（防护与垂直线成小于等于60°的淋水）
4	全封闭型（防止直径大于1mm的固体异物进入）	4	防溅水型（防护任何方向的溅水）
5	防尘型	5	防喷水型（防护任何方向的喷水）

续表

第一位数字	对人体和固体异物的防护分级	第二位数字	对防止水进入的防护分级
		6	防海浪型或强加喷水
		7	防浸水型
		8	潜水型

例如，外壳防护等级为IP44，其中第一位数字"4"表示对人体触及和固体异物的防护等级（即电动机外壳能够防护直径大于1mm的固体异物触及或接近机壳内的带电部分或转动部分）；而第二位数字"4"则表示对防止水进入电动机内部的防护等级（即电动机外壳能够承受任何方向的溅水而无有害影响）。

【特别提醒】

电动机最常用的防护等级有IP11、IP21、IP22、IP23、IP44、IP54、IP55等。

5.1.2　异步电动机的结构及原理

认识三相异步电动机

（1）异步电动机的结构

① 单相异步电动机的结构　其基本结构都由固定部分（定子）、转动部分（转子）和支撑部分（端盖和轴承）三大部分组成，如图5-3所示。

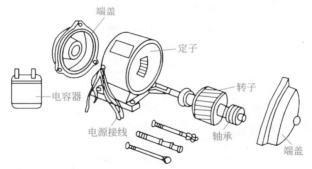

图5-3　单相异步电动机的基本结构

② 三相异步电动机的结构　其结构基本是相同的，通常由磁路部分、电路部分和其他部件三部分组成，如图5-4所示。

a. 磁路部分

定子铁芯：由0.35～0.5mm厚、表面涂有绝缘漆的薄硅钢片叠压而成，减少了由于交变磁通通过而引起的铁芯涡流损耗。铁芯内圆有均匀分布的槽口，用来嵌放定子绕圈。

转子铁芯：用0.5mm厚的硅钢片叠压而成，套在转轴上，作用和定子铁芯相同。一方面作为电动机磁路的一部分，一方面用来安放转子绕组。

b. 电路部分

定子绕组：三相绕组由三个彼此独立的绕组组成，且每个绕组又由若干线圈连接而成。线圈由绝缘铜导线或绝缘铝导线绕制。三相电动机的绕组有单层绕组、双层叠式绕组、单双层混合绕组等多种形式。

　　接线盒是电动机绕组与外部电源连接的重要部件。

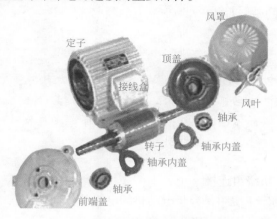

图5-4　三相异步电动机的基本结构

c.其他部件

机座：用于固定电动机。

端盖：可分为前、后端盖。

转轴：在定子旋转磁场感应下产生电磁转矩，沿着旋转磁场方向转动，并输出动力带动生产机械运转。

轴承：保证电动机高速运转并处在中心位置的部件。

风扇、风罩、风叶：用于冷却、防尘和安全保护。

出线盒：用于绕组与三相电源的接线。

【特别提醒】

　　定子与转子之间的气隙一般为0.2～2mm。气隙的大小，对电动机的运行性能影响很大。气隙越大，由电网供给的励磁电流也越大，则功率因数cosφ越低。要提高功率因数，气隙应尽可能地减小；但由于装配上的要求及其他原因，气隙又不能过小。

（2）异步电动机的工作原理

　　异步电动机的转子是可转动的导体，通常多呈笼型。定子是电动机中不转动的部分，主要任务是产生一个旋转磁场。旋转磁场并不是用机械方法来实现。而是以交流电通于数对电磁铁中，使其磁极性质循环改变，故相当于一个旋转的磁场。

　　通过定子产生的旋转磁场（其转速为同步转速n_1）与转子绕组的相对运动，转子绕组切割磁感线产生感应电动势，从而使转子绕组中产生感应电流。转子绕组中的感应电流与磁场作用，产生电磁转矩，使转子旋转。由于当转子转速逐渐接近同步转速时，感应电流逐渐减小，所产生的电磁转矩也相应减小，当异步电动机工作在电动机状态时，转子转速小于同步转速。

　　异步电动机的转差率s等于实际转速n与同步转速n_1之间的差用百分数表示的相对值。

$$s = \frac{n_1 - n}{n_1} \times 100\%$$

$$n = \frac{60f_1}{p}(1-s)$$

式中，p 为电动机的磁极对数，f_1 为交流电的频率。

【特别提醒】

转差率 s 是异步电动机的一个重要参数，其大小可反映异步电动机的各种运行情况和转速的高低。异步电动机负载越大，转速就越低，其转差率就越大；反之，负载越小，转速就越高，其转差率就越小。异步电动机带额定负载时，其额定转速很接近同步转速，因此转差率很小，一般为 2% ~ 6%。

（3）三相异步电动机绕组连接

三相异步电动机的定子绕组是异步电动机的电路部分，它由三相对称绕组组成并按一定的空间角度依次嵌放在定子槽内。

三相电动机绕组的连接

一般三相笼型电动机的接线盒中有6根引出线，标有A、B、C，X、Y、Z。其中：AX是第一相绕组的两端；BY是第二相绕组的两端；CZ是第三相绕组的两端。如果A、B、C分别为三相绕组的始端（头），则X、Y、Z是相应的末端（尾）。这六个引出线端在接电源之前，相互间必须正确连接。

三相定子绕组按电源电压的不同和电动机铭牌上的要求，可接成星形（Y）或三角形（△）两种形式，见表5-6。

表5-6 异步电动机三相绕组的连接

连接方法	接线实物图	接线示意图	接线原理图
星形连接			
三角形连接			

① 星形连接 将三相绕组的尾端X、Y、Z短接在一起，首端A、B、C分别接三相电源。

② 三角形连接 把三相线圈的每一相绕组的首尾端依次相接。即将第一相的尾端X与第二相的首端B短接，第二相的尾端Y与第三相的首端C短接，第三相的尾端Z与第一相的首端A短接，然后将三个接点分别接到三相电源上。

记忆口诀

电机接线分两种，星形以及三角形。

额定电压220V，一般采用星形法，

三相绕组一端接，另端分别接电源，

形状就像字母"Y"。额定电压380V，

三相绕组首尾接，形成一个三角形（△），

顶端再接相电源，就是所谓角接法。

电机接法厂确定，不能随意去更改。

【特别提醒】

　　三相异步电动机不管是星形连接还是三角形连接，调换三相电源的任意两相，就可得到相反的转向（正转或者反转）。

　　无论星形连接还是三角形连接，其线电压、线电流都是相同的。不同的是线圈绕组的电流、电压不同。星形连接时，线圈通过的电压是相电压（220V），特点是电压低、电流大；三角形连接时，线圈通过的电压是380V，特点是电压高、电流小。

5.1.3　异步电动机的特性

（1）异步电动机的机械特性

　　电动机的机械特性是指在一定条件下，电动机的运行转速 n 与所产生的转矩 M 之间关系的特性，用函数 $n=f(M)$ 表示，如图5-5所示。它是表征电动机工作的重要特性。如果负载变化时，转速变化很小，称硬特性；转速变化大，称软特性。

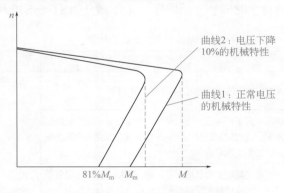

图5-5　电动机的机械特性

　　交流异步电动机的人为机械特性可通过改变定子电压、磁极对数、定子电路中串阻抗、转子电路中串电阻和改变电源频率等方式获得。

　　转矩和转速是生产机械对电动机提出的两项基本要求，不同的生产机械具有不同的转矩-转速关系，要求电动机的机械特性与之相适应。例如，负载变化时要求转速恒定不变的，就应选择同步电动机；要求启动转矩大及特性软的，如电车、电气机车等，就应选用串励或复励直流电动机。

　　（2）异步电动机的运行特性

　　异步电动机运行特性是指在额定电压和额定频率下运行时，电动机的转子永磁体在气隙空间形成的转子磁势与定子磁势之间的作用而产生的转矩，在电动机接近同步速时，交变的频率逐渐减小，在同步运行时与定子磁势形成稳定的同步电磁转矩。

异步电动机的运行状态和转子的转速范围有密切的关系，如图5-6所示。图中，以N、S表示气隙旋转磁势，n_1的箭头表示旋转方向，中间两个小圈表示转子的一个短路线圈，f表示电磁力。

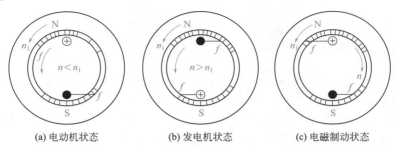

(a) 电动机状态　　　　　(b) 发电机状态　　　　　(c) 电磁制动状态

图5-6　异步电动机的三种运行状态

① 电动机的转子正转并且转速低于同步转速时，即$0 < n < n_1$，或$1 > s > 0$，工作于电动机运行状态（s为转差率，下同），如图5-6（a）所示。

② 电动机的转子正转并且转速高于同步转速时，即$n > n_1$，或$s < 0$，工作于发电机运行状态，如图5-6（b）所示。

③ 电动机的转子反转时，即$n < 0$，或$s > 1$，工作于电磁制动状态，如图5-6（c）所示。

电动机工作制是对电动机承受负载情况的说明，包括启动、电制动、负载、空载、断能停转以及这些阶段的持续时间和先后顺序。工作制分为S1～S10共10类，见表5-7。

表5-7　电动机工作制

工作制		定义	说明
S1	连续工作制	在无规定期限的长时间内是恒载的工作制	在恒定负载下连续运行达到热稳定状态
S2	短时工作制	在恒定负载下按指定的时间运行，在未达到热稳定时即停机和断能，其时间足以使电动机或冷却器冷却到与最终冷却介质温度之差在2K以内	—
S3	断续周期工作制	按一系列相同的工作周期运行，每一周期由一段恒定负载运行时间和一段停机并段能时间所组成。但在每一周期内运行时间较短，不足以使电动机达到热稳定，且每一周期的启动电流对温升无明显的影响	电动机采用S3工作制，应标明负载持续率，如S3 25%
S4	包括启动的断续周期工作制	按一系列相同的工作周期运行，每一周期由一段启动时间、一段恒定负载运行时间和一段停机并断能时间所组成	在每一周期内启动和运行时间较短，均不足以使电动机达到热稳定
S5	包括电制动的断续周期工作制	按一系列相同的工作周期运行，每一周期由一段启动时间、一段恒定负载运行时间、一段快速电制动时间和一段停机并断能时间所组成	在每一周期内启动、运行和制动时间较短，均不足以使电动机达到热稳定
S6	连续周期工作制	按一系列相同的工作周期运行，每一周期由一段恒定负载时间和一段空载运行时间组成	在每一周期内负载运行时间较短，不足以使电动机达到热稳定
S7	包括电制动的连续周期工作制	按一系列相同的工作周期运行，每一周期由一段启动时间、一段恒定负载运行时间和一段电制动时间所组成	无断能停转时间

续表

工作制	定义	说明
S8	包括负载-转速相应变化的连续周期工作制	按一系列相同的工作周期运行，每一周期由一段按预定转速的恒定负载运行时间，接着按一个或几个不同转速的其他恒定负载运行时间所组成	特点是每个周期里有3个恒定的负载，例如多速异步电动机使用场合
S9	负载和转速非周期性变化工作制	负载和转速在允许的范围内作非周期变化的工作制	包括经常性过载，其值可远远超过满载
S10	离散恒定负载工作制	包括不多于4种离散负载值（或等效负载）的工作制，每一种负载的运行时间应足以使电动机达到热稳定	在一个工作周期中的最小负载值可为零（空载或停机和断能）

5.2　异步电动机的启动与运行

5.2.1　异步电动机的启动

（1）单相电动机启动方式

220V交流单相电动机启动方式分为以下3种。

① 分相启动式　由辅助启动绕组来辅助启动，其启动转矩不大。运转速率大致保持定值。主要应用于电风扇、空调风扇电动机、洗衣机电动机等。

② 离心开关断开式　电动机静止时离心开关是接通的，给电后启动电容参与启动工作，当转子转速达到额定值的70%～80%时离心开关便会自动跳开，启动电容完成任务，并被断开。启动绕组不参与运行工作，而电动机以运行绕组线圈继续动作。

③ 双值电容式　电动机静止时离心开关是接通的，给电后启动电容参与启动工作，当转子转速达到额定值的70%～80%时离心开关便会自动跳开，启动电容完成任务，并被断开。而运行电容串接到启动绕组参与运行工作。这种接法一般用在空气压缩机、切割机、木工机床等负载大而不稳定的地方。

（2）三相异步电动机的启动

① 全压启动　将电源电压全部加在电动机绕组上进行的启动叫全压启动，也叫直接启动。

在异步电动机的全压启动中，启动电流是额定电流的4～7倍。在生产实际中笼式异步电动机能否直接启动，主要取决于下列条件。

电动机直接启动控制

a. 电动机自身要允许直接启动。对于惯性较大，启动时间较长或启动频繁的电动机，过大的启动电流会使电动机老化，甚至损坏。

b. 所带动的机械设备能承受直接启动时的冲击转矩。

c. 电动机直接启动时所造成的电网电压下降不致影响电网上其他设备的正常运行。具体要求是：经常启动的电动机，引起的电网电压下降不大于10%；不经常启动的电动机，引起的电网电压下降不大于15%；当能保证生产机械要求的启动转矩，且在电网中引起的电压波动不致破坏其他电气设备工作时，电动机引起的电网电压下降允许为20%或更大；由一台变压器供电给多个不同特性负载，而有些负载要求电压变动小时，允许直接启动的异步电动机的功率要小一些。

d. 电动机启动不能过于频繁。因为启动越频繁给同一电网上其他负载带来的影响越多。

② 降压启动 电动机的降压启动是在电源电压不变的情况下，降低启动时加在电动机定子绕组上的电压，限制启动电流，当电动机转速基本稳定后，再使工作电压恢复到额定值。

电动机Y-△降压
启动控制

降压启动又称减压启动，当负载对电动机启动力矩无严格要求又要限制电动机启动电流，且电动机满足380V、额定运行状态是△接线条件时才能采用降压启动。

常见降压启动方法有：转子串电阻降压启动、Y/△启动、电抗降压启动、延边三角启动、软启动及自耦变压器降压启动等。下面仅介绍最常用的Y/△启动。

Y/△降压启动的特点 额定运行为△连接且容量较大的电动机，在启动时将定子绕组作Y连接，当转速升到一定值时，再改为△连接，可以达到降压启动的目的。这种启动方式称为三相异步电动机的Y/△降压启动。

Y/△降压启动就是在电动机启动时绕组采用星型接法，当电动机启动成功后再将绕组改接成三角形接线。Y/△降压启动方法简便、经济可靠。Y连接的启动电压只有△连接的 $1/\sqrt{3}$，启动电流是正常运行△连接的1/3，启动转矩也只有正常运行时的1/3，因而，Y/△启动只适用于空载或轻载的情况。

如图5-7所示为几种常用的电动机Y/△降压启动控制电路。

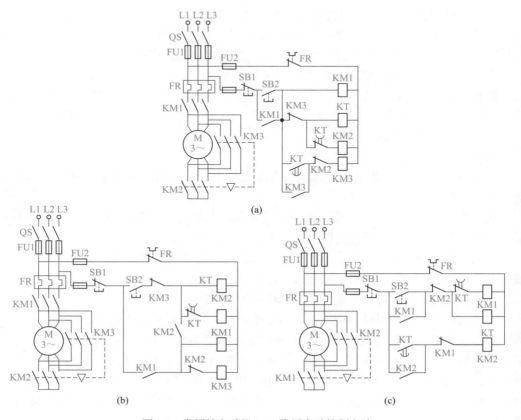

图5-7 常用的电动机Y/△降压启动控制电路

图5-7（a）所示电路，电动机M的三相绕组的6个接线端子分别与接触器KM1、KM2和KM3连接。启动时，合上电源开关QS，接触器KM1主触点的上方得电，控制电路也得电。按下启动按钮SB2，接触器KM1和KM2的线圈同时得电（KM2是通过时间继电器KT的动断触点和KM3的动断触点而带电工作的），此时异步电动机处于Y形接线的启动状态，电动机开始启动；由于KM2与KM3串联的动断辅助触点（互锁触点）断开，所以接触器KM3此时不通电。

KM1动作后，时间继电器KT线圈通电后开始延时，在KT经过整定的延时的时间里，异步电动机启动、加速。继电器KT延时时间到后，KT的所有触点改变状态，KM2线圈断电，主触点断开，使Y形连接的异步电动机的中心点断开；KM2线圈断电后，串接在KM3线圈回路的动断辅助触点KM2闭合，解除互锁。KM2闭合后，接触器KM3的线圈回路接通，KM3动作，其所有触点改变状态。KM3线圈通电后，主触点闭合，此时电动机自动转换为△形连接运行，进行二次启动；与KT动合触点并联的动合触点闭合自锁；与KT和KM2线圈串联的动断辅助触点（互锁触点）断开，时间继电器KT和接触器KM2线圈断电，启动过程结束。

在图5-7（a）所示的Y/△降压启动电路中，由于KM2的主触点是带额定电压闭合的，要求触点的容量较大，而异步电动机正常运行时KM2却不工作，会造成一定的浪费。同时，若接触器KM3的主触点由于某种原因而熔粘，启动时，异步电动机将不经过Y形连接的降压启动，而直接接成△形连接启动，降压启动功能将丧失。因此，相对而言该电路工作不够可靠。如果在KT和KM3之间增加一个重动继电器（重动继电器实际和中间继电器的含义差不多，一般选用的是快速中间继电器，主要作用一是两个回路之间的电气隔离，二是提供了更多的接点容量），回路就会更加可靠。

比较而言，图5-7（b）所示的控制电路可靠性较高。只有KM3动断触点闭合（没有熔粘故障存在），按下启动按钮SB2，时间继电器KT和接触器KM2的线圈才能通电。KT线圈通电后开始延时。KM2线圈通电后所有触点改变状态。主触点在没有承受电压的状态下将异步电动机接成Y形连接；动合辅助触点KM2闭合使接触器KM1线圈通电；与KM3线圈串联的动断辅助触点（互锁触点）断开。KM1线圈通电后，主触点KM1闭合，接通主电路，由于此时电动机已经接成Y形连接，电动机通电启动；KM1的动合辅助触点（自锁触点）闭合，与停止按钮SB1连接，形成自锁。

KT整定的延时时间到后，动断辅助触点KT断开，KM2线圈失电，主触点KM2将Y形连接的异步电动机的中心点断开，为△连接做准备；与KM3线圈串联的动断辅助触点（互锁触点）复位闭合，使接触器KM3线圈通电。KM3通电后，异步电动机接成△形连接，进行二次启动，同时与启动按钮SB2串联的互锁触点断开，启动过程结束。由于KM2的主触点是在不带电的情况下闭合的，因此KM2经常可以选择触点容量相对小的接触器。但从实际使用中看，若选择触点容量过小，当时间继电器的延时整定也较短时，容易造成KM2主触点拉毛刺或损坏，这是在实际使用时应该注意的问题。

图5-7（c）所示的控制电路只用了两个接触器，实际上是由图5-7（a）所示电路去掉KM1后重新对接触器进行编号而得的。该电路适用于对控制要求相对不高、异步电动机容量相对较小的场合。

【特别提醒】

Y/△降压启动是三相异步电动机常用的启动方法。启动时，电动机定子绕组Y连接，运行时△连接，如图5-8所示。

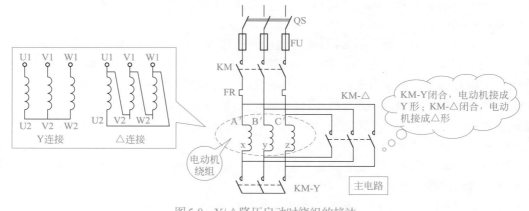

图5-8　Y/△降压启动时绕组的接法

额定运行状态是Y连接的电动机，不可以采用Y/△降压启动。

5.2.2　异步电动机的运行

（1）异步电动机安全运行的条件

① 运行参数　电动机的电压、电流、频率、温升等运行参数应符合要求。

三相电动机运行
检查

② 绝缘　电动机的各项绝缘指标应符合要求。任何情况下，电动机的绝缘电阻不得低于每伏工作电压1000Ω。

③ 保护设施　电动机的保护应齐全。例如：用熔断器短路保护时，熔件额定电流应取异步电动机额定电流的1.5倍（降压启动）或2.5倍（全压启动）；用热继电器过载保护时，热元件的电流不应大于电动机额定电流的1.1～1.25倍；电动机应有失压保护装置；重要的电动机应装设缺相保护单元，电动机的外壳应按电网的运行方式可靠的接零或接地。

④ 维护和保养　电动机应保持主体完整、零附件齐全、无损坏，并保持清洁。电动机应定期进行维护和保养工作。日常维护工作包括清除外部灰尘和油污、检查轴承并换补润滑油、检查滑环和整流子并更换电刷、检查接地（零）线、紧固各螺栓、检查引出线连接和绝缘电阻。启动设备应与电动机同时检修。电动机经过大修后，应测量各部位的绝缘电阻（大型电动机还应测量吸收比、做交直流耐压试验），定子绕组极性测定，空载试验。

⑤ 技术资料　除了厂家提供的原始技术资料外，还应建立电动机的运行记录、维修记录等。有条件的还可以编制运行规程，更好的保证电动机的安全运行。

（2）异步电动机的异常运行

异步电动机在实际运行中，电源电压或频率不等于额定值，三相电压或三相负载不对称的可能性是存在的。例如有功不平衡会引起频率波动，无功不平衡会引起电压的波动，带单相负载或一相断线，或发生两相短路或单相对地短路等，都将使电动机处于不对称运行状态，此状态称为电动机的异常运行状态。

异常运行，严重的会烧毁电动机，造成损失。

① 非额定电压下运行　为了充分利用材料，电动机在额定电压下运行时，铁芯总是处于接近饱和的状态。当电压变化时，电机铁芯的饱和程度随之发生变化，这将引起励磁电流、功率因数和效率等的变化。若实际电压与额定电压之差不超过 ±5% 是允许的，对电动机的运行不会有显著的影响；若电压变化超过 ±5%，对电动机的运行将有大的影响。

如果电动机在 $U_1 > U_N$ 的情况下工作，主磁通 Φ_m 将增加，由于此时磁路的饱和程度也增加，在磁通增加不多的情况下，励磁电流 I_m 将大大增加，使电动机的功率因数下降，同时铁芯损耗随的 Φ_m 增加而增加，导致电动机效率的下降，温升提高。这时为使电动机安全运行，则必须减小负载，使其处于轻载运行。

如果电动机在 $U_1 < U_N$ 的情况下工作，主磁通 Φ_m 将减小，励磁电流 I_m 将随之减小，铁芯损耗也随的 Φ_m 减小而减小。如果负载一定，电动机的转速将下降，转差率增大，转子电流增加，转子铜损耗也随之增加。

【特别提醒】

电压的升高将使铁芯损耗增加，效率下降，功率因数减小；电压的降低，在额定负载左右时将使铜损耗增加，效率下降，功率因数减小，若降低太多，还可能引起停转，甚至烧坏。而在轻载下降压则是有利的。

在实际应用中，Y-△启动的电动机，在轻载时常接成Y形，以改善电动机的功率因数和效率。

② 不对称运行　三相异步电动机断相运行，是烧坏电动机绕组的最主要原因之一。

a. 三相电动机缺一相运行　三相电动机缺一相运行会造成启动电流大，转速降低，机体振动，发出嗡嗡声，长期运行烧毁绕组。

b. 三相电动机两相一零运行　三相电动机两相一零运行是由于一条相线与接向金属外壳的保护零线接错造成的。这时电动机外壳带电，触电危险性很大。如果负载转矩不大，接通电源时，电动机仍能正向启动；运行时转速变化很小，异常声音也不明显。

【特别提醒】

为了保证电动机的安全、经济运行，运行规程规定，电压的波动不能超过额定值的 ±5%，频率的波动不超过额定值的 ±1%。

电动机在不对称运行时，其性能将变差。不对称运行对电动机有弊而无利。

5.3 异步电动机的故障检查与维修

三相异步电动机在长期的运行过程中，会发生各种各样的故障，这些故障综合起来可归纳为电气故障和机械故障两大类。电气方面主要有定子绕组、转子绕组、定转子铁芯、开关及启动设备的故障等；机械方面主要有轴承、转轴、风扇、机座、端盖、负载机械设备等的故障。

5.3.1 三相笼型异步电动机的故障检查与维修

及时判断故障原因并进行相应处理，是防止故障扩大、保证设备正常运行的重要工作。下面将三相笼型异步电动机的常见故障现象、故障的可能原因以及相应的处理方法见表5-8，供分析处理故障时参考。

表5-8 三相笼型异步电动机的常见故障现象及处理方法

故障现象	故障原因	处理方法
通电后电动机不能启动，但无异响，也无异味和冒烟	（1）电源未通（至少两相未通） （2）熔丝熔断（至少两相熔断） （3）过流继电器调得太小 （4）控制设备接线错误	（1）检查电源开关、接线盒处是否有断线，并予以修复 （2）检查熔丝规格、熔断原因，换新熔丝 （3）调节继电器整定值与电动机配合 （4）改正接线
通电后电动机转不动，然后熔丝熔断	（1）缺一相电源 （2）定子绕组相间短路 （3）定子绕组接地 （4）定子绕组接线错误 （5）熔丝截面过小	（1）找出电源回路断线处并接好 （2）查出短路点，予以修复 （3）查出接地点，予以消除 （4）查出错接处，并改接正确 （5）更换熔丝
通电后电动机转不启动，但有嗡嗡声	（1）定、转子绕组或电源有一相断路 （2）绕组引出线或绕组内部接错 （3）电源回路接点松动，接触电阻大 （4）电动机负载过大或转子发卡 （5）电源电压过低 （6）轴承卡住	（1）查明断路点，予以修复 （2）判断绕组首尾端是否正确，将错接处改正 （3）紧固松动的接线螺栓，用万用表判断各接点是否假接，予以修复 （4）减载或查出并消除机械故障 （5）检查三相绕组接线是否把△形接法误接为Y形，若误接应更正 （6）更换合格油脂或修复轴承
电动机启动困难，带额定负载时的转速低于额定值较多	（1）电源电压过低 （2）△形接法电机误接为Y形 （3）笼型转子开焊或断裂 （4）定子绕组局部线圈错接 （5）电动机过载	（1）测量电源电压，设法改善 （2）纠正接法 （3）检查开焊和断点并修复 （4）查出错接处，予以改正 （5）减小负载
电动机空载电流不平衡，三相相差较大	（1）定子绕组匝间短路 （2）重绕时，三相绕组匝数不相等 （3）电源电压不平衡 （4）定子绕组部分线圈接线错误	（1）检修定子绕组，消除短路故障 （2）严重时重新绕制定子线圈 （3）测量电源电压，设法消除不平衡 （4）查出错接处，予以改正
电动机空载或负载时电流表指针不稳，摆动	（1）笼型转子导条开焊或断条 （2）绕线型转子一相断路，或电刷、集电环短路装置接触不良	（1）查出断条或开焊处，予以修复 （2）检查绕线型转子回路并加以修复

续表

故障现象	故障原因	处理方法
电动机过热甚至冒烟	（1）电动机过载或频繁启动 （2）电源电压过高或过低 （3）电动机缺相运行 （4）定子绕组匝间或相间短路 （5）定、转子铁芯相擦（扫膛） （6）笼型转子断条，或绕线型转子绕组的焊点开焊 （7）电机通风不良 （8）定子铁芯硅钢片之间绝缘不良或有毛刺	（1）减小负载，按规定次数控制启动 （2）调整电源电压 （3）查出断路处，予以修复 （4）检修或更换定子绕组 （5）查明原因，消除摩擦 （6）查明原因，重新焊好转子绕组 （7）检查风扇，疏通风道 （8）检修定子铁芯，处理铁芯绝缘
电动机运行时响声不正常，有异响	（1）定、转子铁芯松动 （2）定、转子铁芯相擦（扫膛） （3）轴承缺油 （4）轴承磨损或油内有异物 （5）风扇与风罩相擦	（1）检修定、转子铁芯，重新压紧 （2）消除摩擦，必要时车小转子 （3）加润滑油 （4）更换或清洗轴承 （5）重新安装风扇或风罩
电动机在运行中振动较大	（1）电机地脚螺栓松动 （2）电机地基不平或不牢固 （3）转子弯曲或不平衡 （4）联轴器中心未校正 （5）风扇不平衡 （6）轴承磨损间隙过大 （7）转轴上所带负载机械的转动部分不平衡 （8）定子绕组局部短路或接地 （9）绕线型转子局部短路	（1）拧紧地脚螺栓 （2）重新加固地基并整平 （3）校直转轴并做转子动平衡 （4）重新校正，使之符合规定 （5）检修风扇，校正平衡 （6）检修轴承，必要时更换 （7）做静平衡或动平衡试验，调整平衡 （8）寻找短路或接地点，进行局部修理或更换绕组 （9）修复转子绕组
轴承过热	（1）滚动轴承中润滑脂过多 （2）润滑脂变质或含杂质 （3）轴承与轴颈或端盖配合不当（过紧或过松） （4）轴承盖内孔偏心，与轴相擦 （5）皮带张力太紧或联轴器装配不正 （6）轴承间隙过大或过小 （7）转轴弯曲 （8）电动机搁置太久	（1）按规定加润滑脂 （2）清洗轴承后换洁净润滑脂 （3）过紧应车、磨轴颈或端盖内孔，过松可用黏结剂修复 （4）修理轴承盖，消除摩擦 （5）适当调整皮带张力，校正联轴器 （6）调整间隙或更换新轴承 （7）校正转轴或更换转子 （8）空载运转，过热时停车，冷却后再走，反复走几次，若仍不行，拆开检修
空载电流偏大（正常空载电流为额定电流的20%～50%）	（1）电源电压过高 （2）将Y形接法错接成△形接法 （3）修理时绕组内部接线有误，如将串联绕组并联 （4）装配质量问题，轴承缺油或损坏，使电动机机械损耗增加 （5）检修后定、转子铁芯不齐 （6）修理时定子绕组线径取得偏小 （7）修理时匝数不足或内部极性接错 （8）绕组内部有短路、断线或接地故障 （9）修理时铁芯与电动机不相配	（1）若电源电压值超出电网额定值的5%，可向供电部门反映，调节变压器上的分接开关 （2）改正接线 （3）纠正内部绕组接线 （4）拆开检查，重新装配，加润滑油或更换轴承 （5）打开端盖检查，并予以调整 （6）选用规定的线径重绕 （7）按规定匝数重绕组，或核对绕组极性 （8）查出故障点，处理故障处的绝缘。若无法恢复，则应更换绕组 （9）更换成原来的铁芯

故障现象	故障原因	处理方法
空载电流偏小（小于额定电流的20%）	（1）将△形接法错接成Y形接法 （2）修理时定子绕组线径取得偏小 （3）修理时绕组内部接线有误，如将并联绕组串联	（1）改正接线 （2）选用规定的线径重绕 （3）纠正内部绕组接线
Y-△开关启动，Y位置时正常，△位置时电动机停转或三相电流不平衡	（1）开关接错，处于△位置时的三相不通 （2）处于△位置时开关接触不良，成V形连接	（1）改正接线 （2）将接触不良的接头修好
电动机外壳带电	（1）接地电阻不合格或保护接地线断路 （2）绕组绝缘损坏 （3）接线盒绝缘损坏或灰尘太多 （4）绕组受潮	（1）测量接地电阻，接地线必须良好，接地应可靠 （2）修补绝缘，再经浸漆烘干 （3）更换或清扫接线盒 （4）干燥处理
绝缘电阻只有数十千欧到数百欧，但绕组良好	（1）电动机受潮 （2）绕组等处有电刷粉末（绕线型电动机）、灰尘及油污进入 （3）绕组本身绝缘不良	（1）干燥处理 （2）加强维护，及时除去积存的粉尘及油污，对较脏的电动机可用汽油冲洗，待汽油挥发后，进行浸漆及干燥处理，使其恢复良好的绝缘状态 （3）拆开检修，加强绝缘，并作浸漆及干燥处理，无法修理时，重绕绕组
电刷火花太大	（1）电刷牌号或尺寸不符合规定要求 （2）滑环或整流子有污垢 （3）电刷压力不当 （4）电刷在刷握内有卡涩现象 （5）滑环或整流子呈椭圆形或有沟槽	（1）更换合适的电刷 （2）清洗滑环或整流子 （3）调整各组电刷压力 （4）打磨电刷，使其在刷握内能自由上下移动 （5）上车床车光、车圆

电动机轴向窜动 / 使用滚动轴承的电动机为装配不良：

拆下检修，电动机轴向允许窜动量如下

容量/kW	轴向允许窜动量/mm	
	向一侧	向两侧
10及以下	0.50	1.00
10~22	0.75	1.50
30~70	1.00	2.00
75~125	1.50	3.00
125以上	2.00	4.00

5.3.2 三相绕线型异步电动机的故障检查与维修

三相绕线型异步电动机最容易出故障的部位就是滑环与电刷。滑环与电刷的常见故障及处理方法见表5-9。

表5-9 滑环和电刷的常见故障及处理方法

故障现象	故障原因	处理方法
滑环表面轻微损伤，如有刷痕、斑点、细小凹痕	电刷与滑环接触轻度不均匀	调整电刷与集电环的接触面，使两者接触均匀；转动滑环，用油石或细锉轻轻研磨，直至平整，再用0号砂皮在滑环高速旋转的情况下进行抛光，直到滑环表面呈现金属光泽为止

故障现象	故障原因	处理方法	
滑环表面严重损伤,如表面凹凸度、槽纹深度超过1mm,损伤面积超过滑环表面面积的20%~30%	(1)电刷型号不对,硬度太高,尺寸不合适,长期使用造成滑环损伤 (2)电刷中有金刚砂等硬质颗粒,使滑环表面出现粗细、长短不一的线状痕迹 (3)火花太大,烧伤滑环表面	(1)用规定型号和尺寸的电刷更换 (2)使用质量合格的电刷 (3)找出火花大的原因并排除	
滑环呈椭圆形(严重时会烧毁滑环)	(1)电动机未安装稳固 (2)滑环的内套与电动机轴的配合间隙过大,运行时产生不规则的摆动	(1)紧固底脚螺钉 (2)检查并固定牢滑环在轴上的位置	
电刷冒火	(1)维护不当,滑环表面粗糙,造成恶性循环,加重火花 (2)电刷型号、尺寸不合适,或电刷因长期使用而磨损、过短 (3)电刷在刷握内卡住 (4)电刷研磨不良,接触面不平,与滑环接触不良 (5)电刷压簧压力不均匀或压力不够 (6)滑环不平或不圆 (7)油污或杂物落入滑环与电刷之间,造成两者接触不良 (8)空气中有腐蚀性介质存在	(1)加强巡视、维护,发现问题时及时处理 (2)更换成规定型号和尺寸的电刷,更换过短的电刷 (3)查出原因,使电刷能在刷握内上下自由移动,但也不能过松 (4)用细砂布研磨接触面,并保证接触面不小于80%,或换上新电刷(新电刷接触面也需打磨) (5)调整压簧压力,弹性达不到要求时,更换压簧(压力应保证在15~20kPa) (6)用砂布将滑环磨平,严重时需车圆 (7)用干净的棉布蘸汽油将电刷和滑环擦拭干净,除去周围和轴承上的油污,并采取防污措施 (8)改善使用环境,加强维护	
电刷或滑环间弧光短路	(1)电刷上脱下来的导电粉末覆盖绝缘部分,或在电刷架与滑环之间的空间内飞扬,形成导电通路 (2)胶木垫圈或环氧树脂绝缘垫圈破裂 (3)环境恶劣,有腐蚀性介质或导电粉尘	(1)加强维护,及时用压缩空气或吸尘器除去积存的电刷粉末;可在电刷架旁加一隔离板(2mm厚的绝缘层压板),用一只平头螺钉将其固定在刷架上,把电刷与电刷架隔开 (2)更换滑环上各绝缘垫圈 (3)改善环境条件	

第6章

电气线路

6.1　电气线路的种类及特点

电气线路是电力系统的重要组成部分，可分为电力线路和控制线路。电力线路主要是完成电能输送任务，控制线路是供保护和测量的连接之用。按照其敷设方式，分为架空线路、电缆线路、室内配线等；按照其绝缘性质，分为绝缘线路和裸线线路；按照其用途，分为母线、干线和支线。

电气线路的种类及特点

6.1.1　架空线路

（1）架空线路的组成

架空线路是指档距超过25m，利用杆塔敷设的高、低压电力线路。架空线路主要由导线、杆/塔、横担、绝缘子、金具、拉线及基础等组成。

① 架空线路的导线用以输送电流，多采用钢芯铝绞线、硬铜绞线、硬铝绞线和铝合金绞线。厂区内（特别是有火灾危险的场所）的低压架空线路宜采用绝缘导线。

② 架空线路的杆塔用以支撑导线及其附件，有钢筋混凝土杆、木杆和铁塔之分。按其功能，杆塔分为直线杆塔、耐张杆塔、转角杆塔、终端杆塔和分支杆塔等，见表6-1。

表6-1　架空线路的杆塔

杆塔类型	说明
直线杆	位于线路的直线段上，仅作支持导线、绝缘子和金具用。在正常情况下，能承受线路侧面的风力，但不承受线路方向的拉力。占全部电杆数的80%以上
耐张杆	位于线路直线段上的几个直线杆之间或位于有特殊要求的地方，如与铁路、公路、河流、管道等交叉处。这种电杆，在断线事故和架线时紧线情况下，能承受一侧导线的拉力
转角杆	位于线路改变方向的地方。这种电杆可能是耐张型的，也可能是直线型的，视转角大小而定。它能承受两侧导线的合力
终端杆	位于线路的首端与终端。在正常情况下，能承受线路方向全部导线拉力
分支杆	位于线路的分路处。这种电杆在主线路方向上有直线型与耐张型两种，在分路方向则为耐张型

③ 绝缘子的用途是使导线之间以及导线和大地之间绝缘，保证线路具有可靠的电气绝缘强度，并用来固定导线，承受导线的垂直荷重和水平荷重。架空线路用绝缘子多采用针式、悬式和蝶式绝缘子，如图6-1所示。为确保线路安全运行，凡有裂纹破损或瓷釉表面有斑疤的绝缘子均不宜采用。

④ 横担用于支持绝缘子。铁横担坚固耐用，但防雷性能不好，并须做防锈处理。瓷横担是绝缘子与普通横担的结合体，结构简单、安装方便，电气绝缘性也比较好，但瓷质较脆，机械强度较差。

⑤ 金具主要用于固定导线和横担，包括线夹、横担支撑、抱箍、垫铁、连接金具等，如图6-2所示。

⑥ 拉线用来平衡作用于杆塔的横向荷载和导线张力。一方面提高杆塔的强度，承担外部荷载对杆塔的作用力，以减少杆塔的材料消耗量，降低线路造价；另一方面，连同拉线棒和托线盘一起将杆塔固定在地面上，以保证杆塔不发生倾斜和倒塌。

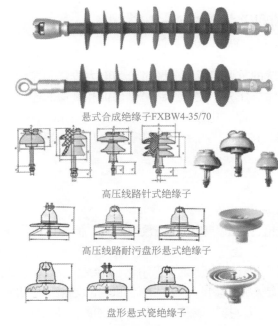

悬式合成绝缘子FXBW4-35/70

高压线路针式绝缘子

高压线路耐污盘形悬式绝缘子

盘形悬式瓷绝缘子

图6-1 架空线路的绝缘子

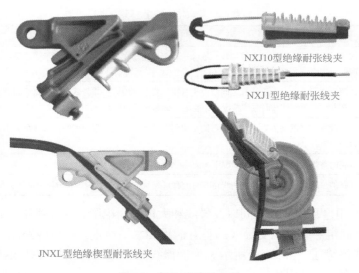

NXJ10型绝缘耐张线夹

NXJ1型绝缘耐张线夹

JNXL型绝缘楔型耐张线夹

图6-2 架空线路的金具

⑦ 架空电力线路杆塔的地下装置统称为基础。基础用于稳定杆塔，使杆塔不致因承受垂直荷载、水平荷载、事故断线张力和外力作用而上拔、下沉或倾倒。

（2）架空线路的技术参数（表6-2）

表6-2 架空线路的技术参数

技术参数	含义
档距	同一线路上相邻两电杆中心线间的距离（10kV及以下40～50m）
线间距离	同一电杆上导线之间距离。与线路电压、档距有关（10kV及以下最小线间距离0.6m；低压最小间距0.5m）

110

续表

技术参数	含义
弧垂	对平地，架空线路最低点与两端电杆上导线悬挂点间垂直距离（不能过大或过小，与档距、导线材料、截面积有关。过大不安全，过小拉力大）
导线与地面距离	10kV及以下高压6.5m，低压6m

（3）架空线路的特点

架空线路的结构简单，架设方便，投资少；传输电容量大，电压高；散热条件好；维护方便。但是在网络复杂和集中时，不易架设；在城市人口稠密区既架设不安全，也不美观；工作条件差，易受环境条件，如冰、风、雨、雪、温度、化学腐蚀、雷电等的影响。

6.1.2 电缆线路

电缆线路是指采用电缆输送电能的线路。电缆线路一般敷设在地下，也有架空或水下敷设。

（1）电缆线路的组成

电缆线路主要由电缆本体、电缆中间接头、电线路端头等组成，还包括相应的土建设施，如电缆沟、排管、竖井、隧道等。

（2）电缆的结构

电缆主要由导电线芯、绝缘层和保护层组成。线芯分铜芯和铝芯两种，绝缘层分浸渍纸绝缘、塑料绝缘、橡胶绝缘、充油绝缘等几种。保护层分为内护层和外护层。内护层分铅包、铝包、聚氯乙烯护套、交联聚乙烯护套、橡套等多种；外护层包括黄麻衬垫、钢铠、防腐层等。电缆的结构如图6-3所示。

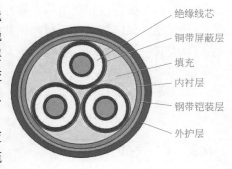

绝缘线芯
铜带屏蔽层
填充
内衬层
钢带铠装层
外护层

图6-3 电缆的结构

电缆可敷设在电缆沟和电缆隧道中，也可按规定的要求直接埋于地下。直接埋在地下的方式，容易施工、散热良好，但检修、更换不便，不能可靠地防止外力损伤，而且易受土壤中酸、碱物质的腐蚀。

（3）电缆端接头

电缆终端头分户外、户内两大类。户外用的有铸铁外壳、瓷外壳的终端头和环氧树脂的终端头；户内用的主要有尼龙和环氧树脂的终端头。环氧树脂的终端头成形工艺简单，与电缆的金属护套有较强的黏合力，有较好的绝缘性能和密封性能，应用最为普遍。

电线中间接头主要有铅铝中间接头、铸铁中间接头和环氧树脂中间接头。10kV及以下的中间接头多用环氧树脂浇注。

【特别提醒】

电缆终端头和中间接头是整个电缆线路的薄弱环节。

（4）电缆线路的特点

与架空线路相比，电缆线路具有以下特点：不受自然气象条件（如雷电、风雨、烟雾、污秽等）的干扰；不受沿线树木生长的影响；有利于城市环境美化；不占地面走廊，同一地下通道可容纳多回线路；有利于防止触电和安全用电；维护费用小。因此在现代化企业广泛的应用，特别是在有腐蚀性气体和蒸气，易燃、易爆场所应用最为广泛。

电缆线路也存在以下缺点：同样的导线截面积，输送电流比架空线的小；投资建设费用成倍增大，并随电压增高而增大；故障修复时间也较长。

6.1.3 室内配线

（1）室内配线的种类

室内配线种类很多，母线分硬母线、软母线；干线分明线、暗线、地下管配线；支线有护套线、直敷配线、瓷（塑料）夹板配线、鼓形绝缘子配线、针式绝缘子配线、钢管配线、胶塑料管配线等多种配线方式。

（2）室内配线的原则

由于室内配线方法的不同，技术要求也有所不同，无论何种配线方法必须符合室内配线的基本要求，即室内配线应遵循的基本原则。

① 安全。室内配线及电气、设备必须保证安全运行。

② 可靠。保证线路供电的可靠性和室内电气设备运行的可靠性。

③ 方便。保证施工和运行操作及维修的方便。

④ 美观。室内配线及电气设备安装应有助于建筑物的美化。

⑤ 经济。在保证安全、可靠、方便、美观的前提下，应考虑其经济性，做到合理施工，节约资金。

6.2 电气线路的安全

6.2.1 导电能力

导线的导电能力包括发热、电压损失和短路电流三方面的要求。

电气线路的安全

（1）发热

为防止线路过热，保证线路正常工作，导线运行最高温度不得超过表6-3规定的限值。

表6-3 导线运行最高温度限值

导线类型	最高温度限值/℃	导线类型	最高温度限值/℃
橡胶绝缘线	65	裸线	70
塑料绝缘线	70	铅包或铝包电缆	80
塑料电缆	65		

（2）电压损失

电压损失是受电端电压与供电端电压之间的代数差。电压损失太大，不但用电设备不能正常工作，而且可能导致电气设备和电气线路发热。

我国有关标准规定，对于供电电压，10kV及以下动力线路的电压损失不得超过额定电压的±7%，低压照明线路和农业用户线路的不得超过7%～-10%。

（3）短路电流

为了短路时速断保护装置能可靠动作，短路时必须有足够大的短路电流。这也要求导线截面不能太小。另一方面，由于短路电流较大，导线应能承受短路电流的冲击而不被破坏。

特别是在TN系统中，相线与保护零线回路的阻抗应该符合保护接零的要求。单相短路电流应大于熔断器熔体额定电流的4倍（爆炸危险环境应大于5倍）或大于低压断路器瞬时动作过电流脱扣器整定电流的1.5倍。

6.2.2 机械强度

运行中的导线将受到自重、风力、热应力、电磁力和覆冰重力的作用。因此，必须保证足够的机械强度。

按照机械强度的要求，架空线路导线截面积最小值见表6-4；低压配线截面积最小值见表6-5。

表6-4 架空线路导线截面积最小值   mm²

类别	铜	铝及铝合金	铁
单股	6	10	6
多股	6	16	10

表6-5 低压配线截面积最小值   mm²

类别		最小截面		
		铜芯软线	铜线	铝线
移动式设备电源线	生活用	0.2	—	—
	生产用	1.0	—	—
吊灯引线	民用建筑，户内	0.4	0.5	1.5
	工业建筑，户内	0.5	0.8	2.5
	户外	1.0	1.0	2.5
支点间距离为d的支持件上的绝缘导线	$d \leqslant 1m$，户内	—	1.0	1.5
	$d \leqslant 1m$，户外	—	1.5	2.5
	$d \leqslant 2m$，户内	—	1.0	2.5
	$d \leqslant 2m$，户外	—	1.5	2.5
	$d \leqslant 6m$，户内	—	2.5	4.0
	$d \leqslant 6m$，户外	—	2.5	6.0
接户线	$d \leqslant 10m$	—	2.5	6.0
	$d \leqslant 25m$	—	4.0	10.0
穿管线		1.0	1.0	2.5
塑料护套线		—	1.0	1.5

🏛 【特别提醒】

　　移动式设备的电源线和吊灯引线必须使用铜芯软线。而除穿管线之外，其他形式的配线不得使用软线。

6.2.3　间距

　　（1）电气线路与其他设施的间距

　　电气线路与建筑物、树木、地面、水面、其他电气线路以及各种工程设施之间的安全距离参见二维码"电气线路间距"。

电气线路间距

　　架空线路电杆埋设深度不得小于2m，并不得小于杆高的1/6。

　　（2）低压接户线的间距

　　由于接户线和进户线的故障比较多见，安装低压接户线应当注意以下各项间距要求。

　　① 如下方是交通要道，接户线离地面最小高度不得小于6m；在交通困难的场合，接户线离地面最小高度不得小于3.5m。

　　②接户线不宜跨越建筑物，必须跨越时，离建筑物最小高度不得小于2.5m。

　　③ 接户线离建筑物突出部位的距离不得小于0.15m、离下方阳台的垂直距离不得小于2.5m、离下方窗户的垂直距离不得小于0.3m、离上方窗户或阳台的垂直距离不得小于0.8m、离窗户或阳台的水平距离也不得小于0.8m。

　　④ 接户线与通信线路交叉，接户线在上方时，其间垂直距离不得小于0.6m；接户线在下方时，其间垂直距离不得小于0.3m。

　　⑤ 接户线与树木之间的最小距离不得小于0.3m。

　　如不能满足上述距离要求，须采取其他防护措施。除以上安全距离的要求外，还应注意接户线长度一般不得超过25m；接户线应采用绝缘导线，铜导线截面积不得小于2.5mm²，铝导线截面积不得小于10mm²；接户线与配电线路之间的夹角达到45°时，配电线路的电杆上应安装横担；接户线不得有接头。

6.2.4　导线的识别和连接

　　（1）导线的识别

　　① 25mm²以下导线的截面积　25mm²及以下导线截面积与直径如表6-6所示（铝线最小截面积为2.5mm²）。

表6-6　导线截面积与直径对照

截面积/mm²	1.5	2.5	4	6	10	16	25
直径/mm	1.37	1.76	2.24	2.73	7×1.33	7×1.68	7×2.11

　　由表6-6可看出，10mm²导线单根直径（1.33mm）与1.5mm²导线直径（1.37mm）近似，16mm²导线单根直径（1.68mm）与2.5mm²导线直径（1.76mm）近似，25mm²导线单根直径（2.11mm）与4mm²导线直径（2.24mm）近似；因此会识别1.5mm²、2.5mm²、4mm²导线，也就等于会识别10mm²、16mm²、25mm²导线截面。

② 单芯导线截面积（S）与直径（D）的换算

$$S = \pi R^2 = \pi (D/2)^2$$

即：截面积 = 圆周率 × （直径/2）^{2}

③ 根据给定设备的功率（或负载功率），估算选择导线截面积。

导线截面积选择可按下列公式计算：

$$S = \frac{I_e}{J \times 0.8}$$

即：截面积 = $\dfrac{负荷电流（A）}{安全电流密度（A/mm^2）\times 0.8}$

导线安全载流量估算经验口诀

10下五，100上二；25、35，四、三界；70、95，两倍半。

穿管、高温，八、九折；裸线加一半；铜线升级算。

口诀的前三句是指铝导线、明敷设、环境温度为25℃时的安全截流量。口诀的后三句是指条件变化时的安全载流量。

例如：某三相异步电动机额定功率为10kW，额定电流为20A，其导线截面积根据安全载流量口诀可知，10mm^{2}以下铝导线每平方毫米安全电流密度为5A，又知导线穿管时载流量打八折计算，可得：

$$S = 20/(5 \times 0.8) = 5 (mm^2)$$

由于导线没有5mm^{2}这个规格，因此10kW三相电动机应选用6mm^{2}铝线或4mm^{2}铜线。

【特别提醒】

① 穿管用绝缘导线，铜线最小截面积为1mm^2；铝线最小截面积为2.5mm^2。

② 各种电气设备的二次回路（电流互感器二次回路除外），虽然电流很小，但为了保证二次线的机械强度，常采用截面积不小于1.5mm^{2}的绝缘铜线。

（2）导线绞合连接

连接导线有绞合连接、焊接、压接等多种连接方式。

导线连接必须紧密。原则上导线连接处的机械强度不得低于原导线机械强度的80%；绝缘强度不得低于原导线的绝缘强度；接头部位电阻不得大于原导线电阻的1.2倍。

单股铜芯线直线连接

单股铜芯线T形连接

① 单股铜芯线连接

可分为直线连接和T形连接两种，其工艺与技术要求见表6-7。

表6-7　单股铜芯线的连接工艺与技术要求

类型		操作示意图	操作工艺与技术要求
直线连接	小截面单股铜芯线		（1）将去除绝缘层和氧化层的芯线两股交叉，互相在对方绞合2～3圈 （2）将两线头自由端扳直，每根自由端在对方芯线上缠绕，缠绕长度为芯线直径的6～8倍；这就是常见的绞接法 （3）剪去多余线头，修整毛刺

类型		操作示意图	操作工艺与技术要求
直线连接	大截面单股铜芯线		（1）在两股线头重叠处填入一根直径相同的芯线，以增大接头处的接触面 （2）用一根截面积在1.5mm²左右的裸铜线（绑扎线）在上面紧密缠绕，缠绕长度为导线直径的10倍左右 （3）用钢丝钳将芯线线头分别折回，将绑扎线继续缠绕5～6圈后剪去多余部分并修剪毛刺 （4）如果连接的是不同截面的铜导线，先将细导线的芯线在粗导线上紧密缠绕5～6圈，再用钢丝将粗导线折回，使其紧贴在较小截面的线芯上，再将细导线继续缠绕4～5圈，剪去多余部分并修整毛刺
	记忆口诀		**单股铜芯线直线连接口诀** 两根导线十字交，相互绞合三圈挑。 扳直导线尾线直，紧缠六圈弃余端。
T形连接	小截面单股铜芯线		（1）将支路芯线与干路芯线垂直相交，支路芯线留出3～5mm裸线，将支路芯线在干路芯线上顺时针缠绕6～8圈，剪去多余部分，修除毛刺 （2）对于较小截面芯线的T形连接，可先将支路芯线的线头在干路芯线上打一个环绕结，接着在干路芯线上紧密缠绕5～8圈
	大截面单股铜芯线		将支路芯线线头弯成直角，将线头紧贴干路芯线，填入相同直径的裸铜线后用绑扎线参照大截面单股铜芯线的直线连接的方法缠绕
	记忆口诀		**单股铜芯线T形连接口诀** 支、干两线垂直交，顺时方向支路绕。 缠绕六至八圈后，钳平末端去尾线。

② 多股铜芯线的连接　下面7股铜芯线为例介绍连接方法，其连接工艺与技术要求见表6-8。

表6-8　7股铜芯线的连接工艺与技术要求

类型	操作示意图	操作工艺与技术要求
直线连接		（1）除去绝缘层的多股线分散并拉直，在靠近绝缘层约1/3处沿原来扭绞的方向进一步扭紧 （2）将余下的自由端分散成伞形，将两伞形线头相对，隔股交叉直至根部相接 （3）捏平两边散开的线头，将导线按2、2、3分成三组，将第1组扳至垂直，沿顺时针方向缠绕两圈再弯下扳成直角紧贴对方芯线 （4）第2、3组缠绕方法与第1组相同（注意：缠绕时让后一组线头压住前一组已折成直角的根部，最后一组线头在芯线上缠绕3圈），剪去多余部分，修除毛刺

116

类型	操作示意图	操作工艺与技术要求
直线连接	记忆口诀	**7股铜芯线直线连接口诀** 剥削绝缘拉直线，绞紧根部余分散。 制成"伞骨"隔根插，2、2、3、3要分辨。 两组2圈扳直线，三组3圈弃余线。 根根细排要绞紧，同是一法另一端。
T形连接		方法1：将支路芯线折弯成90°后紧贴干线，然后将支路线头分股折回并紧密缠绕在干线上，缠绕长度为芯线直径的10倍 方法2：在支路芯线靠根部1/8的部位沿原来的绞合方向进一步绞紧，将余下的线头分成两组，拔开干路芯线，将其中一组插入并穿过，另一组置于干路芯线前面，沿右方向缠绕4～5圈，插入干路芯线的一组沿左方向缠绕4～5圈。剪去多余部分，修除毛刺
T形连接	记忆口诀	**7股铜芯线T形连接口诀** 3、4两组干、支分，支线一组如干芯。 3绕3至4圈后，4绕4至5圈平。

③ 电缆线的连接 双芯护套线、三芯护套线或多芯电缆连接时，其连接方法与前面讲述的绞接法相同。应注意尽可能将各芯线的连接点互相错开位置，以防止线间漏电或短路。如图6-4（a）所示为双芯护套线的连接情况，如图6-4（b）所示为三芯护套线的连接情况，如图6-4（c）所示为四芯电力电缆的连接情况。

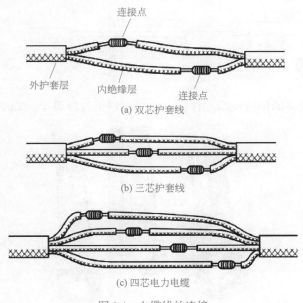

(a) 双芯护套线

(b) 三芯护套线

(c) 四芯电力电缆

图6-4 电缆线的连接

【特别提醒】

接线时一定要切断电源，注意安全，防止触电。

（3）导线紧压连接

紧压连接是指用铜或铝套管套在被连接的芯线上，再用压接钳或压接模具压紧套管使芯线保持连接。

多股大截面铜、铝导线连接时，应采用铜铝过渡连接夹［图6-5（a）］或铜铝过渡连接管［图6-5（b）］。椭圆截面套管使用时，将需要连接的两根导线的芯线分别从左右两端相对插入并穿出套管少许，如图6-5（c）所示，然后压紧套管即可，如图6-5（d）所示。

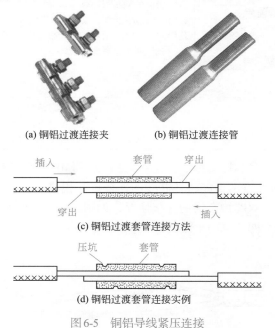

(a) 铜铝过渡连接夹　　　(b) 铜铝过渡连接管

(c) 铜铝过渡套管连接方法

(d) 铜铝过渡套管连接实例

图6-5　铜铝导线紧压连接

铝导线与电气设备的铜接线端连接时，应采用铜铝过渡鼻子，如图6-6所示。

图6-6　铜铝过渡鼻子

【特别提醒】

铜、铝导线一般不能直接连接，必须采取过渡连接。

6.2.5 线路防护与保护

（1）线路防护

各种线路应对化学性质、热性质、机械性质、环境性质、生物性质及其他方面有害因素的危害具有足够的防护能力。线路防护设计应符合相关要求。

依据有关规定要求，电力电缆在下列部位应进行穿管保护：

① 电缆引入或引出建筑物（包括隔墙、楼板）、沟道、隧道；

② 电缆通过铁路、道路处；

③ 电缆引入或引出地面时，地面以上2m和地面以下0.1～0.25m的一段应穿管保护；

④ 电缆有可能受到机械损伤的部位；

⑤ 电缆与各种管道或沟道之间的距离不足规定的距离处。

（2）线路过流保护

电力线路发生短路时，最基本几个特征：电流明显增大，电压明显降低，线路阻抗明显降低。

过流保护便是根据发生短路时的第一个特征电流明显增大的原理来判断线路是否处于故障状态。电气线路的过电流保护包括短路保护和过载保护。

① 短路保护　短路电流很大，持续时稍长即可造成严重后果。因此，短路时短路保护装置必须瞬时动作。电磁式过电流脱扣器（或继电器）具有瞬时动作的特点，宜用作短路保护元件。当电流为熔体额定电流的6倍时，快速熔断器的熔断时间一般不超过0.02s，也具有良好的短路保护性能。

② 过载保护　电气线路中允许连续通过而不至于使电线过热的电流量，称为安全载流量或安全电流。如导线流过的电流超过了安全载流量，就叫导线过载。一般导线最高允许工作温度为65℃。过载时，温度超过该温度，会使绝缘迅速老化甚至于线路燃烧。因此，在实际供电线路中，通常会有过载保护设备功能，防止负载过载导致安全隐患。

热脱扣器（或热继电器）宜用作过载保护元件，但热脱扣器动作太慢（6倍整定电流时动作时间仍大于5s）；故不能作短路保护元件。在没有冲击电流或冲击电流很小的线路中，熔断器除用作短路保护元件外，也兼作过载保护元件。

6.2.6 线路管理

电气线路应有必要的资料和文件，如施工图、实验记录等。还应建立巡视、清扫、维修等制度。

对于架空线路，除设计中必须考虑对有害因素的防护外，还必须加强巡视和检修，并考虑防止事故扩大的措施。电缆受到外力破坏、化学腐蚀、水淹、虫咬，电缆终端接头和中间接头受到污染或进水均可能发生事故。因此，对电缆线路也必须加强管理，并定期进行试验。

对临时线应建立相应的管理制度。例如，安装临时线应有申请、审批手续；临时线应有专人负责；应有明确的使用地点和使用期限等。装设临时线必须先考虑安全问题。移动式临时线必须采用有保护芯线的橡套软线，长度一般不超过10m。临时架空线的高度和其他间距原则上不得小于正规线路所规定的限值，必要的部位应采取屏护措施，长度一般不超过500m。

巡视检查是线路运行维护的基本内容之一。通过巡视检查可及时发现缺陷，以便采取防范措施，保障线路的安全运行。巡视人员应将发现的缺陷记入记录本内，并及时报告上级。

（1）架空线路巡视检查

架空线路巡视分为定期巡视、特殊巡视和故障巡视。定期巡视是日常工作内容之一。10kV及10kV以下的线路，至少每季度巡视一次。特殊巡视是运行条件突然变化后的巡视，如雷雨、大雪、重雾天气后的巡视、地震后的巡视等。故障巡视是发生故障后的巡视。巡视中一般不得单独排除故障。架空线路巡视检查主要包括以下内容。

① 沿线路的地面是否堆放有易燃、易爆或强烈腐蚀性物质；沿线路附近有无危险建筑物；有无在雷雨或大风天气可能对线路造成危害的建筑物及其他设施；线路上有无树枝、风筝、鸟巢等杂物，如有应设法清除。

② 电杆有无倾斜、变形、腐朽、损坏及基础下沉等现象；横担和金具是否移位、固定是否牢固、焊缝是否开裂、是否缺少螺母等。

③ 导线有无断股、背花、腐蚀、外力破坏造成的伤痕；导线接头是否良好、有无过热、严重氧化、腐蚀痕迹；导线与大地、邻近建筑物、或邻近树木的距离是否符合要求。

④ 绝缘子有无破裂、脏污、烧伤及闪络痕迹；绝缘子串偏斜程度、绝缘子铁件损坏情况如何。

⑤ 拉线是否完好、是否松弛、绑扎线是否紧固、螺栓是否锈。

⑥ 保护间隙（放电间隙）的大小是否合格；避雷器瓷套有无破裂、脏污、烧伤及闪络痕迹；密封是否良好，固定有无松动；避雷器上引线有无断股、连接是否良好；避雷器引下线是否完好、固定有无变化、接地体是否外露、连接是否良好。

（2）电缆线路巡视检查

电缆线路的定期巡视一般每季度一次，户外电缆终端头每月巡视一次。电缆线路巡视检查主要包括以下内容。

① 直埋电缆线路标桩是否完好；沿线路地面上是否堆放垃圾及其他重物，有无临时建筑；线路附近地面是否开挖；线路附近有无酸碱等腐蚀性排放物，地面上是否堆放石灰等可构成腐蚀的物质；露出地面的电缆有无穿管保护；保护管有无损坏或锈蚀，固定是否牢固；电缆引入室内处的封堵是否严密；洪水期间或暴雨过后，巡视附近有无严重冲刷或塌陷现象等。

② 沟道内的电缆线路，沟道的盖板是否完整无缺；沟道是否渗水、沟内有无积水、沟道内是否堆放有易燃易爆物品；电缆铠装或铅包有无腐蚀；全塑电缆有无被老鼠啃咬的痕迹；洪水期间或暴雨过后，巡视室内沟道是否进水，室外沟道泄水是否畅通等。

③ 电缆终端头和中间接头终端头的瓷套管有无裂纹、脏污及闪络痕迹；充有电缆胶（油）的终端头有无溢胶（漏油）现象；接线端子连接是否良好；有无过热迹象；接地线是否完好、有无松动；中间接头有无变形、温度是否过高等。

④ 明敷电缆沿线的挂钩或支架是否牢固；电缆外皮有无腐蚀或损伤；线路附近是否堆放有易燃、易爆或强烈腐蚀性物质。

第 **7** 章

电气照明

7.1　电气照明方式与类型

7.1.1　电气照明方式

照明是利用人工光或自然光提供人们足够的照度（一般照明），或提供良好的识别（道路照明、广告标示等），特征的强调（建筑照明、重点照明等），或创造舒适的光环境（住宅照明等）、营造特殊的氛围等（商业舞台照明），及其他特殊目的（生化、医疗、植物栽培等）的手段。

（1）按照光源的性质分类

按照光源的性质，电气照明可分为热辐射光源照明、气体放电光源照明和和半导体光源照明。

① 热辐射光源照明　热辐射光源是利用物体通电加热至高温时辐射发光原理制成。这类灯结构简单，使用方便，在灯泡额定电压与电源电压相同的情况下即可使用，如白炽灯、碘钨灯等照明灯具。其照明特点是发光效率低。

② 气体放电光源照明　气体放电光源照明是利用电流通过气体时发光的原理制成。这类灯发光效率高，寿命长，光色品种多。如日光灯、高压汞灯、高压钠灯等照明灯具。其照明特点是发光效率较高，可达白炽灯的3倍左右。

③ 半导体光源照明　半导体光源照明，即发光二极管（简称LED），是一种半导体固体发光器件，是利用固体半导体芯片作为发光材料，在半导体中通过载流子发生复合放出过剩的能量而引起光子发射，直接发出红、黄、蓝、绿、青、橙、紫、白色的光。

半导体照明产品就是利用LED作为光源制造出来的照明器具。半导体照明具有高效、节能、环保、易维护等显著特点，是实现节能减排的有效途径，已逐渐成为照明史上继白炽灯、荧光灯之后的又一场照明光源的革命。

（2）按灯具的散光方式分类

按灯具的散光方式，照明方式可分为间接照明、半间接照明、直接间接照明、漫射照明、半直接照明、宽光束的直接照明和高集光束的下射直接照明7种，如图7-1所示。常用照明方式的介绍及见表7-1。

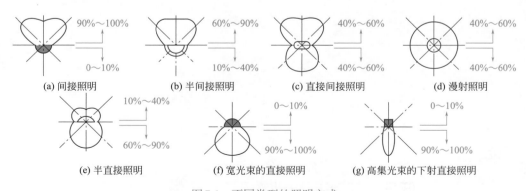

图7-1　不同类型的照明方式

表7-1　常用照明方式

照明方式	照明简介	说明
间接照明	由于将光源遮蔽而产生间接照明，把90%～100%的光射向顶棚、穹隆或其他表面，从这些表面再反射至室内 当间接照明紧靠顶棚，几乎可以造成无阴影，是最理想的整体照明 上射照明是间接照明的另一种形式，筒形的上射灯可以用于多种场合	这四种照明，为了避免天棚过亮，下吊的照明装置的上沿至少低于天棚305～460mm
半间接照明	将60%～90%的光线向天棚或墙面上部照射，把天棚作为主要的反射光源，而将10%～40%的光直接照射在工作面上 从天棚反射来的光线趋向于软化阴影和改善亮度比，由于光线直接向下，照明装置的亮度和天棚亮度接近相等	
直接间接照明	直接间接照明装置是对地面和天棚提供近于相同的照度，即均为40%～60%，而周围光线只有很少，这样就必然在直接眩光区的亮度是低的 这是一种同时具有内部和外部反射灯泡的装置，如某些台灯和落地灯能产生直接间接光和漫射光	
漫射照明	这种照明装置，对所有方向的照明几乎都一样，为了控制眩光，漫射装置圈要大，灯的瓦数要低	
半直接照明	在半直接照明灯具装置中，有60%～90%的光向下直射到工作面上，而其余10%～40%的光则向上照射，由下射照明软化阴影的百分比很少	—
宽光束的直接照明	具有强烈的明暗对比，并可造成有趣生动的阴影，由于其光线直射于目的物，如不用反射灯泡，要产生强的眩光。鹅颈灯和导轨式照明属于这一类	
高集光束的下射直接照明	因高度集中的光束而形成光焦点，可用于突出光的效果和强调重点的作用，它可提供在墙上或其他垂直面上充足的照度，但应防止过高的亮度比	

7.1.2　电气照明种类

（1）按照照明方式分类

按照照明方式不同，可分为一般照明、局部照明和混合照明。

（2）按照照明功能分类

按照照明功能不同，可分为正常照明、事故应急照明、警卫值班照明、障碍照明、彩灯和装饰照明等。

照明种类及作用见表7-2。

表7-2　照明种类及作用

种类		作用	
正常照明	一般照明	为整个房间普遍需要的照明称为一般照明	
	局部照明	在工作地点附近设置照明灯具，以满足某一局部工作地点的照度要求	
	混合照明	由一般照明和局部照明共同组成。适用于照度要求较高，工作位置密度不大，且单独装设一般照明不合理的场所	
事故应急照明		正常照明因故而中断，供继续工作和人员疏散而设置的照明称为事故应急照明	
警卫值班照明		在值班室、警卫室、门卫室等地方所设置的照明叫警卫值班照明	
障碍照明		在建筑物上装设用于障碍标志的照明称为障碍照明	
彩灯和装饰照明		为美化市容夜景，以及节日装饰和室内装饰而设计的照明叫彩灯和装饰照明	

7.2　照明设备的安装及维修

7.2.1　照明设备的安装

（1）照明开关的选用

普通照明开关是指为家庭、办公室、公共娱乐场所等设计的，用来隔离电源或按规定能在电路中接通或断开电流或改变电路接法的一种低压电器。

照明开关的种类很多。例如，按面板型分，有86型、120型、118型、146型和75型；按开关连接方式分，有单极开关、两极开关、三极开关、三极加中线开关、有公共进入线的双路开关、有一个断开位置的双路开关、两极双路开关、双路换向开关（或中向开关）等；按安装方式分，有明装式和暗装式两种。因此，选择开关时，应从实用性、美观性、性价比等方面予以考虑。

【特别提醒】

开关面板的尺寸应与预埋的开关接线盒的尺寸一致。

（2）照明开关安装要求

① 控制要求　照明开关应串联在相线（火线）上，不得装在零线上。如果将照明开关装设在零线上，虽然断开时电灯也不亮，但灯头的相线仍然是接通的，而人们以为灯不亮，就会错误地认为是处于断电状态。而实际上灯具上各点的对地电压仍是220V的危险电压。如果灯灭时人们触及这些实际上带电的部位，就会造成触电事故。所以各种照明开关或单相小容量用电设备的开关，只有串接在火线上，才能确保安全。

照明开关接线

同一室内开关控制有序，不错位。

② 位置要求　开关的安装位置要便于操控，不得被其他物品遮挡。开关边缘距门框边缘的距离0.15～0.2m。

③ 高度要求　拉线开关距地面一般为2.2～2.8m，距门框为0.15～0.2m；扳把开关距地面一般为1.2～1.4m，距门框为0.15～0.2m。

同一室内的开关高度误差不能超过5mm。并排安装的开关高度误差不能超过2mm。开关面板的垂直允许偏差不能超过0.5mm。

④ 美观要求　安装在同一室内的开关，宜采用同一系列的产品，开关的通断位置应一致，且操作灵活、接触可靠。暗装的开关面板应紧贴墙面，四周无缝隙，安装牢固，表面光滑整洁、无碎裂、划伤。相邻开关的间距应保持一致。

⑤ 特殊要求　在易燃、易爆和特别场所，照明开关应分别采用防爆型、密闭性。卧室顶灯可以考虑三控（两个床边和进门处），本着两个人互不干扰休息的原则。客厅顶灯根据生活需要可以考虑装双控开关（进门厅和回主卧室门处）。

（3）插座的选用

插座又称电源插座，是指有一个或一个以上电路接线可插入的座，通过它可插入各种接线。这样便于与其他电路接通。通过线路与铜件之间的连接与断开，来达到最终达到该部分电路的接通与断开。

选择时，插座的额定电流值应与用电器的电流值相匹配。如果过载，很容易引起事故。一般来说，电源插座的额定电流应大于已知使用设备额定电流的1.25倍。一般单相电源插座额定电流为10A，专用电源插座为16A，特殊大功率家用电器其配电回路及连接电源方式应按实际容量选择。

对于插接电源有触电危险的电气设备（如洗衣机）应采用带开关断开电源的插座。

室内用电电源插座应采用安全型插座，卫生间等潮湿场所应采用防溅型插座。

（4）插座安装要求

① 高度要求　家庭及类似场所，明装插座安装的距地高度一般在1.5～1.8m，暗装的插座距地不能低于0.3m。分体式、壁挂式空调插座宜根据出线管预留洞位置距地面1.8m处位置。儿童活动场所应用安全插座，高度不低于1.8m。

插座的安装

② 特殊要求　不同电压等级的插座应有明显的区别，不能混用。

凡是为携带式或移动式电器用的插座，单相电源应用三孔插座，三相电源应用四孔插座。

厨房、卫生间等比较潮湿场所，安装插座应该同时安装防水盒。

③ 接线要求　单相两孔插座有横装和竖装两种。横装时，面对插座的右极接相线（L），左极接零线（中性线N），即"左零右相"；竖装时，面对插座的上极接相线，下极接中性线，即"上相下零"。

单相三孔插座接线时，保护接地线（PE）应接在上方，下方的右极接相线，左极接中性线，即"左零右相中PE"。国标规定的单相插座接线方法如图7-2所示。

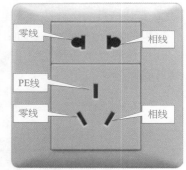

图7-2　国标规定的单相插座接线方法

（5）灯具安装要求

① 灯具安装最基本的要求是必须牢固，尤其是比较大的灯具。

a. 灯具质量大于3kg时，吸顶灯安装在砖石结构中要采用预埋螺栓，或用膨胀螺栓、尼龙塞或塑料塞固定。不可以使用木楔，因为木楔太不稳固，时间长也容易腐烂。并且上述固定件的承载能力应与吸顶灯的重量相匹配。以确保吸顶灯固定牢固、可靠，并可延长其使用寿命。

照明灯具的安装

b. 当采用膨胀螺栓固定时，应按灯具产品的技术要求选择螺栓规格，其钻孔直径和埋设深度要与螺栓规格相符。固定灯座螺栓的数量不应少于灯具底座上的固定孔数，且螺栓直径应与孔径相配。

底座上无固定安装孔的灯具（安装时自行打孔），每个灯具用于固定的螺栓或螺钉不应少于2个，且灯具的重心要与螺栓或螺钉的重心相吻合。

只有当绝缘台的直径在75mm及以下时，才可采用1个螺栓或螺钉固定。

c. 吸顶灯不可直接安装在可燃的物件上，有的家庭为了美观用油漆后的三夹板衬在吸顶灯的背后，实际上这很危险，必须采取隔热措施。如果灯具表面高温部位靠近可燃物时，也要采取隔热或散热措施。

d. 吊灯应装有挂线盒，每只挂线盒只可装一套吊灯，如图7-3所示。吊灯表面必须绝缘良好，不得有接头，导线截面积不得小于0.4mm²。在挂线盒内的接线应采取防止线头受力使灯具跌落的措施。质量超过1kg的灯具应设置吊链，当吊灯灯具质量超过3kg时，应采用预埋吊钩或螺栓方式固定。吊链灯的灯线不应受到拉力，灯线应与吊链编叉在一起。

图7-3　每只挂线盒装一套吊灯

② 安装灯具一定要注意安全。

这里的安全包括两个方面：一是使用安全，二是施工安全。

a. 灯具的金属外壳均应可靠接地，以保证使用安全，如图7-4所示为某品牌LED灯具金属外壳接地。

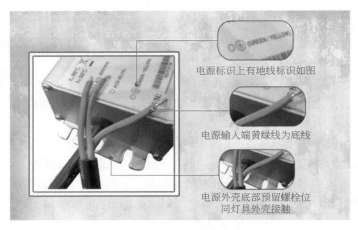

电源标识上有地线标识如图

电源输入端黄绿线为底线

电源外壳底部预留螺栓位同灯具外壳接触

图7-4　LED灯具金属外壳接地

Ⅰ类灯具在实际运用过程中，若不接地线、假接地或者接地不良时，可能造成的隐患有产品漏电隐患、灯具产生的类似感应电、静电等无法得到有效的释放等等缺陷。因此，Ⅰ类灯具布线时，应该在灯盒处加一根接地导线。

b. 螺口灯座接线时，相线（即与开关连接的火线）应接在中心触点端子上，零线接在螺纹端子上，如图7-5所示。

c. 与灯具电源进线连接的两个线头电气接触应良好，要分别用电工防水绝缘带和黑胶布包好，并保持一定的距离。如果有可能，尽量不将两线头放在同一块金属片下，以免短路，发生危险。

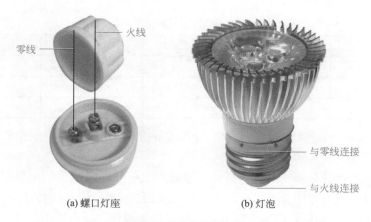

图7-5 螺口灯座和灯泡

d. 安装时，灯头的绝缘外壳不应有破损，以防止漏电。

e. 安装吸顶灯等大型灯具时，高空作业，操作者要特别注意安全，要有专人在旁边协助操作，如图7-6所示。

图7-6 安装大型灯具要有人协助

f. 装饰吊平顶安装各类灯具时，应按灯具安装说明的要求进行安装。而且吊顶或护墙板内的暗线必须有PVC阻燃电线管保护。灯具质量大于3kg时，应采用预埋吊钩或从屋顶用膨胀螺栓直接固定支吊架安装（不能用吊平顶吊龙骨支架安装灯具）。

从灯头箱盒引出的导线应用软管保护至灯位，防止导线裸露在平顶内。

g. 采用钢管作为灯具的吊杆时，钢管内径不应小于10mm；钢管壁厚度不应小于1.5mm。吊链灯具的灯线不应受拉力，灯线应与吊链编在一起。软线吊灯的软线两端应作保护扣，两端芯线应搪锡。

h. 在易燃、易爆、潮湿的场所，照明设施应采用防爆式、防潮式装置。

③ 高度要求

a. 变电所内，高压、低压配电设备及母线的正上方，不应安装灯具。室外安装的灯具，距地面的高度不宜小于3m；当在墙上安装时，距地面的高度不应小于2.5m。

b. 当设计无要求时，灯具的安装高度不小于表7-3规定的数值（采用安全电压时除外）。低于表中规定的高度，而又没有安全措施的车间照明以及行灯、机床局部照明灯，应采用36V以下的安全电压供电。

表7-3　灯具安装高度要求

场所	最低安装高度/m	场所	最低安装高度/m
室外（室外墙上安装）	2.5	室内	2
厂房	2.5	软吊线带升降器的灯具，在吊线展开后	0.8
金属卤化物灯具	5		

④ 特别要求　公共场所用的应急照明灯和疏散指示灯，应有明显的标志。无专人管理的公共场所照明宜装设自动节能开关。

危险性较大及特殊危险场所，当灯具距地面高度小于2.4m时，使用额定电压为36V及以下的照明灯具，或有专用保护措施。当灯具距地面高度小于2.4m时，灯具的可接近裸露导体必须接地（PE）或接零（PEN），并应有专用接地螺栓，且有标识。

【特别提醒】

照明灯具安装的最基本要求：安全、牢固。同时，还要兼顾美观性。

7.2.2　照明电路故障维修

（1）照明电路故障诊断

照明电路的主要常见故障有短路、断路和漏电，其故障诊断见表7-4。

照明电路故障检修

表7-4　照明电路故障诊断

故障类型	故障现象	故障原因	检查方法
短路	短路故障常引起熔断器熔丝爆断，短路点处有明显烧痕、绝缘碳化，严重时会使导线绝缘层烧焦甚至引起火灾	（1）安装不合规格，多股导线未捻紧、涮锡、压接不紧、有毛刺 （2）相线、零线压接松动，两线距离过近，遇到某些外力，使其相碰造成相对零短路或相间短路 （3）意外原因导致灯座、断路器等电器进水 （4）电气设备所处环境中有大量导电尘埃 （5）人为因素	应先查出发生短路的原因，找出短路故障点，处理后更换保险丝，恢复送电
断路	相线、零线出现断路故障时，负荷将不能正常工作。单相电路出现断路时，负荷不工作；三相用电器电源出现缺相时，会造成不良后果；三相四线制供电线路不平衡，如零线断线时会造成三相电压不平衡，负荷大的一相相电压低，负荷小的相，相电压高，如负荷是白炽灯，则会出现一相灯光暗淡，而另一相上的灯又变得很亮，同时，零线断口负荷侧将出现对地电压	（1）因负荷过大而使熔丝熔断 （2）开关触点松动，接触不良 （3）导线断线，接头处腐蚀严重（尤其是铜、铝导线未用铜铝过渡接头而直接连接） （4）安装时，接线处压接不实，接触电阻过大，使接触处长期过热，造成导线、接线端子接触处氧化 （5）恶劣环境，如大风天气、地震等造成线路断开 （6）人为因素，如搬运过高物品将电线碰断，以及人为破坏等	可用带氖管的试电笔测灯座（灯头）的两极是否有电：若两极都不亮说明相线断路；若两极都亮（带灯泡测试），说明中性线（零线）断路；若一极亮一极不亮，说明灯丝未接通 数显试电笔笔体带LED显示屏，可以直观读取测试电压数字。测照明电路时，火线与地之间有电压$U = 220V$左右。数显试电笔具有断点检测功能，用于检测开路性故障非常方便。按住断点检测键，沿电线纵向移动时，显示窗内无显示处即为断点处

续表

故障类型	故障现象	故障原因	检查方法
漏电	（1）漏电时，用电量会增多；有时候会无缘无故地跳闸 （2）人触及漏电处会感到发麻 （3）测线路的绝缘电阻时，电阻值会变小	（1）绝缘导线受潮或者受污染 （2）电线及电气设备长期使用，绝缘层已老化 （3）相线与零线之间的绝缘受到外力损伤，而形成相线与地之间的漏电	（1）判断是否漏电 （2）判断是火线与零线间的漏电，还是相线与大地间的漏电，或者是两者兼而有之 （3）确定漏电范围 （4）找出漏电点

【特别提醒】

　　照明电路断路故障可分为全部断路、局部断路和个别断路3种情形，检修时应区别对待。

　　漏电与短路的本质相同，只是事故发展程度不同而已，严重的漏电可能造成短路。

（2）照明电路故障的检修方法

照明电路检查故障方法 {
故障调查法
直观检查法
测试法
分支路、分段检查法
}

① 故障调查法　在处理故障前应进行故障检查，向出事故时在现场者或操作者了解故障前后的情况，以便初步判断故障种类及故障发生的部位。

② 直观检查法　经过故障调查，进一步通过感官进行直观检查，即：闻、听、看。

闻：有无因温度过高绝缘烧坏而发出的气味。

听：有无放电等异常声响。

看：对于明敷设线路可以沿线路巡视，查看线路上有无明显问题，如：导线破皮、相碰、断线、灯泡损坏、熔断丝烧断、熔断器过热、断路器跳闸、灯座有进水、烧焦等，再进行重点部位检查。

③ 测试法　除了对线路、电气设备进行直观检查外，应充分利用试电笔、万用表、试灯等进行测试。

例如，有缺相故障时，仅仅用试电笔检查有无电是不够的。当线路上相线间接有负荷时，试电笔会发光而误认为该相未断，如图7-7所示，此时应使用电压表或万用表交流电压挡测试，方能准确判断是否缺相。

④ 分支路、分段检查法　对于待查电路，可按回路、支路或用"对分法"进行分段检查，缩小故障范围，逐渐逼近故障点。

（3）停电检修的安全措施

照明线路检修一般应停电进行。停电检修不仅可以消除检修人员的触电危险，而且能解除他们工作时的顾虑，有利于提高检修质量和工作效率。

① 停电时应切断可能输入被检修线路或设备的所有电源，而且应有明确的分断点。在分断点上挂上"有人操作，禁止合闸"的警告牌，如图7-8所示。如果分断点是熔断器的熔体，最好取下带走。

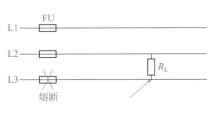

图7-7 线路缺相故障的检查

图7-8 在醒目位置悬挂警告牌

② 检修前必须用验电笔复查被检修电路，证明确实无电时，才能开始动手检修。

③ 如果被检修线路比较复杂，应在检修点附近安装临时接地线，将所有相线互相短路后再接地，人为造成相间短路或对地短路，如图7-9所示。这样，在检修中万一有电送来，会使总开关跳闸或熔断器熔断，以避免操作人员触电。

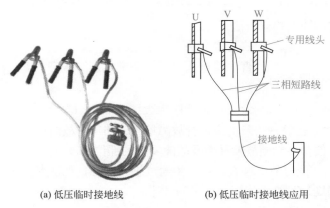

(a) 低压临时接地线　　　　　　(b) 低压临时接地线应用

图7-9 临时接地线及应用

④ 线路或设备检修完毕，应全面检查是否有遗漏和检修不合要求的地方，包括该拆换的导线、元器件、应排除的故障点、应恢复的绝缘层等是否全部无误地进行了处理。有无工具、器材等留在线路和设备上，工作人员是否全部撤离现场。

⑤ 拆除检修前安装的作保安用的临时接地装置和各相临时对地短路线或相间短路线，取下电源分断点的警告牌。

⑥ 向已修复的电路或设备供电。

第8章

电力电容器

8.1 电力电容器简介

电力电容器主要应用在电力系统，但在工业生产设备及高电压试验方面也有广泛地应用。按使用电压的高低可分为高压电力电容器和低压电力电容器，以额定电压1000V为界。高压电力电容器一般为油浸电容器，而低压电力电容器多为自愈式电容器，也称金属化电容器。

电力电容器简介

8.1.1 电力电容器的分类和用途

（1）并联电容器

并联电容器是并联补偿电容器的简称，与需补偿设备并联连接于50Hz或60Hz交流电力系统中，用于补偿感性无功功率，改善功率因数和电压质量，降低线路损耗，提高系统或变压器的输出功率。由于并联电容器减少了线路上感性无功的输送，减少了电压和功率损耗，因而提高了线路的输电能力。

并联电容器又由可分为以下几种类型。

① 高压并联电容器　其额定电压在1.0kV以上，大多为油浸电容器。

② 低压并联电容器　其额定电压在1.0kV及下，大多为自愈式电容器。

③ 自愈式低压并联电容器　其额定电压在1.0kV及下。

④ 集合式并联电容器（也称密集型电容器）　准确地说应该称作并联电容器组，额定电压在3.5～66kV。

⑤ 箱式电容器　其额定电压多在3.5～35kV，与集合式电容器的区别是：集合式电容器是由电容器单元（单台电容器有时也叫电容器单元）串并联组成，放置于金属箱内。箱式电容器是由元件串并联组成芯子，放置于金属箱内。

（2）串联电容器

串联连接于50Hz或60Hz交流电力系统线路中，其额定电压多在2.0kV以下。串联电容器的作用如下。

① 提高线路末端电压。一般可将线路末端电压最大可提高10%～20%。

② 降低受电端电压波动。当线路受电端接有变化很大的冲击负荷（如电弧炉、电焊机、电气轨道等）时，串联电容器能消除电压的剧烈波动。

③ 提高线路输电能力。

④ 提高系统的稳定性。

（3）交流滤波电容器

与电抗器、电阻器连接在一起组成交流滤波器电容器，接于50Hz或60Hz交流电力系统中，用来对一种或多种谐波电流提供低阻抗通道，降低网络谐波水平，改善系统的功率因数。其额定电压在15kV及以下。

（4）耦合电容器

耦合电容器主要用于高压及超高压输电线路的载波通信系统，同时也可作为测量、控制、保护装置中的部件。

（5）直流滤波电容器

直流滤波电容器用于高压整流滤波装置及高压直流输电中。滤除残余交流成分，减少直流中的纹波，提高直流输电的质量。其额定电压多在12kV左右。

8.1.2 电力电容器的结构及补偿原理

（1）电力电容器的结构

各种电容器的结构根据其种类不同差别很大，主要由外壳、芯子、引线和套管等组成。

电容器的外壳一般采用薄钢板焊接而成，表面涂阻燃漆，壳盖上装有出线套管，箱壁侧面焊有吊盘、接地螺栓等。大容量集合式电容器的箱盖上还装有油枕或金属膨胀器及压力释放阀，箱壁侧面装有片状散热器、压力式温控装置等。

电容器的芯子由元件、绝缘件等组成。如图8-1所示为电力电容器的结构。

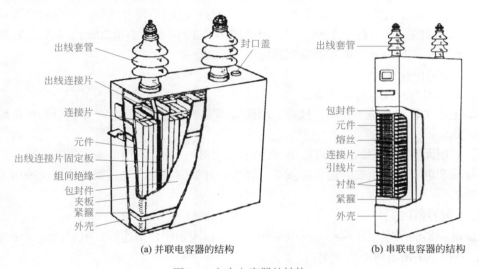

(a) 并联电容器的结构　　(b) 串联电容器的结构

图8-1　电力电容器的结构

（2）电力电容器的补偿原理

电容补偿就是无功补偿或者功率因数补偿。电力系统的用电设备在使用时会产生无功功率，而且通常是电感性的，它会使电源的容量使用效率降低，而通过在系统中适当地增加电容的方式就可以得以改善。电力电容补偿也称功率因数补偿。

电力电容器无功补偿的原理是把具有容性功率负荷的装置和感性功率负荷并联在同一电容器上，能量在两种负荷间相互转换。这样，电网中的变压器和输电线路的负荷降低，从而输出有功能力增加。在输出一定有功功率的情况下，供电系统的损耗降低。

电容器是减轻变压器、供电系统和工业配电负荷的简便、经济的方法。因此，采用并联电容器作为无功补偿装置已经非常普遍。

8.2 电力电容器安装要求与接线

8.2.1 电力电容器安装要求

（1）安装环境要求

电力电容器安装与接线

电力电容器所在环境温度不应超过 ±40℃，周围空气相对湿度不应大于80%，海拔高度不应超过1000m，周围不应有腐蚀性气体或蒸气，不应有大量灰尘或纤维，所安装的环境应无易燃、易爆危险或强烈振动。

电力电容器室应为耐火建筑，耐火等级不应低于二级；电容器室应有良好的通风。总油量300kg以上的高压电容器应安装在单独的防爆室内；总油量300kg以下的高压电容器和低压电容器应视其油量的多少，安装在有防爆墙的间隔内或有隔板间隔内。

电力电容器应避免阳光直射的窗玻璃应涂以白色。

电力电容器分层安装时一般不超过三层，层与层之间不得有隔板，以免阻碍通风。相邻电容器之间的距离不得小于5m；上、下层之间的净距不应小于20cm；下层电容器底面对地高度不宜小于30cm。电容器的铭牌应面向通道。

（2）安装作业条件

① 施工图纸及技术资料齐全。

② 土建工程基本施工完毕，地面、墙面全部完工，标高、尺寸、结构及预埋件均符合设计要求。

③ 屋顶无漏水现象，门窗及玻璃安装完，门加锁，场地清扫干净，道路畅通。

④ 成套电容器框组安装前，应按设计要求做好型钢基础。电容器地构架应采用非可燃材料制成。

（3）电容器的安装

① 电容器的额定电压应与电网电压相符，一般应采用角形连接。电容器组应保持三相平衡，三相不平衡电流不大于5%。

② 电容器安装时铭牌应向通道一侧；电容器必须有放电环节，以保证停电后迅速将储存地电能放掉；电容器的金属外壳必须有可靠接地。

（4）电容器安装注意事项

① 电容器回路中的任何不良接触，均可能引起高频振荡电弧，使电容器的工作电场强度增大和发热而早期损坏。因此，安装时必须保持电气回路和接地部分的接触良好。

② 较低电压等级的电容器经串联后运行于较高电压等级网络中时，其各台的外壳对地之间，应通过加装相当于运行电压等级的绝缘子等措施，使之可靠绝缘。

③ 电容器经星形连接后，用于高一级额定电压，且中性点不接地时，电容器的外壳应对地绝缘。

④ 电容器安装之前，要分配一次电容量，使其相间平衡，偏差不超过总容量的5%。当装有继电保护装置时还应满足运行时平衡电流误差不超过继电保护动作电流的要求。

⑤ 对分组补偿低压电容器，应该连接在低压分组母线电源开关的外侧，以防止分组母线开关断开时产生的自励磁现象。

⑥ 集中补偿的低压电容器组，应专设开关并装在线路总开关的外侧，而不要装在低压母线上。

8.2.2 电容器的接线

（1）电容器接线方式

三相电容器内部为三角形接线；单相电容器应根据其额定电压和线路的额定电压确定接线方式：电容器额定电压与线路线电压相符时采用三角形接线；电容器额定电压与线路相电压相符时采用星形接线。

为了取得良好的补偿效果，应将电容器分成若干组分别接向电容器母线。为了取得良好的补偿效果，应将电容器分成若干组分别接向电容器母线。每组电容器应能够分别控制、保护和放电。电容器的几种基本接线方式如图8-2所示。

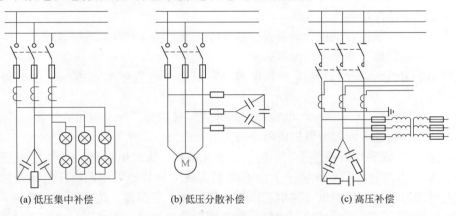

(a) 低压集中补偿　　　　(b) 低压分散补偿　　　　(c) 高压补偿

图8-2　电容器的几种基本接线方式

（2）电容器接线注意事项

① 电容器连接线应采用软导线，接线应对称一致，整齐美观，线端应加线鼻子，并压接牢固可靠。

② 电容器组用母线连接时，不要使电容器套管（接线端子）受机械应力，压接应严密可靠，母线排列整齐，并刷好相色。

③ 每台电容器的接线采用单独的软线与母线相连，不要采用硬母线连接，以防止装配应力造成电容器套管损坏，破坏密封而引起的漏油。

④ 对个别补偿电容器的接线应做到：对直接启动或经变阻器启动的感应电动机，其提高功率因数的电容可以直接与电动机的出线端子相连接，两者之间不要装设开关设备或熔断器；对采用星-三角启动器启动的感应式电动机，采用三台单相电容器，每台电容器直接并联在每相绕组的两个端子上，使电容器的接线总是和绕组的接法相一致。

【特别提醒】

电容器送电前应进行绝缘摇测。1kV 以下电容器用 1000V 摇表摇测，3～10kV 电容器用2500V 摇表摇测，并做好记录。

8.3 电力电容器安全运行

8.3.1 电容器运行保养与维护

电力电容器安全
运行

（1）电力电容器的保护措施

电容器组应采用适当保护措施，如采用平衡或差动继电保护或采用瞬时作用过电流继电保护，对于3.15kV及以上的电容器，必须在每个电容器上装置单独的熔断器，熔断器的额定电流应按熔丝的特性和接通时的涌流来选定，一般为1.5倍电容器的额定电流为宜，以防止电容器油箱爆炸。

如果电容器同架空线连接时，可用合适的避雷器来进行大气过电压保护。在高压网络中，短路电流超过20A时，并且短路电流的保护装置或熔丝不能可靠地保护对地短路时，则应采用单相短路保护装置。

电容器不允许装设自动重合闸装置，相反应装设无压释放自动跳闸装置。

（2）电力电容器日常维护与保养

做好运行中电容器的日常维护和保养，可以在一定程度上可以延长电容器的使用寿命。

① 按规程规定每天对运行的电容器组的外观巡视检查，如发现箱壳膨胀应停止使用，以免发生故障。检查电容器组每相负荷可用安培表进行。

② 电容器套管和支持绝缘子表面应清洁、无破损、无放电痕迹，电容器外壳应清洁、不变形、无渗油，电容器和铁架子上面不应积满灰尘和其他脏东西。注意检查接有电容器组的电气线路上所有接触处（通电汇流排、接地线、断路器、熔断器、开关等）的可靠性。因为在线路上一个接触处出了故障，甚至螺母旋得不紧，都可能使电容器早期损坏和使整个设备发生事故。

③ 对电容器电容和熔丝的检查，每个月不得少于一次。如果运行中的电容器需要进行耐压试验，则应按规定值进行试验。

④ 由于继电器动作而使电容器组的断路器跳开，此时在未找出跳开的原因之前，不得重新合上。

⑤ 在运行或运输过程中如发现电容器外壳漏油，可以用锡铅焊料钎焊的方法修理。

（3）电力电容器组倒闸操作

① 在正常情况下，全所停电操作时，应先断开电容器组断路器后，再拉开各路出线断路器。恢复送电时应与此顺序相反。

② 事故情况下，全所无电后，必须将电容器组的断路器断开。

③ 电容器组断路器跳闸后不准强送电。保护熔丝熔断后，未经查明原因之前，不准更换熔丝送电。

④ 电容器组禁止带电荷合闸。电容器组再次合闸时，必须在断路器断开3min之后才可进行。

（4）电容器运行监测

① 温度的监测　电容器工作的环境温度一般为-40～40℃。可在电容器的外壳贴示温蜡片进行检测。

电容器组运行的温度要求为：1h温升不超过40℃，2h温升不得超过30℃，一年平均温升不得超过20℃。如超过时，应采用人工冷却（安装风扇）或将电容器组与电网断开。

② 电压、电流监测　电容器的工作电压和电流，在运行时不得超过1.1倍额定电压和1.3倍额定电流。电容器在1.1倍额定电压运行不得超过4h。电容器三相电流的差别不应超过 ±5%。

8.3.2　电容器的故障处理

（1）电容器运行中的故障处理

① 电容器喷油、爆炸着火时，应立即断开电源，并用砂子或干式灭火器灭火。此类事故多是由于系统内、外过电压，电容器内部严重故障所引起的。为了防止此类事故发生，要求单台熔断器熔丝规格必须匹配，熔断器熔丝熔断后要认真查找原因，电容器组不得使用重合闸，跳闸后不得强送电，以免造成更大损坏的事故。

② 电容器的断路器跳闸，而分路熔断器熔丝未熔断。应对电容器放电3min后，再检查断路器、电流互感器、电力电缆及电容器外部等情况。若未发现异常，则可能是由于外部故障或母线电压波动所致，并经检查正常后，可以试投，否则应进一步对保护做全面的通电试验。在未查明原因之前，不得试投运。

③ 电容器的熔断器熔丝熔断时，应在值班调度员同意后再断开电容器的断路器。切断电源并对电容器放电后，先进行外部检查，然后用绝缘摇表摇测极间及极对地的绝缘电阻值。如未发现故障迹象，可换好熔断器熔丝后继续投入运行。如经送电后熔断器的熔丝仍熔断，则应退出故障电容器，并恢复对其余部分的送电运行。

（2）处理故障电容器的安全事项

处理故障电容器应在断开电容器的断路器，拉开断路器两侧的隔离开关，并对电容器组经放电电阻放电后进行。电容器组经放电电阻（放电变压器或放电电压互感器）放电以后，由于部分残存电荷一时放不尽，仍应进行一次人工放电。放电时先将接地线接地端接好，再用接地棒多次对电容器放电，直至无放电火花及放电声为止，然后将接地端固定好。

由于故障电容器可能发生引线接触不良、内部断线或熔丝熔断等，因此有部分电荷可能未放尽，所以检修人员在接触故障电容器之前，应戴上绝缘手套，先用短路线将故障电容器两极短接，然后方动手拆卸和更换。

对于双星形接线的电容器组的中性线上，以及多个电容器的串接线上，还应单独进行放电。

（3）电容器的修理

① 套管、箱壳上面的漏油，可用锡铅焊料修补，但应注意烙铁不能过热，以免银层脱焊。

② 电容器发生对地绝缘击穿，电容器的损失角正切值增大，箱壳膨胀及开路等故障，需要在专用修理厂进行修理。

第 **9** 章

安全用具的使用（K1）

实操考核科目一"安全用具的使用"，试卷编号代码为K1。主要包括电工仪表安全使用、电工安全用具使用、电工安全标示的辨别三个子项目的实操试题。正式考核时由系统随机抽取一个子项目的试题。

9.1 电工仪表安全使用（K11）

K11涉及的电工仪表包括万用表、钳形电流表、兆欧表、接地电阻测试仪等。

考试方式：实际操作、口述。

考试时间：10分钟。

安全操作步骤：

① 按给定的测量任务，选择合适的电工仪表；

② 对所选的仪器仪表进行检查；

③ 正确使用仪器仪表；

④ 正确读数，并对测量数据进行判断。

评分标准见表9-1。

表9-1 电工仪表安全使用评分标准

考试项目	考试内容	配分	评分标准
电工仪表安全使用	选用合适的电工仪表	20	口述各种电工仪表的作用，不正确扣3～10分。针对考评员布置的测量任务，正确选择合适的电工仪表（万用表、钳形电流表、兆欧表、接地电阻测试仪），仪表选择不正确扣10分
	仪表检查	20	正确检查仪表的外观，未检查外观扣5分。未检查合格证检查，扣5分。未检查完好性检查，扣10分
	正确使用仪表	50	遵循安全操作规程，按照操作步骤正确使用仪表。操作步骤违反安全规程得零分，操作步骤不完整视情况扣5～50分
	对测量结果进行判断	10	未能对测量的结果进行分析判断，扣10分
否定项	否定项说明	扣除该题分数	对给定的测量任务，无法正确选择合适的仪表，违反安全操作规范导致自身或仪表处于不安全状态等，考生该题得分零分，终止该项目考试
合计		100	

[训练9-1] 使用指针式万用表

（1）考试要求

能够掌握指针式万用表测量电阻、电压、电流的方法。

（2）训练内容

1）准备工作

① 检查仪表外观应完好无损，表针应无卡阻现象。

② 转换开关应切换灵活，指示挡位准确。

③ 平放仪表，检查指针是不是指向机械零位，否则应进行机械调零。

④ 测电阻前应进行欧姆调零（电气调零）。检查电池电压，电压偏低时应更换。

⑤ 表笔测试线绝缘应良好，黑表笔插负极"–"或公用端"*"，红表笔插正极"+"或相应的测量孔。

⑥ 用欧姆挡检查表笔测试线应完好。

2）测量

① 直流电阻测量

a. 断开被测电路或元件的电源及连线。

b. 根据被测值选择合适的挡位，被测值无法估计时，应选中间挡位。

c. 每转换一次挡位，应重新进行欧姆调零。

d. 测量中表笔应接触良好，手不得触及表笔的金属部分。

e. 指示数乘以倍率为被测值，指示数应在标度尺20%～80%范围内为宜。

【特别提醒】

不能带电测量电阻，被测电阻应从电路中脱开。每换一次挡位，应重新进行欧姆调零。测量时手不能同时接触电阻的两个引脚，否则会引起读数误差，可用一手固定电阻一端，另一端按在桌面。

② 交直流电压测量

a. 根据被测值选择合适挡位，当被测值无法估计时，应选最大挡。

b. 表笔应与被测电路并联连接。测量交流电压时，表笔部分极性。测量直流电压时，把红、黑表笔并联到被测线路的两端；红笔接电路电源高电位端"+"，黑笔接电路电源低电位端"–"。应与被测电路并联连接。

c. 指示数乘以倍率为实测值，指示数至少应在标度尺1/2以上，最好在标度尺2/3以上。

【特别提醒】

测量电压时应注意安全，手不能接触带电部位。有些表交流电压最低挡有一条专用刻度线，使用此挡时，要在专用刻度线上读数。转换量程时表笔要离开电源。

线电压为380V，指任何两相电源之间的电压，有3个线电压，要测3次。相电压为220V，指任何一相电源对零线的电压，有3个相电压，要测3次，可画图说明。

测量直流电压与交流电压时的不同点：挡位的位置不同；交流电压不分极性，直流电压要分正负极性。

③ 交直流电流测量

a. 表笔必须与被测电路串联连接。

b. 测量直流时应分清极性。

c. 根据被测值选择合适挡位，被测值无法估计时，应选最大挡。

d. 指示数乘以倍率为实测值，指示数至少应在标度尺1/2以上，最好在标度尺2/3以上。

【特别提醒】

测量后，先切断电源，再撤离表笔。

（3）注意事项

测量完毕，挡位应置于交流电压最大挡或空挡。

【特别提醒】

数字万用表的测量方法与指针式万用表类似。读者可参考本书第3章的相关内容。

[训练9-2] 使用钳形电流表

（1）考试要求

能够正确使用钳形电流表测量交流电路的电流。

（2）训练内容

1）准备工作

① 外观检查：各部位应完好无损；钳把操作应灵活；钳口铁芯应无锈、闭合应严密；铁芯绝缘护套应完好；指针应能自由摆动；挡位变换应灵活、手感应明显。

② 调整：将表平放，指针应指在零位，否则调至零位。

2）测量

① 平放仪表，必要时应进行机械调零。

② 根据被测值选择合适挡位，被测值无法估计时选最大挡。测量小电流时（仪表最低量程挡位满刻度值的20%以下），应将被测导线绕圈后套在钳口上，指示数除以钳口内导线根数则为实测值。

③ 被测导线应位于钳口内空间部位的中央，钳口应紧密闭合。

④ 测完大电流后，再测小电流之前，应开闭钳口数次进行去磁。

⑤ 正确读取指示数。

仪表的电流读数范围，指针应在大于1A、小于5A的范围内；则计算公式：被测导线的电流值＝仪表读数÷匝数，或仪表读数＝被测电流值×匝数。

（3）注意事项

① 测量时应戴绝缘手套或干燥的线手套。

② 测量时应与带电体保持安全距离（0.1m），防止触电或短路。

③ 测量中不准带电流换挡，不准测量裸导线。

④ 不准套在开关的闸嘴（动触点）上或保险管上测量。

⑤ 钳表不用时，应将量程开关旋到交流电压最大电位差或电流的最高挡位。操作时若不按规定，不按要求，不按步骤，都不合格。

[训练9-3] 使用接地电阻仪

（1）考试要求

能够正确使用接地电阻仪测量线路和设备的接地电阻。

测量接地电阻

（2）训练内容

1）准备工作

① 断开被测接地极相关的电源，拆开接地极预留测试点并打磨干净。

② 检查接地电阻表

a. 外观完好无破损；b. 调整表针与中心刻度线重合；c. 可做短路试验，以检查仪表的准确度。

③ 选好倍率，一般选 ×1挡。

④ 正确接线，接线示意图如图9-1所示。

a. 5m测试线，接仪表的E（或C2、P、）及被测接地极。

b. 20m测试线，接仪表的P（或P1）及电压辅助接地极。

c. 40m测试线，接仪表的C（或C1）及电流辅助接地极。

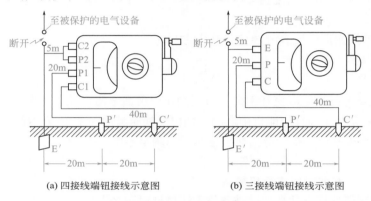

(a) 四接线端钮接线示意图　　(b) 三接线端钮接线示意图

图9-1　接地电阻测量接线示意图

2）测量

正确接线后，仪表水平放置，以120r/min的转速匀速摇测，边摇测边调整标度盘旋钮，调整至表针与中心刻度线重合时，表针所指标度盘上的数值乘以倍率即为实测值。

（3）注意事项

① 测试线不得与架空线路或金属管道平行。

② 雷雨季节阴雨天气时，不得测量避雷装置的接地电阻。

③ 仪表一般不做开路试验。

④ 摇测工作应两人进行。

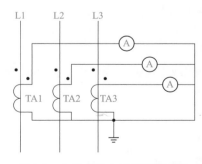

图9-2　电流表和电流互感器测量
三相电流

［**训练9-4**］ 用电流表和电流互感器测量三相电流

（1）考试要求

掌握电流表配接电流互感器测量三相电流的接线方法。

（2）训练内容

用三只电流表配接三只电流互感器测量三相电流的接线电气原理图，如图9-2所示。

1）电流互感器、电流表及导线的选择

① 应根据负荷电流合理选择电流表，负荷电流应经常指示在电流表满刻度值的1/3 ～ 3/4范围为宜；

② 电流互感器与电流表的变比应相同，极性不能接反，K2端应接地或接零。

③ 连接导线应采用截面不小于2.5mm²的绝缘铜导线，中间不准有接头，线端应顺时针压接牢固。

④ 二次线排列应整齐，线端应套带回路标记及编号的标记头。

［例］ 某一计算电流为510A的线路，请为其选择电流表、电流互感器、二次线。

解：①选电流表：$510 \times 1.5 = 765$（A）可选用量程为750A的电流表（例如采用59L23-750A的方形电流表）。

②选电流互感器：可选用750/5的电流互感器（例如LMZJ1-0.5，750/5的电流互感器）。

③选二次线：可选用BV-2.5mm²的绝缘铜线。

2）按图进行实际接线

三只电流互感器的K1分别接三只电流表的任一接线端，三只电流表的另一端连接后再与三只电流互感器的K2端相连，并接地或接零。

（3）注意事项

电流互感器的极性连接一定要正确。运行中电流互感器的二次绕组不允许开路。

［**训练9-5**］ 用电压表进行相位核对

（1）考试要求

能够正确使用电压表核对两路电源的相位。

（2）训练内容

1）需要进行相位核对的场合

双路三相电源的6根相线中，一定存在相位相同且两两对应的3组相线。核相就是核对两路电源对应的相位。

① 两个及两个以上电源互为备用或并列运行时，投入运行前应核相。

② 电源系统及设备做了改变后，应重新进行核相。

③ 电源线路大修后，应重新核相。

2）相位核对操作

相位相同是指两个交流量同时到达最大值或零值（$\varphi = 0$），简称同相。用电压表核相如图9-3所示。

① 核相应选用$0 \sim 450V$电压表或万用表交流电压500V挡。

② 用已知相中的任意一相，分别对未知相的三相各测一次，同相的做标记。

③ 换已知相的另外两相，再分别对未知相的三相各测三次，同相的做标记。

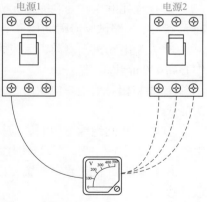

图9-3 用电压表核相

④ 共进行九次测量，电压约为0V左右的为同相，电压相差380V左右的为异相。

【特别提醒】

测量时，相同相的两根相线之间电压也不一定完全等于零，只要近似为零就可认定为同相。而与其他相之间的电压一定近似为线电压。

在操作过程中，重点要突出"核"字。即必须经过反复细致的核对无误后，才能最终分别确认出两路电源的同相对应关系。禁止以主观臆断或者逻辑推理作为判断同相的依据。

（3）注意事项

① 核相工作应两人进行，需戴绝缘手套。

② 核相时应与带电体保持安全距离，手不得直接触及表笔的金属部分，禁止手持电压表。

③ 测试线长度应适中，表笔的金属部分不宜过长。

④ 防止造成相间短路或相对地短路（必要时加屏蔽）。

[训练9-6] 测量三相异步电动机的绝缘电阻

（1）考试要求

能够正确使用兆欧表测量运行异常的三相异步电动机的绝缘电阻。

（2）训练内容

1）准备工作

① 正确选表　新安装的电动机，根据规程规定应选用1000V兆欧表；运行中的电动机，用500V的兆欧表。

测量三相异步电动机绝缘电阻

② 测量项目　笼式电动机只摇测定子绕组（相间及相对地）的绝缘电阻值。

③ 摇测时间

a. 新安装的电动机，投入运行前。

b. 停用三个月以上时，再次使用前。

c. 电动机在大、小修时。

d. 电动机在运行中发生异常现象或故障时。

2）摇测与质量评估

① 断开被测电动机电源，拆除电动机电源线。

② 检查兆欧表。外观完好无破损，平放仪表时表针应指向偏无穷大侧；开路试验应指向无穷大；短路试验应瞬间指零；测试线绝缘应良好，禁止使用双股麻花线或平行线。

③ 大型电动机摇测前、后应放电（大型电动机是指JO2系列16号机座以上者，Y系列中心高630mm以上者）。

④ 摇测相对地绝缘电阻时，兆欧表的"E"接外壳，"L"接三相绕组，即三相对地一次摇成。

⑤ 摇测相间绝缘电阻时，应拆除电动机接线端子上的联片，兆欧表的"E"接一相绕组，"L"接另一相绕组，即分别摇测U相～V相、V相～W相、W相～U相；

⑥ 摇测时，仪表水平放置，以每分钟120转的转速匀速摇测，待表针稳定一分钟后读取读数。

根据绝缘电阻的最低合格值，确定被摇测三相异步电动机能否使用。

① 新安装的电动机用1000V兆欧表，不得低于1MΩ。

② 运行中的电动机按每伏工作电压不得低于1000Ω，即相对地不得低于0.22MΩ，相间不得低于0.38MΩ，一般只要大于0.5MΩ即可使用。

（3）注意事项

① 正确地选表并做充分的检查。

② 对大型电动机在退出运行后要先放电，按照测试电容器的方法摇测。每次测后也要放电。

③ 测试时，注意与附近带电体保持足够的安全距离（必要时应设监护人）；人体不得接触被测端，也不得接触兆欧表上裸露的接线端。

④ 防止无关人员靠近测试现场。

[训练9-7] 测量低压电容器绝缘电阻

（1）考试要求

能够正确使用兆欧表测量低压电力电容器的绝缘电阻。

测量电容器绝缘电阻

（2）训练内容

1）准备工作

① 电容器 电容器的型号为BW0.4-12-3。其中，"B"表示并联电容器；"W"表示液体介质（浸渍物）为十二烷基苯；"0.4"表示"kV"为单位的额定电压数；"12"表示以"kvar"为单位的标称容量数；"3"表示相数。这里，按电容器命名规则，省略了固体介质为电容器纸的代号及使用环境为户内的代号。

因此，该型电容器：额定电压0.4kV，以电容器纸为固体介质、以十二烷基苯为液体介质的并联电容器；其标称容量为12kvar、三相、户内型。

② 兆欧表的选用 选用500V或1000V兆欧表。

③ 兆欧表检查的方法及要求与训练9-4相同。

2）摇测与质量评估

① 摇测方法 电容器的极间不做摇测，只摇测三极对外壳（极对地）的绝缘电阻。

a. 摇测前，先将兆欧表的E接电容器外壳，挑起L线，待摇动兆欧表手柄达每分钟120转时，再将L线搭接在三个极上。

b. 摇测时，仪表水平放置，以120r/min转速匀速摇测，待表针稳定一分钟后取读数。先撤下L线再停摇表。其合格值的规定如下：新安装的（交接试验），绝缘电阻值不应低于2000MΩ；运行中的（预防性试验），绝缘电阻值不应低于1000MΩ；按照新国标规定，以上两项试验均不应低于3000MΩ。

c. 摇测后，进行三极对外壳（极对地）放电，否则容易引起触电事故。

电力电容器人工放电方法如下。

因故未经放电装置放电的电容器，应先经电阻缓冲放电后，再进行短路放电。人工放电时，先进行极对地（外壳）放电，即U相对外壳、V相对外壳、W相对外壳，要反复多次，放至无火花、无响声为止。再进行极间放电，即U相对V相、V相对W相、W相对U相，要反复多次，放至无火花、无响声为止，然后，用裸铜线将三个极（U相、V相、W相）短接。

② 质量评估 将电容器短路放电，可按下列会出现的三种结果进行判断。

a. 如果兆欧表摇测时表针从零开始，逐渐增大至一定数值并趋于平稳，摇测后将电容器短路时有放电的清脆响声和火花，说明电容器充放电性能良好，只要绝缘不低于规定值，即可判断该电容器为合格，只管放心投入运行。

b. 如果兆欧表有一些读数，但短路时却没有放电火花，则表示电极板和接线柱之间的连接导线已断裂，须退出运行或更换新品。

c. 如果兆欧表停在零位，则表明电容器已经击穿损坏，不得再次使用。

（3）注意事项

① 摇测工作应两人进行，需戴绝缘手套。

② 放电时，不得碰触接线端子的螺钉部位。

③ 摇测中，应与带电部位保持安全距离。

④ 摇测中，兆欧表不得减速或停摇。

⑤ 对于低压并联电容器，只测极对地绝缘，不能测极间绝缘。

⑥ 防止无关人员靠近测试现场。

[训练9-8] 测量低压电力电缆的绝缘电阻

（1）考试要求

能够正确使用兆欧表测量低压四芯电力电缆摇的绝缘电阻。

（2）训练内容

1）准备工作

兆欧表的选用：选用1000V兆欧表，并进行使用前的检查，其方法及要求同［训练9-4］。

1kV电缆绝缘
电阻测量

2）摇测与质量评估

低压四芯电力电缆摇测项目如下。

U相对V相、W相、N线及外皮；V相对U相、W相、N线及外皮；W相对U相、V相、N线及外皮；N线对U相、V相、W相及外皮。摇测前、后必须充分进行相对外皮及相间放电。

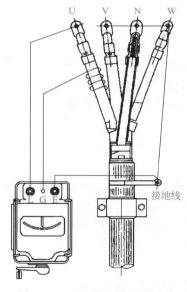

图9-4 四芯电力电缆绝缘测量
接线示意图

① 摇测U相对V相、W相、N线及外皮的接线如图9-4所示。兆欧表的E接V相、W相、N线的线芯及外皮上，G接U相的绝缘层上（绕3～5圈），挑起L线，待摇动兆欧表手柄达120r/min时，再将L线搭接在U相线芯上。

② 摇测时，仪表水平放置，以120r/min转速匀速摇测，待表针稳定一分钟后取读数，然后撤下L线再停摇表。

③ 合格值：低压电力电缆敷设前应采用1000V兆欧表摇测绝缘电阻，温度在20℃时，绝缘电阻值不应小于10MΩ。

（3）注意事项

① 被测电缆停电后应采取相应的安全技术措施，被测电缆的另一端应有人看守或装设临时遮栏，挂警告牌。

② 摇测工作应两人进行，需戴绝缘手套。

③ 摇测前应断开被测电缆两端连接的开关或设备，摇测后应恢复原接线。

④ 摇测中，兆欧表不得减速或停摇。摇把应以额定转数摇动，不要时快时慢。

⑤ 测量前应将电缆放电、接地，以保证安全。测量完毕或需重复测量时，须将电缆放电、接地，接地时间一般不少于1min。

⑥ 电缆终端头套管表面应擦干净，屏蔽线应接好。

⑦ 试验报表上应记录绝缘电阻值、测量时的电缆温度及相对湿度等。

9.2 电工安全用具使用（K12）

K12电工安全用具使用考试时由低压验电器、绝缘手套、绝缘鞋（靴）、安全帽、防护眼镜、绝缘夹钳、绝缘垫、携带型接地线、脚扣、安全带、登高板等用品中抽考三种。

考试方式：实际操作方式、口述。

考试时间：10分钟。

安全操作步骤：

① 熟知各种低压电工个人防护用品的用途及结构；

② 能对各种低压电工个人防护用品进行检查；

③ 熟悉各种低压电工个人防护用品保养要求。

评分标准见表9-2。

表9-2　电工安全用具使用评分标准（考试时间10分钟）

考试项目	考试内容	配分	评分标准
低压电工个人防护用品使用	个人防护用品的用途及结构	30	口述低压电工个人防护用品［低压验电器、绝缘手套、绝缘鞋（靴）、安全帽、防护眼镜、绝缘夹钳、绝缘垫、携带型接地线、脚扣、安全带、登高板等用品中抽考三种］的作用及使用场合，叙述有误扣3～15分。口述各种高压电工个人防护用品的结构组成，叙述有误扣3～15分
	个人防护用品的检查	15	正确检查外观，未检查外观扣5分。未检查合格证检查，扣5分。未检查可使用性检查，扣5分
	正确使用个人防护用品	40	遵循安全操作规程，按照操作步骤正确使用个人防护用品。操作步骤违反安全规程得零分，步骤不完整，操作步骤不完整视情况扣5～40分
	个人防护用品的保养	15	未正确口述所选个人防护用品的保养要点，扣1～15分
合计		100	

[训练9-9] 电工绝缘手套的检查与使用

（1）考试要求

能够掌握检查电工绝缘手套是否漏气的方法，能够正确使用电工绝缘手套。

（2）训练内容

1）绝缘手套的检查

绝缘手套检查分为出厂验收检查、试验检验检查和使用前检查。使用前应检查合格证和外观。下面介绍绝缘手套的使用前检查。

① 检查标签和合格证，看是否在有效期之内。

② 外观检查，有无破损、有无烧灼痕迹、有无毛刺、裂纹、破洞等。

③ 充气实验，将气吹入手套内，一手抓紧手套口，另一只手挤压手套，观察是否有漏气。不漏气证明手套完好，漏气证明手套损坏。

2）绝缘手套使用要求

① 绝缘手套应根据使用电压的高低、不同防护条件来选择。按照安全规程有关要求进行设备验电、倒闸操作、装拆接地线等工作时应戴绝缘手套。

② 穿戴绝缘手套时，应工作服袖口系好，并将袖口套入绝缘手套筒口内。

（3）注意事项

① 使用后，将内外污物擦洗干净，干燥后，撒上滑石粉放置平整，以防受压受损，不要将手套放于地上。

② 使用半年必须进行预防性试验。

[训练9-10] 登杆作业用具的检查与使用

（1）考试要求

能够掌握登高安全用具的检查和使用方法。

（2）训练内容

1）安全带和脚扣的检查与使用

① 使用安全带的规定　安全带应每半年应进行一次拉力试验并保证合格 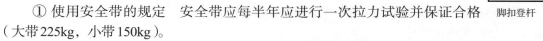 脚扣登杆
（大带225kg，小带150kg）。

使用前，应检查有无腐朽、脆裂、老化、断股等现象，所有钩环是否牢固，安全带上的孔眼有无豁裂。

安全带上的钩环应完好，并有可靠的保险装置，防止自动脱钩。

安全带应拴在可靠处，禁止拴在杆尖、横担、瓷瓶、戗板、导线以及将要拆卸的部件上。

腰带（小皮带）应系在臀部偏上方，电工工具五联的下面，松紧应适中。安全带拴好后，先将钩环扣好，上好保险装置，然后才可探身或后仰，禁止"听响探身"。

在杆上转位时，不应失去安全带保护。

锦纶安全带不宜接触120℃以上的高温、明火和酸类物质，以及有锐角的坚硬物体等。

② 使用脚扣的规定　脚扣的形式应与电杆的材质相适应，禁止用木杆脚扣上水泥杆。

脚扣的尺寸应与杆径相适应，禁止大脚扣上"小"杆。

检查脚扣有无摔过，开口过大或过小；歪扭、变形者不得继续使用。

脚扣的小爪应活动灵活，且螺栓无松脱，胶皮无磨损。

脚扣上的胶皮层应无老化、平滑、脱落、磨损、断裂及"离股"现象。

脚扣上的皮带孔限应无豁裂、严重磨损或断裂。

脚扣的踏板与铁管焊接应无开焊及断裂现象。

脚扣的静拉力试验不应小于100kg。试验周期为每半年一次。

2）上杆

① 上杆时应穿电工绝缘鞋，且脚扣上的皮带松紧应合适。

② 上杆时应用脚挑起脚扣，脚扣与电杆抱严后，再用力下踩。

③ 上杆时两手应扶电杆两侧，胸部与电杆应平行且保持20cm左右间距。

④ 到达工作位置后，应系好安全带，脚扣不得交叉叠压使用。

⑤ 杆上、杆下传递工具、器材要用"小绳"和工具袋。禁止上、下抛掷。

⑥ 必要时应设监护人。

⑦ 闻雷声，不得上杆；已在杆上，应立即下杆。

【特别提醒】

作业完毕后，将安全带拦住电线杆（不要太紧，能上下活动为宜），左右脚交替用力向下攀登（动作要领和上杆方法相反，向下运动）。

（3）注意事项

① 脚扣型号与现场杆径相适应，正式登杆前在杆根处用力试登，判断脚扣是否有变形和损伤。

② 严禁从高处往下扔、摔脚扣。

③ 使用脚扣攀登杆塔时，应使用安全带进行全过程保护。

④ 下杆至离地面较近，脚还不能接触地面时，不得直接从脚扣上往下跳。

⑤ 脚扣登杆训练时，应设监护人。

【特别提醒】

低压验电器、绝缘鞋（靴）、安全帽、防护眼镜、绝缘夹钳、绝缘垫、携带型接地线等的使用方法比较简单，请读者查阅本书第3章的相关内容进行训练，这里不做介绍。

9.3　辨识电工安全标示（K13）

电工安全标示辨识的考试内容是在题库中电脑随机抽5个安全标示进行辨识。

考试方式：口述。

考试时间：10分钟。

安全操作步骤：

① 熟悉低压电工作业常用的安全标示；

② 能对制定的安全标示进行文字说明；

③ 能对指定的作业场景合理布置相关的安全标示。

评分标准见表9-3。

表9-3　电工安全标示的辨识评分标准

考试项目	考试内容	配分	评分标准
常用的安全标示的辨识	熟悉常用的安全标示	20	指认图片上所列的安全标示（5个），全对得20分，错一个扣4分
	常用安全标示用途解释	20	能对制定的安全标示（5个）用途进行说明，并解释其用途，错一个扣4分
	正确布置安全标示	60	按照制定的作业场景，正确布置相关的安全标示（2个）。选错标示一个扣20分，摆放位置错误一个扣10分
	合计	100	

[训练9-11] 识别与悬挂电力安全标示牌

（1）考试要求

能够识别安全标示牌的类型，掌握其使用方法。

（2）训练内容

1）挂标示牌

① 检修类标示牌 线路检修时，应选择"禁止合闸，线路有人工作"的安全警示牌挂在线路开关或者刀开关把手上。设备检修时，应选择"禁止合闸，有人工作"的安全警示牌挂在一经合闸即可送到施工设备的开关和刀开关操作把手上。

记忆技巧：合闸对应合闸；线路对应线路，如图9-5所示。

图9-5 检修类标示牌

② 警告类标示牌 "止步，高压危险"标示牌，应挂在以下位置：禁止通行的过道上；高压试验地点；工作地点邻近带电设备的遮栏上；室外工作地点的围栏上；工作地点邻近带电设备的横梁上；室外架构上。"禁止攀登，高压危险"标示牌，应挂在以下位置：运行中变压器的梯子上；杆架变及低于2.5m的爬梯处；工作人员上下铁架临近工作点可能上下的另外铁架上；城市、居民区的线路杆塔。

图9-6 警告类标示牌

③ 准许类标示牌 "在此工作"标示牌，挂在室外和室内工作地点或施工设备上；"从此上下"标示牌，挂在工作人员上下的铁架、梯子上。如图9-7所示。

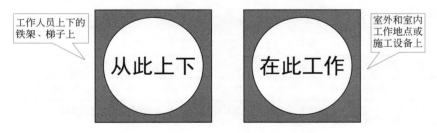

图9-7 准许类标示牌

④ 提醒类标示牌 "已接地"标示牌，挂在已经接地线的隔离开关操作手柄上；看不到接地线的设备上。

2）注意事项

① 同类型设备标志安装位置和高度应一致，标志大小、字体亦应一致。

② 常设安全标志（包括遮栏和标志牌）必须安装牢固、位置合理，与带电部分的安全距离应符合安全规定，并不影响对设备的巡视检查和检修。警告类标示牌设置应醒目，确能起到警示作用。

第10章

安全操作技术（K2）

实操考核科目二为"安全操作技术"，试卷编号代码为K2。由于各省市的实际情况不同，目前有的地方科目二采用仿真设备进行实操考试，也有的地方采用实物设备进行实操考试。因此，正准备报名参加考试的读者请提前了解考场的设备配置情况，以便有针对性地训练迎考。

10.1 实操考台及考试说明

10.1.1 认识实操考台

低压电工实操智能网络考核系统分为A、B两种规格的实操模拟图板。根据电动机点动、启动自锁、正反转双联自锁的控制原理；日常单只开关和两只双联开关分别控制照明灯的原理；单只开关控制单相五孔10A插座的原理，考核学员的正确接线安装、查找和排除线路故障的能力，达到仿真实际操作的目的。

每个考位配备万用表一只，两头带插孔、插头的专用速接用塑料软导线若干条。

（1）实操考台图板

实操考台图板分为A、B板两种。A板编号为奇数，B板编号为偶数，每个考台经网络速接省（直辖市、自治区）的安全生产考核中心服务器下载考试题目，上传考试成绩。

实操考台介绍

考试的时候在A、B板中由系统随机抽取一个考试。但是，我们在培训学习时，A、B板都要学习。

图10-1 实操考台图板

（2）实操考台A板

A板考试内容为模拟照明线路接线（A1板）和电动机拖动线路查找和排除故障（A2板）。照明接线分为三道题目。

题目一：模拟两只双联开关控制单只白炽灯照明线路接线，电路原理如图10-2所示。

题目二： 模拟单只开关控制日光灯照明线路接线，电路原理如图10-3所示。

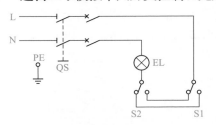

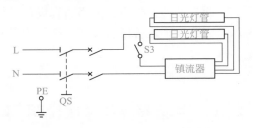

图10-2　照明接线题目一电路原理　　　　　　　图10-3　照明接线题目二电路原理

题目三： 模拟两路单只开关分别控制两只10A五孔插座线路接线，电路原理如图10-4所示。

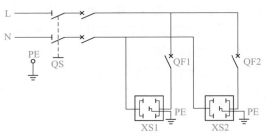

图10-4　照明接线题目三电路原理

模拟电动机拖动线路查找故障和排除故障，如图10-5所示。

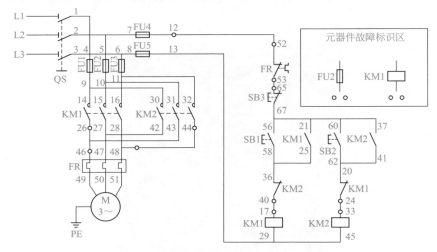

图10-5　电动机拖动线路查找故障和排除故障

（3）实操考台B板

B板考试内容为电动机拖动线路接线三道题目（B1板）和照明线路查找故障和排除故障（B2板）。

题目一： 模拟电动机点动线路接线，电路原理如图10-6所示。

题目二： 模拟电动机启动（自锁）、停止控制线路接线，电路原理如图10-7所示。

题目三： 模拟电动机双重联锁，正反转启动、停止控制线路接线，电路原理如图10-8所示。

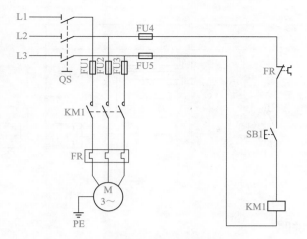

图 10-6 电动机点动线路接线原理

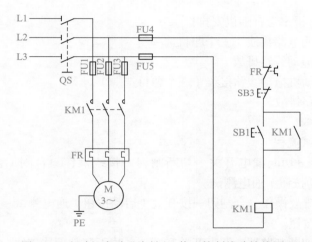

图 10-7 电动机启动（自锁）、停止控制线路接线原理

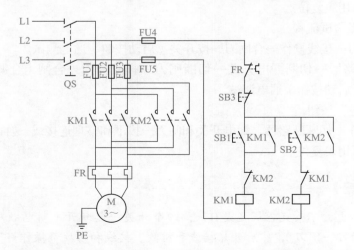

图 10-8 电动机双重联锁，正反转启动、停止控制线路接线原理

模拟照明线路故障查找和排除，如图 10-9 所示。

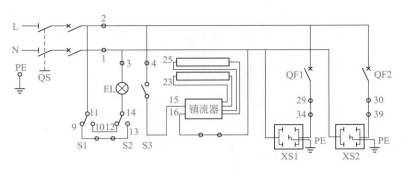

图 10-9　照明线路故障查找和排除

10.1.2　实操考试说明

（1）考试题目

考核分A板和B板；考官随机安排！

A1板：模拟照明电路接线（三个题目选一）。

A2板：电动机拖动线路排故。

B1板：模拟电动机拖动线路接线（三个题目选一）。

B2板：照明电路排故。

（2）考试流程

1）A板实操考试流程

① 切断断路器→切断漏电开关→切断闸刀→接线操作→合闸（合漏电开关和断路器）→按开关（启动按钮）通电测试。

② 切断闸刀→排故操作→合闸刀→按开关（启动按钮）通电测试。

③ 点"交卷"按钮。

④ 复位操作：切断断路器、漏电开关和闸刀→拔下和整理连接线→合闸刀、合漏电开关和断路器→万用表复位。

2）B板实操考试流程

① 切断闸刀→接线操作→合闸刀→按开关（启动按钮）通电测试。

② 切断断路器→切断漏电开关→切断闸刀→排故操作→合闸（合漏电开关和断路器）→按开关（启动按钮）通电测试。

③ 点"交卷"按钮。

④ 复位操作：切断断路器、漏电开关和闸刀→拔下和整理连接线→合闸刀、合漏电开关和断路器→万用表复位。

【特别提醒】

操作时断电，不管是A板还是B板，四个开关一起断开（断电顺序：断路器→漏电开关→闸刀→闸刀），然后开始接线和排故。接线和排故都操作好了后再一起送电（送电顺序：闸刀→闸刀→漏电开关→断路器），然后点击交卷，接下来就是复位操作。

（3）注意事项

① 所有接线和测量操作，必须在断电情况下进行。

② 在接线和排故测量过程中，严禁进行"短路操作"，会烧保险丝。保险丝损坏，视为不合格。

③ 根据题目指示灯的亮灯指示进行答题。

④ 严格遵行正确的断电和送电顺序，"从下往上依次断电"，"由上往下依次送电"。

⑤ 照明排故时，应先将S3开关打开通路后进行测量。

⑥ 排故操作时，必须在红色插孔处测量，黄色插孔处插线短接排故。

⑦ 接线或排故完成时，必须启动所有按钮（绿、黑、红）和开关，进行通电测试。

⑧ 在操作照明接线和照明排故时，必须把题目三的断路器切断。

⑨ 请勿触碰考试设备上方的总电源开关（红色开关）。

⑩ 检测电拖电路故障26#—46#时，请直接测量热继电器上的46号点（热过载上的螺钉头）。

⑪ 分控插座接线与排故，可用万用表测量插孔通电情况，电压24V。（此步操作可以不用做）

⑫ 两个项目的题目做完后，自己要认真反复复查，确认无误后，保持通电状态，点击提交。考试全部结束，不允许在考台图板上做任何操作。

【特别提醒】

　带电操作，零分处理。开始操作前，需要用万用表至少选出20根完好的测试线。

　交卷时，需要保持接线和排故在通电状态下交卷。

　低压电工作业的操作考试主要是接线和排故，由6个基础电路组成。实际接线操作和故障排除的操作成绩各为30分，即只有48分及以上才能通过考试。考试成绩由考试软件自动打分，并由打印机即时打出。

　考试时，请你不要慌，注意操作步骤。由于是电脑评分，每一步的操作都有记录，不要做多余的动作。操作结束后，请把工具和导线归位。

10.2　仿真设备考试训练项目

科目二仿真设备考试包括模拟单相电能表带照明灯的安装接线、排故，模拟三相异步电动机控制电路的安装接线、排故共4个子项目，考试时在这4个子项目中随机抽一道题。

10.2.1　电拖线路的接线及安全操作

[训练10-1]　三相异步电动机单向连续运转（带点动）的接线及安全操作（K21）

考试方式：仿真模拟操作、口述。

考试时间：仿真设备操作25分钟。

考试电路板配置：电路板上的电气元件规格配置要匹配，其容量应能满足电动机的合理正常使用；电气元件的布局要合理，安装要牢固，并便于接线。

（1）训练（考试）要求

① 掌握整个操作过程的安全措施，熟练规范地使用电工工具进行安全技术操作。

② 按照电路图正确接线，各项控制功能正常实现；会正确使用万用表测量电路中的电压，并能够正确读数。

③ 做好准备工作，在考评员同意后才能开考。

④ 评分标准见表10-1。

表10-1　电动机单向连续运转接线（带点动控制）评分标准

考试项目	考试内容及要求	配分	评分标准
操作前的准备	防护用品的正确穿戴	2	（1）未正确穿戴工作服的，扣1分 （2）未穿绝缘鞋的，扣1分
操作前的安全	安全隐患的检查	4	（1）未检查操作工位及平台上是否存在安全隐患的，扣2分 （2）操作平台上的安全隐患未处置的，扣1分 （3）未指出操作平台上的绝缘线破损或元器件损坏的，扣2分
操作过程的安全	安全操作规程	11	（1）未经考评员同意，擅自通电的，扣5分 （2）通、断电的操作顺序违反安全操作规程的，扣5分 （3）刀闸（或断路器）操作不规范的，扣3分 （4）考生在操作过程中，有不安全行为的，扣3分
	安全操作技术	16	（1）少接或漏接一个元器件（或触点）的，扣5分 （2）熔断器、断路器、热继电器进出线接线不规范，每处扣3分 （3）启停控制按钮用色不规范的，扣5分 （4）绝缘线用色不规范的，扣5分 （5）未正确连接PE线的，扣3分 （6）电路板中的接线不合理、不规范的，扣2分 （7）未正确连接三相负载的，扣3分 （8）工具使用不熟练或不规范的，扣2分
操作后的安全	操作完毕作业现场的安全检查	3	（1）操作工位未清理、不整洁的，扣2分 （2）工具及仪表摆放不规范的，扣1分 （3）损坏元器件的，扣1分
仪表的使用	用指针式万用表测量电压	4	（1）万用表不会使用的或使用方法不正确的，扣4分 （2）不会读数的，每次扣2分
考试时限	25分钟	扣分项	每超时1分钟扣2分，直至超时10分钟，终止整个实操项目考试
否定项	否定项说明	扣除该题分数	出现以下情况之一的，该题记为零分： （1）接线原理错误的 （2）电路出现短路或损坏设备等故障的 （3）功能不能完全实现的 （4）在操作过程中出现安全事故的
合计		40	

（2）训练（考试）操作步骤

① 检查操作工位及平台上是否存在人为设置的安全隐患，若有应首先排除安全隐患。

② 按照如图10-10所示标注的顺序号分4个步骤依次切断电源。注意，

电动机连续运行（带点动控制）接线

断电顺序不正确，会导致扣分或不合格。

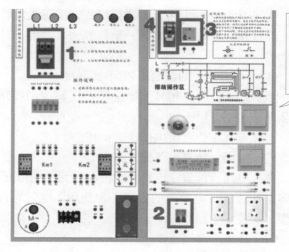

1.切 "电动机接线" 闸刀
2.切 "分控插座" 断路器
3.切 "照明电源" 断路器
4.切断 "照明电源" 闸刀
（照明电路断电顺序必须
按顺序操作）

图 10-10　切断电源的步骤

③ 按照如图 10-11 所示给定的线路原理图，在已经安装好的电路板上选择所需的电气元件，并确定配线方案。

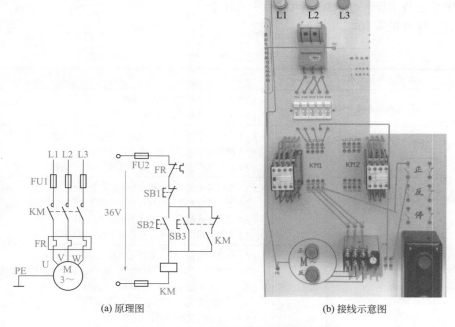

(a) 原理图　　　　　　(b) 接线示意图

图 10-11　电动机单向连续运转带点动线路

④ 按要求完成对电动机进行单向连续运转接线（带点动控制），如图 10-12 所示。
⑤ 通电前使用仪表检查电路，确保不存在安全隐患以后再上电。
⑥ 用万用表测量电路中的电压。
⑦ 检查电动机能否实现点动、连续运行和停止。
⑧ 操作完毕作业现场的安全检查。

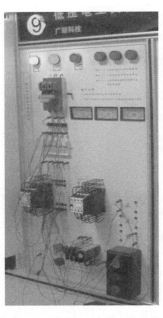

图10-12 电动机单向连续运转
带点动线路接线

（3）注意事项

①一定要在断电情况下进行接线，接完线再通电调试。

建议接线顺序为：电源→断路器→接触器→热继电器→电动机。

②电动机外壳的接地线PE不要漏接。

[**训练10-2**] 三相异步电动机正反转控制线路的接线及安全操作（K22）

考试方式：仿真模拟操作、口述。

考试时间：仿真设备操作30分钟。

考试电路板配置：电路板上的电气元件规格配置要匹配，其容量应能满足电动机的合理正常使用；电气元件的布局要合理，安装要牢固，并便于接线。

（1）训练（考试）要求

①掌握整个操作过程的安全措施，熟练规范地使用电工工具进行安全技术操作。

②按照电路图正确接线，各项控制功能正常实现；会正确使用万用表测量电路中的电压，并能够正确读数。

③做好准备工作，在考评员同意后才能开考。

④评分标准见表10-2。

表10-2 三相异步电动机正反运行控制线路的接线评分标准

考试项目	考试内容及要求	配分	评分标准
操作前的准备	防护用品的正确穿戴	2	（1）未正确穿戴工作服的，扣1分 （2）未穿绝缘鞋的，扣1分
操作前的安全	操作工位及平台的安全检查	4	（1）未检查操作工位及平台上是否存在安全隐患的，扣2分 （2）操作平台上的安全隐患未处置的，扣1分 （3）未指出操作平台上的绝缘线破损或元器件损坏的，扣2分
操作过程的安全	安全操作规程	11	（1）未经考评员同意，擅自通电的，扣5分 （2）通、断电的操作顺序违反安全操作规程的，扣5分 （3）刀闸（或断路器）操作不规范的，扣3分 （4）考生在操作过程中，有不安全行为的，扣3分
	安全操作	16	（1）少接或漏接一个元器件（或触点）的，扣5分 （2）熔断器、断路器、热继电器进出线接线不规范的，每处扣3分 （3）启停控制按钮用色不规范的，扣5分 （4）绝缘线用色不规范的，扣5分 （5）未正确连接PE线的，扣3分 （6）电路板中的接线不合理、不规范的，扣2分 （7）未正确连接三相负载的，扣3分 （8）工具使用不熟练或不规范的，扣2分
操作后的安全	操作完毕作业现场的安全检查	3	（1）操作工位未清理、不整洁的，扣2分 （2）工具及仪表摆放不规范的。扣1分 （3）损坏元器件的，扣2分
仪表的使用	用指针式钳形表测量三相电动机中的电流	4	（1）钳形表不会使用的或使用方法不正确的，扣4分 （2）不会读数的，每次扣2分

续表

考试项目	考试内容及要求	配分	评分标准
考试时限	30分钟	扣分项	每超时1分钟扣2分，直至超时10分钟，终止整个实操项目考试
否定项	否定项说明	扣除该题分数	出现以下情况之一的，该题记为零分： （1）接线原理错误的 （2）电路出现短路或损坏设备等故障的 （3）功能不能完全实现的 （4）在操作过程中出现安全事故的
合计		40	

（2）训练（考试）操作步骤

① 检查操作工位及平台上是否存在人为设置的安全隐患，若有应首先排除安全隐患。

② 按照如图10-10所示标注的顺序分4个步骤依次切断电源。注意，断电顺序不正确，会导致扣分或不合格。

模拟电动机正反转控制接线

③ 按照如图10-13所示给定的线路原理图，在已经安装好的电路板上选择所需的电气元件，并确定配线方案。

④ 按要求完成对电动机接触器联锁正反转控制线路的接线，如图10-14所示。

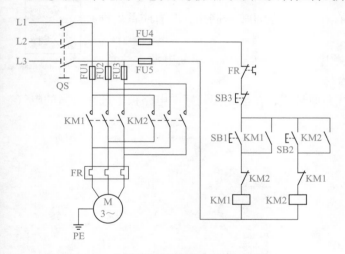

图10-13 电动机接触器联锁正反转控制线路原理

图10-14 电动机接触器联锁正反转控制线路的接线

⑤ 通电前使用仪表检查电路，确保不存在安全隐患以后再上电。

⑥ 检查电动机能否实现正转、反转和停止。

⑦ 用钳形电流表检测电动机运行中的电流，并会正确读数。

⑧ 操作完毕作业现场的安全检查。

（3）注意事项

① 一定要在断电情况下进行接线，接完线再通电调试。

建议接线顺序为：电源→断路器→接触器→热继电器→电动机。

② 电动机外壳的接地线PE不要漏接。

【特别提醒】

　　检查时，开关要按到位。无论是正转到反转，还是反转到正转，都要按停止开关，且等待电动机停止运转后再进行逆转。否则，容易损坏电动机。

［训练10-3］　三相异步电动机运行控制线路的接线及安全操作（K23）

考试方式：仿真模拟操作、口述。

考试时间：仿真设备操作25分钟。

考试电路板配置：电路板上的电气元件规格配置要匹配，其容量应能满足电动机的合理正常使用；电气元件的布局要合理，安装要牢固，并便于接线。

（1）训练（考试）要求

①掌握整个操作过程的安全措施，熟练规范地使用电工工具进行安全技术操作。

②按照电路图正确接线，各项控制功能正常实现；会正确使用万用表测量电路中的电压，并能够正确读数。

③做好准备工作，在考评员同意后才能开考。

④评分标准参见表10-1。

（2）训练（考试）操作步骤

①检查操作工位及平台上是否存在人为设置的安全隐患，若有应首先排除安全隐患。

电动机自锁电路接线

②按照如图10-10所示标注的顺序号分4个步骤依次切断电源。注意，断电顺序不正确，会导致扣分或不合格。

③按照如图10-15所示给定的线路原理图，在已经安装好的电路板上选择所需的电气元件，并确定配线方案。

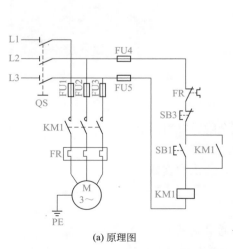

(a) 原理图

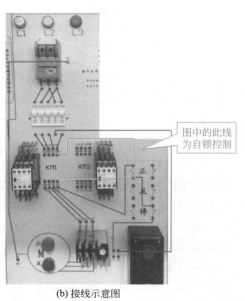

图中的此线为自锁控制

(b) 接线示意图

图10-15　电动机运行控制线路

④按要求完成对电动机进行启动（自锁）、停止控制线路，如图10-16所示。

⑤ 通电前使用仪表检查电路，确保不存在安全隐患以后再上电。

⑥ 用万用表测量电路中的电压。

⑦ 检查电动机能否实现点动、连续运行和停止。

⑧ 操作完毕作业现场的安全检查。

（3）注意事项

① 一定要在断电情况下进行接线，接完线再通电调试。

建议接线顺序为：电源→断路器→接触器→热继电器→电动机。

② 电动机外壳的接地线PE不要漏接。

图10-16　电动机运行控制线路的接线

【特别提醒】

　　电动机点动和自锁运行控制电路都是利用按钮、接触器来控制电动机朝单一方向运转的。这两个电路基本相同，不同的是自锁运转控制电路利用接触器本身的常开触点使接触器线圈继续保持通电的控制，称为自锁或自保，该辅助常开触点就叫自锁（或自保）触点。正是由于自锁触点的作用，在松开SB1时，电动机仍能继续运转，而不是点动运转。

[**训练10-4**]　电拖电路的排故（K22-1）

考试方式：仿真模拟操作、口述。

考试时间：仿真设备操作25分钟。

（1）训练（考试）要求

排除三相异步电动机正反转控制线路中的2处预设故障。

电拖电路排故

利用万用表电阻挡在装有实际元器件的接线图上的对应两个编号之间查找，找到后在排除故障操作区找到对应的两个编号之间用导线连接（即黄色端子区）。

元器件查找和排除故障在"元器件故障标识区"进行操作。

（2）训练（考试）操作步骤

断开电源，根据故障现象，结合如图10-17所示"排故操作区"的电路图分析故障的大致范围，对照表10-5提供的8个可能出现的故障点用万用表检测是否线路或元件是否开路（断路）。

(a) 排故测量区

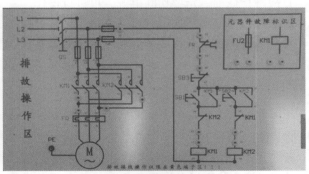

(b) 排故操作区

图10-17　电拖电路的排故

考试时是在8个故障范围内中随机产生两个故障。首先用万用表在测量区进行测量，发现故障点；然后在排故操作区用测试线把这两个故障点进行连接。优先测量元器件故障，然后测量电路故障。

将数字万用表置于蜂鸣挡（指针式万用表根据表10-3中要求的挡位），在故障点中的两个接线桩处（红色接线桩）进行测量，若蜂鸣器不发出蜂鸣声，则说明该线路不通。此时，将排故操作区的对应编号的黄色接线桩用线短接起来，如图10-18所示。排除两个故障后，通电试验电路正常，即可交卷。

表10-3 电拖电路中可能出现的故障点

故障点	指针式万用表挡位	测试点	故障类型	说明
故障1	$R \times 1$	26#—46#	电路故障	直接测量热继电器上的46号点（热过载上的螺钉头）
故障2	$R \times 1$	48#—44#	电路故障	—
故障3	$R \times 1$	12#—52#	电路故障	—
故障4	$R \times 1$	53#—65#	电路故障	—
故障5	$R \times 1$	40#—17#	电路故障	—
故障6	$R \times 1$	24#—33#	电路故障	—
故障7	$R \times 1$	5#—10#	元器件故障	测量熔断器FU2
故障8	$R \times 10$	17#—29#	元器件故障	测量KM1线圈

图10-18 用导线短接故障点排故举例

（3）注意事项

① 故障检修前一定要切断电源方可进行操作。

② 故障检修完毕后通电调试线路是否正常再提交试卷。

③ 故障检测在红色接线桩区域，修复故障在黄色接线桩区域。

10.2.2 照明线路的接线及安全操作

在仿真设备考试台上，照明线路的接线分为以下3个子项目（K24-1 ~ K24-3），电脑随机抽1个子项目的题。

考试方式：仿真模拟操作、口述。

考试时间：仿真设备操作20分钟；实物设备操作30分钟。

考试电路板配置：电路板上的电气元件规格配置要匹配，其容量应能满足电动机的合理正常使用；电气元件的布局要合理，安装要牢固，并便于接线。

[**训练10-5**]　单相电能表带双控灯的接线及安全操作（K24-1）

（1）训练（考试）要求

①掌握在整个操作过程的安全措施，熟练规范地使用电工工具进行安全技术操作。

②按照电路图正确接线，照明灯点亮，电能表运转正常；会正确使用电工仪表，并能够正确读数。

③做好准备工作，在考评员同意后才能开考。

④评分标准见表10-4。

表10-4　单相电能表带双控灯的接线及安全操作接线评分标准

考试项目	考试内容及要求	配分	评分标准
操作前的准备	防护用品的正确穿戴	2	（1）未正确穿戴工作服的，扣1分 （2）未穿绝缘鞋的，扣1分
操作前的安全	安全隐患的检查	4	（1）未检查操作工位及平台上是否存在安全隐患的，扣2分 （2）操作平台上的安全隐患未处置的，扣1分 （3）未指出操作平台上的绝缘线破损或元器件损坏的，扣2分
操作过程的安全	安全操作规程	11	（1）未经考评员同意，擅自通电的，扣5分 （2）通、断电的操作顺序违反安全操作规程的，扣5分 （3）刀闸（或断路器）操作不规范的，扣3分 （4）考生在操作过程中，有不安全行为的，扣3分
	安全操作技术	16	（1）电能表进出线错误的，扣3分 （2）漏电断路器接线错误的，扣5分 （3）控制开关安装的位置不正确的，扣5分 （4）插座接线不规范的，扣5分 （5）各类负载搭火位置不正确的，扣3分 （6）绝缘线用色不规范的，扣5分 （7）工作零线与保护零线混用的，扣5分 （8）电路板中的接线不合理、不规范的，扣2分 （9）未正确连接PE线的，扣3分 （10）工具使用不熟练或不规范的，扣2分
操作后的安全	操作完毕作业现场的安全检查	3	（1）操作工位未清理、不整洁的，扣2分 （2）工具及仪表摆放不规范的。扣1分 （3）损坏元器件的，扣2分
仪表的使用	用摇表测量电动机的绝缘电阻	4	（1）摇表不会使用的或使用方法不正确的，扣4分 （2）不会读数的，每次扣2分
考试时限	20分钟	扣分项	每超时1分钟扣2分，直至超时10分钟，终止整个实操项目考试
否定项	否定项说明	扣除该题分数	出现以下情况之一的，该题记为零分： （1）接线原理错误的 （2）电路出现短路或损坏设备等故障的 （3）功能不能完全实现的 （4）未接入插座的 （5）在操作过程中出现安全事故的
合计		40	

（2）训练（考试）操作步骤

①检查操作工位及平台上是否存在安全隐患（人为设置的），若有应首先排除安全隐患。

模拟双控灯接线

② 按照如图10-19所示标注的顺序号分4个步骤切断电源。注意，断电顺序不正确，会导致扣分或不合格。

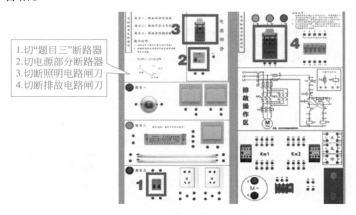

1.切"题目三"断路器
2.切电源部分断路器
3.切断照明电路闸刀
4.切断排故电路闸刀

图10-19　切断电源的步骤

③ 按如图10-20所示给定线路原理图，在已经安装好的电路板上选择所需的电气元件，并确定配线方案。绝缘电线有两种颜色，可以不考虑导线的颜色（以下各个训练要求相同）。

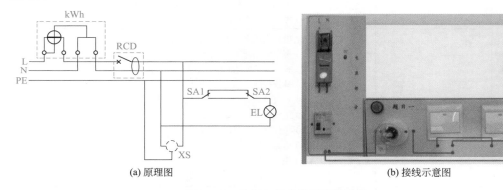

(a) 原理图　　　　　　　　　(b) 接线示意图

图10-20　单相电能表带双控灯接线

④ 按要求完成单相电能表带照明灯的安装及接线，如图10-21所示。

a. 电能表有4个接线柱，从左至右，接线规则为：1进火，2出火，3进零、4出零。

b. 开关串联在火线上，才能控灯又安全。

⑤ 通电前使用仪表检查电路，确保不存在安全隐患以后再上电。

⑥ 照明灯点亮，电能表运行正常。检查单相漏电断路器能否起到漏电保护作用，白炽灯能否实现双控作用。

（3）注意事项

① 一定要在断电情况下完成接线。通电前，要使用仪表检查线路，确保不存在安全隐患后再通电。

② 合闸通电顺序：合"电源部分"的闸刀开关→合"电源部分"的断路器→合"题目三"断路器→合"题目一"开关→灯亮。

图10-21　单相电能表带照明灯的安装及接线

经过上述合闸操作，若灯不亮，请按照顺序断电后检查线路。

③ 断闸顺序：断路器→闸刀开关。

④ 操作完毕，应对作业现场进行安全检查。

[**训练10-6**]　电能表带单控日光灯照明的接线及安全操作（K24-2）

（1）训练（考试）要求

① 掌握在整个操作过程的安全措施，熟练规范地使用电工工具进行安全技术操作。

② 按照电路图正确接线，日光灯点亮，电能表运转正常；会正确使用电工仪表，并能够正确读数。

③ 做好准备工作，在考评员同意后才能开考。

④ 评分标准见表10-4。

（2）训练（考试）操作步骤

单控日光灯接线

① 检查操作工位及平台上是否存在安全隐患（人为设置的），若有应首先排除安全隐患。

② 按照如图10-19所示的顺序号分4个步骤依次切断电源。注意，断电顺序不正确，会导致扣分或不合格。

③ 按如图10-22所示给定接线原理图，在已经安装好的电路板上选择所需的电气元件，并确定配线方案。

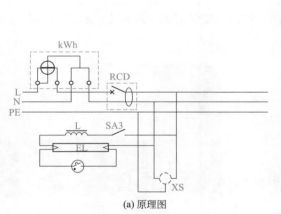

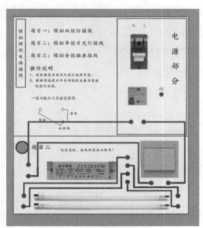

(a) 原理图　　　　　　　　　　(b) 接线示意图

图10-22　电能表带单控日光灯的接线

④ 按要求进行单相电能表带单控日光灯的安装及接线，如图10-23所示。

a. 电能表有4个接线柱，从左至右，接线规则为：1进火，2出火，3进零、4出零。

b. 开关串联在火线上，才能控灯又安全。

⑤ 通电前使用仪表检查电路，确保不存在安全隐患以后再上电。

⑥ 日光灯点亮，电能表运行正常。检查单相漏电断路器能否起到漏电保护作用。

（3）注意事项

① 一定要在断电情况下完成接线。通电前，要使用仪表检查线路，确保不存在安全隐患后再通电。

② 合闸通电顺序：合"电源部分"的闸刀开关→合"电源部分"的断路器→合"题目

167

图10-23 单相电能表带单控
日光灯的安装及接线

三"断路器→合"题目二"日光灯开关→日光灯亮。

经过上述合闸操作，若日光灯不亮，请按照顺序断电后检查线路。

③ 断闸顺序：断路器→闸刀开关。

④ 操作完毕，应对作业现场进行安全检查。

[**训练10-7**] 单相电能表带开关分控插座的接线及安全操作（K24-3）

（1）训练（考试）要求

① 掌握在整个操作过程的安全措施，熟练规范地使用电工工具进行安全技术操作。

② 按照电路图正确接线，各项控制功能正常实现；会正确使用电工仪表，并能够正确读数。

③ 做好准备工作，在考评员同意后才能开考。

④ 评分标准见表10-4。

（2）训练（考试）操作步骤

① 检查操作工位及平台上是否存在安全隐患（人为设置的），若有应首先排除安全隐患。

模拟开关分控
插座接线

② 按照如图10-19所示的顺序号分4步切断电源。注意，断电顺序不正确，会导致扣分或不合格。

③ 按如图10-24所示给定电气原理图，在已经安装好的电路板上选择所需的电气元件，并确定配线方案。

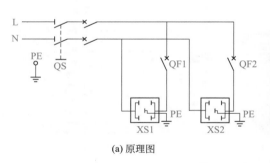

(a) 原理图

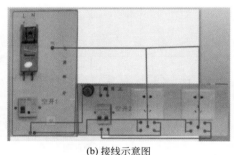

(b) 接线示意图

图10-24 单相电能表带开关分别控制插座的接线

④ 按要求完成单相电能表带开关分别控制插座的安装与接线，如图10-25所示。

a. 电能表有4个接线柱，从左至右，接线规则为：1进火，2出火，3进零、4出零。

b. 开关串联在火线上，才能控制插座又安全。

c. 单相二孔插座接线为左零右火，单相三孔插座接线为左零右火上接地。

⑤ 通电前使用仪表检查电路，确保不存在安全隐患以后再上电。

⑥ 用试电笔检查插座接线是否正确；用万用表测量插座的电压值。检查开关能否控制插座的电源。

⑦ 检查单相漏电断路器能否起到漏电保护作用。

（3）注意事项

① 一定要在断电情况下完成接线。通电前，要使用仪表检查线路，确保不存在安全隐患后再通电。

② 合闸通电顺序：合"电源部分"的闸刀开关→合"电源部分"的断路器→合"题目三"断路器。

经过上述合闸操作，若插座无电，请按照顺序断电后检查线路。

③ 断闸顺序：断路器→闸刀开关。

④ 操作完毕，应对作业现场进行安全检查。

 【特别提醒】

插座要按照规定接线，极性不能错。三孔插座一定要接接地线。

图 10-25　单相电能表带开关分别控制插座的安装与接线

[训练 10-8]　照明控制电路的排故（K24-4）

（1）训练（考试）要求

考试时，电能表带双控白炽灯电路、电能表带日光灯电路，两路单只开关分别控制插座电路 3 个电路中，均是随机出现 2 处预设故障。

照明电路排故

利用万用表电阻挡在装有实际元器件的接线图上的对应两个编号之间查找，找到后在排除故障操作区找到对应的两个编号之间用导线连接（即黄色端子区）。

元器件查找和排除故障在"元器件故障标识区"进行操作。

（2）训练（考试）操作步骤

断开电源，根据故障现象，结合如图 10-26 所示"排故操作区"的电路图分析故障的大致范围，对照图 10-26（a）和图 10-26（c）提供的 8 个可能出现的故障点用万用表检测是否线路或元件是否开路（断路），如果开路，则用测试线把它短接起来。

考试的时候是在这 8 个故障范围内中随机产生 2 个故障。首先用万用表在测量区进行测量，发现故障点；然后在排故操作区用测试线把这两个故障点进行连接。

(a) 排故测量区

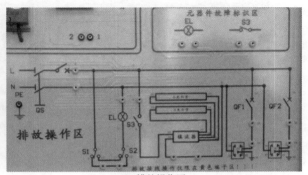

(b) 排故操作区

图 10-26

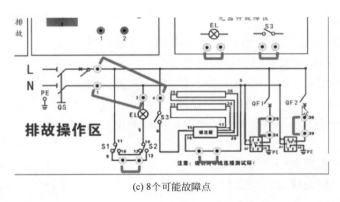

(c) 8个可能故障点

图 10-26　照明电路排故测量区和操作区

　　将数字万用表置于蜂鸣挡（指针式万用表根据表 10-5 中要求的挡位），在故障点中的两个接线桩处（红色接线桩）进行测量，若蜂鸣器不发出蜂鸣声，则说明该线路不通如图 10-27（a）所示。此时，将排故操作区的对应编号的黄色接线桩用测试线短接起来，如图 10-27（b）所示。两个故障后，通电试验电路正常，即可交卷。

表 10-5　照明电路中可能出现的故障点

故障点	指针式万用表挡位	测试点	故障类型	说明
故障1	$R \times 1$	2#—4#	电路故障	
故障2	$R \times 1$	1#—3#	电路故障	—
故障3	$R \times 1$	9#—13#	电路故障	—
故障4	$R \times 1$	5#—16#	电路故障	—
故障5	$R \times 1$	29#—34#	电路故障	—
故障6	$R \times 1$	30#—39#	电路故障	—
故障7	$R \times 10$	3#—5#	元器件故障	测量照明灯EL
故障8	$R \times 1$	4#—6#	元器件故障	测量日光灯开关S3，测量时必须按下S3

短接1#—3#

(a) 测量　　　　　　　　　　(b) 短接故障点

图 10-27　排故方法

（3）注意事项

①故障检修前一定要切断电源方可进行操作。

②故障检修完毕后通电调试线路是否正常再提交试卷。

170

③ 故障检测在红色接线桩区域，修复故障在黄色接线桩区域。

【特别提醒】

　　检修时，优先测量元器件故障，然后测量电路故障。

交卷完成后，应将考试设备恢复到考试之前的状态，我们把它称为复位操作，如图10-28所示。复位操作操作步骤及方法如下：

① 按顺序断电。

② 拔下测试线，并放置整齐。

③ 按通电顺序将断路器与闸刀复位。

④ 将万用表复位。

⑤ 考试结束。

图10-28　考试结束，考试设备复位

10.3　实物设备考试训练项目

科目二实物设备考试，包括三相异步电动机单向连续运转（带点动控制）控制线路的接线及安全操作（K21），三相异步电动机正反转控制线路的接线及安全操作（K22），带熔断器（断路器）、仪表、互感器的电动机控制线路的接线及安全操作（K23），单相电能表带照明灯的接线及安全操作（K24），间接式三相四线有功电能表的接线及安全操作（K25）5个子项目，考试时在这5个子项目中随机抽一道题。

10.3.1　电拖线路的接线及安全操作

［训练10-9］　三相异步电动机单向连续运转（带点动）控制线路的接线及安全操作（K21）

考试方式：实物设备操作。

考试时间：35分钟。

单向连续运转（带点动）控制线路

考试电路板的配置；电路板上的电气元件规格配置要匹配，其容量应能满足电动机的合理正常使用；电气元件的布局要合理，安装固定可靠；主辅电路的配线长度应相同，并便于接线。

（1）训练（考试）要求

①掌握电工在操作前、操作过程中及操作后的安全措施。

②熟练规范地使用电工工具进行安全技术操作。

③会正确的使用电工常用仪表，并能读数。

④实操开考前，考试点应将完好的电路板、各种颜色的绝缘导线及负载等考试设备和测量仪表及工具准备到位，确保无任何安全隐患的存在，在考评员同意后，考试才能开考；如果在考试过程中考试设备出现了安全隐患或不能立即排除的故障，本实操项目的考试终止，其后果由考点负责。

⑤评分标准见表10-6。

表10-6 三相异步电动机单向连续运转（带点动）控制线路的接线及安全操作评分标准

考试项目	考试内容及要求	配分	评分标准
操作前的准备	防护用品的正确穿戴	2	（1）未正确穿戴工作服的，扣1分 （2）未穿绝缘鞋的，扣1分
操作前的安全	安全隐患的检查	4	（1）未检查操作工位及平台上是否存在安全隐患的，扣2分 （2）操作平台上的安全隐患未处置的，扣1分 （3）未指出操作平台上的绝缘线破损或元器件损坏的，扣2分
操作过程的安全	安全操作规程	11	（1）未经考评员同意，擅自通电的，扣5分 （2）通、断电的操作顺序违反安全操作规程的，扣5分 （3）刀闸（或断路器）操作不规范的，扣3分 （4）考生在操作过程中，有不安全行为的，扣3分
	安全操作技术	16	（1）接线处露铜超出标准规定的，每处扣1分 （2）压接头松动的，每处扣2分 （3）未正确连接PE线的，扣3分 （4）绝缘线用色不规范的，扣5分 （5）熔断器、断路器、热继电器进出线接线不规范的，每处扣2分 （6）电路板中的接线不合理、不规范的，扣2分 （7）启停控制按钮用色不规范的，扣3分 （8）未正确连接三相负载的，扣3分 （9）接线端子排列不规范的，每处扣1分 （10）工具使用不熟练或不规范的，扣2分
操作后的安全	操作完毕作业现场的安全检查	3	（1）操作工位未清理、不整洁的，扣2分 （2）工具及仪表摆放不规范的。扣1分 （3）损坏元器件的，扣2分
仪表的使用	用指针式万用表测量电压	4	（1）万用表不会使用的或使用方法不正确的，扣4分 （2）不会读数的，每次扣2分
考试时限	35分钟	扣分项	每超时1分钟扣2分，直至超时10分钟，终止整个实操项目考试
否定项	否定项说明	扣除该题分数	出现以下情况之一的，该题记为零分： （1）接线原理错误的 （2）电路出现短路或损坏设备等故障的 （3）功能不能完全实现的 （4）在操作过程中出现安全事故的
合计		40	

（2）训练（考试）操作步骤

① 检查操作工位及平台上是否存在安全隐患（人为设置），并能排除所存在的安全隐患。

② 根据给定的如图 10-29 所示的线路原理图，在已安装好的电路板上选择所需的电气元件，并确定配线方案。

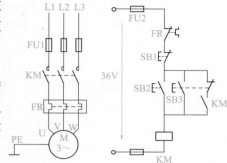

图 10-29　三相异步电动机单向连续运转（带点动）控制线路原理图

③ 按给定条件选配不同颜色的连接导线。

④ 按要求对三相电动机进行单向连续运转（带点动控制）线路进行接线。安装完毕，必须经过认真检查后，以防止接线错误或漏接线引起线路动作不正常，甚至造成短路事故。

a. 核对接线。按线路原理图或电气接线图从电源端开始，逐段核对接线及接线端子处线号，重点检查主回路有无漏接、错接及控制回路中容易接错的线号，还应核对同一导线两端线号是否一致。

b. 检查端子接线是否牢固。检查端子上所有接线压接是否牢固，接触是否良好，不允许有松动、脱落现象，以免通电试车时因导线虚接造成故障。

⑤ 通电前使用仪表检查线路，确保不存在安全隐患后再通电。在控制电路不通电时，用手动来模拟电器的操作动作，用万用表测量线路的通断情况。检查时应根据控制电路的动作来确定检查步骤和内容，并根据原理图和接线图选择测量点。

⑥ 检查电动机能否实现点动、连续运行和停止。通电步骤如下：

a. 将电源引入配电板（注意不准带电引入）。

b. 合闸送电，检测电源是否有电（用试电笔测试）。

c. 按工作原理操作电路；不带电动机，检查控制电路的功能；接入电动机，检查主电路的功能，检查电动机运行是否正常。

⑦ 用指针式万用表检测电路中的电压，并会正确读数。

⑧ 操作完毕作业现场的安全检查。

（3）电路安装

① 布置电气元件时，不可将元件安装到控制板边上，至少留 50mm 的距离；元件之间至少留 50mm 的距离，既有安全距离，又能便于走线。

② 在安装电气元件之前，先检测器件的外形是否完整，有无破损，触点的电压、电流是否符合要求；用万用表电阻挡检查每个元器件的动合、动断触点及线圈阻值是否符合要求。

③ 布线顺序按先控制电路、后主电路进行，以不妨碍后续布线为原则。布线时严禁损伤线芯和导线绝缘层。

（4）布线工艺要求

① 导线尽可能靠近元器件走线；尽量用导线颜色分相，必须符合平直、整齐、走线合理等要求。

② 对明露导线要求横平竖直，导线之间避免直接交叉；导线转弯应成 90° 带圆弧的

直角，在接线时可借助螺丝刀刀杆进行弯线，避免用尖嘴钳等进行直接弯线，以免损伤导线绝缘。

③ 控制线应紧贴控制板布线，主回路线相邻元件之间距离短的可"架空走线"。

④ 板前明线布线时，布线通道应尽可能少同路并行导线按主、控电路分类集中。

⑤ 可移动控制按钮连接线必须用软线，与配电板上元器件连接时必须通过接线端，并加以编号。

⑥ 所有导线从一个端子到另一个端子的走线必须是连续的，中间不得有接头。

⑦ 所有导线的连接必须牢固，不得压塑料层、露铜不得超过3mm，导线与端子的接线，一般是一个端子只连接一根导线，最多不得超过两根。

⑧ 导线线号的标志应与原理图和接线图相符。在每一根连接导线的线头上必须套上标有线号的套管，位置应接近端子处。在遇到6和9或16和91这类倒顺都能读数的号码时，必须做记号加以区别，以免造成线号混淆。线号的编制方法应符合国家相关标准。

⑨ 装接线路的顺序一般以接触器为中心由里向外，由低向高，先控制电路后主电路，以不妨碍后继布线为原则。对于电气元件的进出线，则必须按照上面为进线，下面为出线，左边为进线，右边为出线的原则接线。

⑩ 螺旋式熔断器中心片应接进线端，螺壳接负载方；电器上空余螺钉一律拧紧。

⑪ 接线柱上有垫片的，平垫片应放在接线圈的上方，弹簧垫片放在平垫片的上方。

（5）注意事项

① 正确选择按钮，绿色为启动，红色为停止，黑色为点动。

② 穿正规工作服，穿好绝缘鞋，通电时要有人监护。

③ 安装完毕的控制电路板，必须经过认真检查后，才能通电试车，以防止接线错误或漏接线引起线路动作不正常，甚至造成短路事故。

[训练10-10] 三相异步电动机正反转控制线路的接线及安全操作（K22）

考试方式：实物设备操作。

考试时间：35分钟。

电动机正反转
控制线路接线

考试电路板的配置：电路板上的电气元件规格配置要匹配，其容量应能满足电动机的合理正常使用；电气元件的布局要合理，安装固定可靠；主辅电路的配线长度应相同，并便于接线。

（1）训练（考试）要求

① 掌握电工在操作前、操作过程中及操作后的安全措施。

② 熟练规范地使用电工工具进行安全技术操作。

③ 会正确的使用电工常用仪表，并能读数。

④ 实操开考前，考试点应将完好的电路板、各种颜色的绝缘导线及负载等考试设备和测量仪表及工具准备到位，确保无任何安全隐患的存在，在考评员同意后，考试才能开考。如果在考试过程中考试设备出现了安全隐患或不能立即排除的故障，本实操项目的考试终止，其后果由考点负责。

⑤ 评分标准见表10-7。

表10-7 三相异步电动机正反转控制线路的接线及安全操作评分标准

考试项目	考试内容及要求	配分	评分标准
操作前的准备	防护用品的正确穿戴	2	（1）未正确穿戴工作服的，扣1分 （2）未穿绝缘鞋的，扣1分
操作前的安全	操作工位及平台的安全检查	4	（1）未检查操作工位及平台上是否存在安全隐患的，扣2分 （2）操作平台上的安全隐患未处置的，扣1分 （3）未指出操作平台上的绝缘线破损或元器件损坏的，扣2分
操作过程的安全	安全操作规程	11	（1）未经考评员同意，擅自通电的，扣5分 （2）通、断电的操作顺序违反安全操作规程的，扣5分 （3）刀闸（或断路器）操作不规范的，扣3分 （4）考生在操作过程中，有不安全行为的，扣3分
	安全操作	16	（1）接线处露铜超出标准规定的，每处扣1分 （2）压接头松动的，每处扣2分 （3）未正确连接PE线的，扣3分 （4）绝缘线用色不规范的，扣5分 （5）熔断器、断路器、热继电器进出线接线不规范的，每处扣2分 （6）电路板中的接线不合理、不规范的，扣2分 （7）启停控制按钮用色不规范的，扣3分 （8）未正确连接三相负载的，扣3分 （9）接线端子排列不规范的，每处扣1分 （10）工具使用不熟练或不规范的，扣2分
操作后的安全	操作完毕作业现场的安全检查	3	（1）操作工位未清理、不整洁的，扣2分 （2）工具及仪表摆放不规范的。扣1分 （3）损坏元器件的，扣2分
仪表的使用	用指针式钳形表测量三相电动机中的电流	4	（1）不会使用钳形表的或使用方法不正确的，扣4分 （2）不会读数的，每扣2分
考试时限	40分钟	扣分项	每超时1分钟扣2分，直至超时10分钟，终止整个实操项目考试
否定项	否定项说明	扣除该题分数	出现以下情况之一的，该题记为零分： （1）接线原理错误的 （2）电路出现短路或损坏设备等故障的 （3）功能不能完全实现的 （4）在操作过程中出现安全事故的
合计		40	

（2）训练（考试）操作步骤

① 检查操作工位及平台上是否存在安全隐患（人为设置），并能排除所存在的安全隐患。

② 根据如图10-30所示电气原理图，在已安装好的电路板上选择所需的电气元件，并确定配线方案。

③ 按给定条件选配不同颜色的连接导线。

④ 按要求对三相异步电动机正反转控制线路进行接线。

⑤ 通电前使用仪表检查线路，确保不存在安全隐患后再通电。

在控制电路不通电时，用手动来模拟电器的操作动作，用万用表测量线路的通断情况。检查时应根据控制电路的动作来确定检查步骤和内容，并根据原理图和接线图选择测量点。

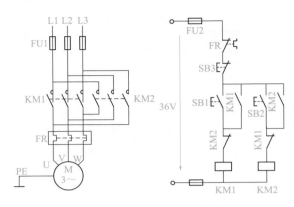

图10-30 三相异步电动机正反转控制线路原理图

⑥ 检查电动机能否实现正转、反转运行和停止。

⑦ 用指针式钳形电流表检测电动机运行中的电流，并会正确读数。

⑧ 操作完毕作业现场的安全检查。

（3）电路安装

① 布置电气元件时，不可将元件安装到控制板边上，至少留50mm的距离；元件之间至少留50mm的距离，既有安全距离，又能便于走线。

② 在安装电气元件之前，先检测器件的外形是否完整，有无破损，触点的电压、电流是否符合要求；用万用表电阻挡检查每个元器件的动合、动断触点及线圈阻值是否符合要求。

③ 布线顺序为先控制电路，后主电路进行，以不妨碍后续布线为原则。主电路的连接线般采用较粗的2.5mm²的单股塑料铜芯线；控制电路一般采用1mm²的单股塑料铜芯线，并且要用不同颜色的导线来区分主电路、控制电路和接地线。明配线安装的特点是线路整齐美观，导线去向清楚，便于查找故障。

（4）注意事项

① 布线工艺要求与［训练10.9］相同。

② 简单的电气控制线路可直接进行布置接线；较为复杂的电气控制线路，布置前建议绘制电气接线图。

③ 穿正规工作服，穿好绝缘鞋，通电时要有人监护。

［**训练10-11**］ 带熔断器（断路器）、仪表、互感器的电动机控制线路的接线及安全操作（K23）

考试方式：实物设备操作。

考试时间：30分钟。

带仪表、互感器的电动机控制线路接线

考试电路板的配置：电路板上的电气元件规格配置要匹配，其容量应能满足电动机的合理正常使用；电气元件的布局要合理，安装固定可靠；主辅电路的配线长度应相同，并便于接线。

（1）训练（考试）要求

① 掌握电工在操作前、操作过程中及操作后的安全措施。

② 熟练规范地使用电工工具进行安全技术操作。

③ 会正确的使用电工常用仪表，并能正确读数。

④ 实操开考前，考试点应将完好的电路板、各种颜色的绝缘导线及负载等考试设备

和测量仪表及工具准备到位，确保无任何安全隐患的存在，在考评员同意后，考试才能开考；如果在考试过程中考试设备出现了安全隐患或不能立即排除的故障，本实操项目的考试终止，其后果由考点负责。

⑤ 评分标准见表10-8。

表10-8　带熔断器（断路器）、仪表、互感器的电动机控制线路接线评分标准

考试项目	考试内容及要求	配分	评分标准
操作前的准备	防护用品的正确穿戴	2	（1）未正确穿戴工作服的，扣1分 （2）未穿绝缘鞋的，扣1分
操作前的安全	安全隐患的检查	4	（1）未检查操作工位及平台上是否存在安全隐患的，扣2分 （2）操作平台上的安全隐患未处置的，扣1分 （3）未指出操作平台上的绝缘线破损或元器件损坏的，扣2分
操作过程的安全	安全操作规程	11	（1）未经考评员同意，擅自通电的，扣5分 （2）通、断电的操作顺序违反安全操作规程的，扣5分 （3）刀闸（或断路器）操作不规范的，扣3分 （4）考生在操作过程中，有不安全行为的，扣3分
	安全操作技术	16	（1）接线处露铜超出标准规定的，每处扣1分 （2）压接头松动的，每处扣2分 （3）未正确连接PE线的，每处扣3分 （4）绝缘线用色不规范的，扣5分 （5）熔断器、断路器、热继电器进出线接线不规范的，每处扣2分 （6）电路板中的接线不合理、不规范的，扣2分 （7）启停控制按钮用色不规范的，扣3分 （8）互感器安装位置不正确的，扣1分 （9）互感器、电流表接线不正确，每处扣2分 （10）未正确连接三相负载的，扣3分 （11）接线端子排列不规范的，每处扣1分 （12）工具使用不熟练或不规范的，扣2分
操作后的安全	操作完毕作业现场的安全检查	3	（1）操作工位未清理、不整洁的，扣2分 （2）工具及仪表摆放不规范的。扣1分 （3）损坏元器件的，扣2分
仪表的使用	用指针式万用表测量电压	4	（1）万用表不会使用的或使用方法不正确的，扣4分 （2）不会读数的，每扣2分
考试时限	30分钟	扣分项	每超时1分钟扣2分，直至超时10分钟，终止整个实操项目考试
否定项	否定项说明	扣除该题分数	出现以下情况之一的，该题记为零分： （1）接线原理错误的 （2）电路出现短路或损坏设备等故障的 （3）功能不能完全实现的 （4）在操作过程中出现安全事故的
	合计	40	

（2）训练（考试）操作步骤

① 检查操作工位及平台上是否存在安全隐患（人为设置），并能排除所存在的安全隐患；

② 根据如图10-31所示的线路原理图，在已安装好的电路板上选择所需的电气元件，并确定配线方案；

③ 按给定条件选配不同颜色的连接导线。

④ 按要求对带熔断器（断路器）、仪表、电流互感器的电动机控制线路进行接线。互

感器二次侧K1、K2经过电流端子进入电流表。

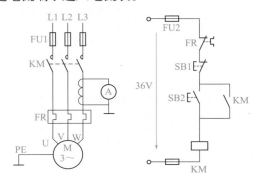

图 10-31　带熔断器（断路器）、仪表、互感器的电动机控制线路原理图

⑤通电前使用仪表检查线路，确保不存在安全隐患后再通电。

⑥检查电动机能否实现启动和停止，在连续运行过程中电流表能否有指示。

⑦用指针式万用表检测电路中的电压，并会正确读数。

⑧操作完毕作业现场的安全检查。

（3）注意事项

①布线工艺要求与［训练10-9］相同。

②接电流互感器时应注意一次侧、二次侧的极性，同名端要对应，不得接错。

③安装时，若电流表的指针没有指向"0"位，应调整机械调零钮，使指针在零位。

10.3.2　照明线路的接线及安全操作

［训练10-12］　单相电能表带照明灯的接线及安全操作（K24）

考试方式：实物操作。

考试时间：30分钟。

单相电能表带
照明灯的接线

（1）训练（考试）要求

①掌握电工在操作前、操作过程中及操作后的安全措施。

②熟练规范地使用电工工具进行安全技术操作。

③会正确的使用电工常用仪表，并能正确读数。

④实操开考前，考试点应将完好的电路板、各种颜色的绝缘导线及负载等考试设备和测量仪表及工具准备到位，确保无任何安全隐患的存在，在考评员同意后，考试才能开考；如果在考试过程中考试设备出现了安全隐患或不能立即排除的故障，本实操项目的考试终止，其后果由考点负责。

⑤评分标准见表10-9。

表 10-9　单相电能表带照明灯的接线评分标准

考试项目	考试内容及要求	配分	评分标准
操作前的准备	防护用品的正确穿戴	2	（1）未正确穿戴工作服的，扣1分 （2）未穿绝缘鞋的，扣1分
操作前的安全	安全隐患的检查	4	（1）未检查操作工位及平台上是否存在安全隐患的，扣2分 （2）操作平台上的安全隐患未处置的，扣1分 （3）未指出操作平台上的绝缘线破损或元器件损坏的，扣2分

续表

考试项目	考试内容及要求	配分	评分标准
操作过程的安全	安全操作规程	11	（1）未经考评员同意，擅自通电的，扣5分 （2）通、断电的操作顺序违反安全操作规程的，扣5分 （3）刀闸（或断路器）操作不规范的，扣3分 （4）考生在操作过程中，有不安全行为的，扣3分
	安全操作技术	16	（1）电能表进出线错误的，扣3分 （2）电能表压接头不符合要求的，每处扣2分 （3）控制开关安装的位置不正确的，扣5分 （4）漏电断路器接线错误的，扣5分 （5）插座接线不规范的，扣5分 （6）未正确连接PE线的，扣3分 （7）工作零线与保护零线混用的，扣5分 （8）接线处露铜超出标准规定的，每处扣1分 （9）压接头松动的，每处扣2分 （10）电路板中的接线不合理、不规范的，扣2分 （11）绝缘线用色不规范的，扣5分 （12）接线端子排列不规范的，每处扣1分 （13）工具使用不熟练或不规范的，扣2分
操作后的安全	操作完毕作业现场的安全检查	3	（1）操作工位未清理、不整洁的，扣2分 （2）工具及仪表摆放不规范的。扣1分 （3）损坏元器件的，扣2分
仪表的使用	用摇表测量电动机的绝缘电阻	4	（1）摇表不会使用的或使用方法不正确的，扣4分 （2）不会读数的，每扣2分
考试时限	30分钟	扣分项	每超时1分钟扣2分，直至超时10分钟，终止整个实操项目考试
否定项	否定项说明	扣除该题分数	出现以下情况之一的，该题记为零分： （1）接线原理错误的 （2）电路出现短路或损坏设备等故障的 （3）功能不能完全实现的 （4）未接入插座的 （5）在操作过程中出现安全事故的
	合计	40	

（2）训练（考试）操作步骤

① 检查操作工位及平台上是否存在安全隐患（人为设置），并能排除所存在的安全隐患。

② 根据如图10-32所示接线原理图，在已安装好的电路板上选择所需的电气元件，并确定配线方案。

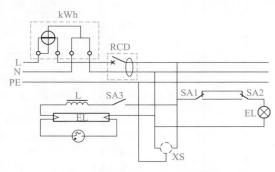

图10-32　单相电能表带照明灯接线原理图

179

③ 按给定条件选配不同颜色的连接导线。

④ 按要求对单相电能表带照明灯电路进行接线。

a. 电能表有4个接线柱，从左至右，接线规则为：1进火，2出火，3进零、4出零。

b. 开关串联在火线上，才能控灯又安全。

c. 火线与螺口灯座的中心触点连接。

d. 按照漏电断路器上的电源和负载标志进行接线，不得将两者接反。

⑤ 通电前使用仪表检查线路，确保不存在安全隐患后再通电。

⑥ 检查单相漏电断路器能否起漏电保护作用，白炽灯能否实现双控作用，日光灯（或LED灯）能否实现单控作用等。

⑦ 用摇表检测三相电动机的绝缘，并会正确读数。

⑧ 操作完毕作业现场的安全检查。

（3）注意事项

① 布线工艺要求与［训练10-9］相同。

② 电能表安装好后，合上隔离开关，开启用电设备，可以看到转盘会按照箭头方向（从左到右）；关闭用电设备后转盘有时会有轻微转动，但不超过一圈为正常。

③ 安装时必须严格区分中性线和保护接地线。保护地线不得接入漏电断路器内。

④ 操作试验按钮，检查漏电断路器是否能可靠动作。一般情况下应试验3次以上，并且都能正常动作才行。

［**训练10-13**］ 间接式三相四线有功电能表的接线及安全操作（K25）

考试方式：实物操作。

考试时间：30分钟。

间接式三相四
线有功电能表
的接线

（1）训练（考试）要求

① 掌握整个操作过程的安全措施，熟练规范地使用电工工具进行安全技术操作。

② 按照原理图正确接线，通电运行正常；会正确使用万用表测量电路中的电压，并能够正确读数。

③ 三相负载可以用三相异步电动机或者用3个灯泡组合代替。

④ 做好准备工作，在考评员同意后才能开考。

⑤ 评分标准见表10-10。

表10-10 间接式三相四线有功电能表的接线评分标准

考试项目	考试内容及要求	配分	评分标准
操作前的准备	防护用品的正确穿戴	2	（1）未正确穿戴工作服的，扣1分 （2）未穿绝缘鞋的，扣1分
操作前的安全	安全隐患的检查	4	（1）未检查操作工位及平台上是否存在安全隐患的，扣2分 （2）操作平台上的安全隐患未处置的，扣1分 （3）未指出操作平台上的绝缘线破损或元器件损坏的，扣2分
操作过程的安全	安全操作规程	11	（1）未经考评员同意，擅自通电的，扣5分 （2）通、断电的操作顺序违反安全操作规程的，扣5分 （3）刀闸（或断路器）操作不规范的，扣3分 （4）考生在操作过程中，有不安全行为的，扣3分

续表

考试项目	考试内容及要求	配分	评分标准	
操作过程的安全	安全操作技术	16	（1）三相电能表进出线接线错误的，扣3分 （2）三相电能表压接头不符合要求的，每处扣2分 （3）互感器一、二次接线不规范，每处扣2分 （4）断路器进出线接线错误的，扣2分 （5）一次接线和二次接线混接的，扣5分 （6）未正确连接三相负载的，扣4分 （7）未正确连接PE线的，扣3分 （8）工作零线与保护零线混用的，扣5分 （9）电路板中的接线不合理、不规范的，扣2分 （10）接线端子排列不规范的，每处扣1分 （11）接线处露铜超出标准规定的，每处扣1分 （12）接线松动的，每处扣2分 （13）绝缘线用色不规范的，每处扣5分 （14）工具使用不熟练或不规范的，扣2分	
操作后的安全	操作完毕作业现场的安全检查	3	（1）操作工位未清理、不整洁的，扣2分 （2）工具及仪表摆放不规范的。扣1分 （3）损坏元器件的，扣2分	
仪表的使用	用摇表测量电动机的绝缘电阻	4	（1）摇表不会使用的或使用方法不正确的，扣4分 （2）不会读数的，每扣2分	
考试时限	30分钟	扣分项	每超时1分钟扣2分，直至超时10分钟，终止整个实操项目考试	
否定项	否定项说明	扣除该题分数	出现以下情况之一的，该题记为零分： （1）接线原理错误的或接线不符合安全规范的 （2）电路出现短路或损坏设备等故障的 （3）电流互感器的同名端与三相电能表的进出线接线错误的 （4）在操作过程中出现安全事故的	
合计		40		

（2）训练（考试）操作步骤

① 根据如图10-33所示三相有功电度表经电流互感器的接线原理图，选择合适的元器件和绝缘导线。

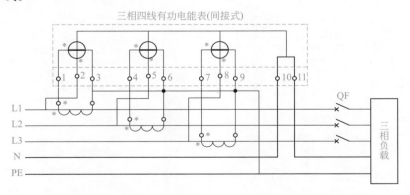

图10-33 三相有功电度表经电流互感器的接线原理图

② 按要求在配电板上合理安装元器件，对间接式三相四线有功电能表进行接线。

电能表的1、4、7接电流互感器二次侧S1端，即电流进线端；3、6、9接电流互感器二次侧S2端，即电流出线端；2、5、8分别接三相电源；10、11是接零端，如图10-34所示。为了安全，应将电流互感器S2端连接后接地。

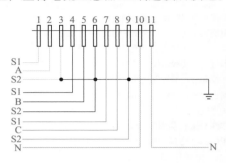

图10-34　间接式三相四线有功电能表接线

电流互感器二次侧不允许开路。若二次开路可能产生严重后果，一是铁芯过热，甚至烧毁互感器；二是由于二次绕组匝数很多，会感应出危险的高电压，危及人身和设备的安全。

③ 三相负载可以用三相异步电动机或者用3个灯泡组合代替。

④ 检查3个电流互感器的同名端与三相四线有功电能表的接线是否正确。

⑤ 通电前使用仪表检查线路，确保不存在安全隐患后再通电。

⑥ 操作完毕，对作业现场进行安全检查。

（3）注意事项

① 三相电能表接线应注意相序。互感器接线的线径，不能小于2.5mm²的铜芯线。

② 电源的零线不能开断直接接入用户的负荷开关，以防止断零线和烧坏用户的设备。

③ 注意电压的连接片螺钉要拧紧，以防止松脱，造成断压故障。

④ 检查接线应正确，接头牢固，接触良好，不得虚接。通电时应使电能表垂直地面。

第11章

作业现场安全隐患排除（K3）

低压电工考证培训教程
DIYA DIANGONG KAOZHENG PEIXUN JIAOCHENG SHIPINBAN

低压电工作业操作证考核科目三为作业现场安全隐患排除，试卷编号代码为 K3，主要包括配电柜的安全隐患排查、车间配电箱的安全风险识别和隐患分析、电气控制室的安全风险识别和隐患分析等方面的内容。

[训练 11-1]　判断作业现场存在的安全风险、职业危害（K31）

（1）考试方式

口述或者笔试。

（2）安全操作步骤

① 认真理解考官提供的作业现场图片或视频。

② 指出其中存在的安全风险和职业危害，具体可能涉及如下内容：

a. 现场作业时个人防护措施没做好。

b. 作业现场乱拉电线或用电方法不安全。

c. 现场作业时未放置相应的安全标示：如设备检修时，开关操作把手未挂"有人工作，禁止合闸"标示牌。

d. 带电设备未规划安全区域，未悬挂"止步，高压危险！"标志牌。

e. 倒闸操作时存在操作错误项。

f. 应急处理方法不当。

g. 作业现场工具乱摆放。

（3）评分标准（表 11-1）

表 11-1　判断作业现场存在的安全风险、职业危害评分标准

考试项目	考试内容	配分	评分标准
判断作业现场存在的安全风险、职业危害	观察作业现场、图片或视频明确作业任务或用电环境	25	通过观察作业现场、图片或视频，口述其中的作业任务或用电环境，正确得25分，不正确扣5～25分
	安全风险和职业危害判断	75	口述其中存在的安全风险及职业危害，指出一个得15分
合计		100	

（4）训练内容

考试时，通常是将表 11-2 中的任意 3 张图片组合在一起，要求考生指出图片的场景存在的安全隐患和职业危害。

表 11-2　低压电工隐患排查举例

序号	图片	安全隐患（参考答案）
1		（1）无防护门，易造成触电事故发生 （2）有的开关每相进线线头偏多（原则上不超2根）易造成接点发热，发生烧损事故 （3）不用的导线不彻底拆除或完好包扎，将线头整向边缘防止误用 （4）线路较乱
2		（1）使用国家禁止使用的圆形插头座。因该插头座使用中有插错的可能，而引起触电事故发生 （2）引线缆护套未进入插头，易在交界处发生折断而发生触电 （3）三相设备不接保护线。设备一旦漏电，会造成触电事故发生

序号	图片	安全隐患（参考答案）	
3		（1）线管架设不到位，无管卡固定，导线保护缺失，一旦发生磨损会造成触电事故 （2）配电板当成挂物架、杂物架易发生触电及火灾事故 （3）移动开关选型不当，操作频率高的状态下易损坏而发生触电	
4		（1）导线杂乱无章，按推测应为零线排，按规定应采用淡蓝色，但黄色与深蓝均在使用。易造成接线错误，而造成事故 （2）接头处未做铜鼻子，且每一接点2根以上，易造成接点发热引发事故	
5		（1）该配电箱为车间动力箱，按规定不得与易燃物、工位、休息位置靠在一起，易发生火灾与人身安全事故 （2）按钮板悬挂太高，一旦发生事故，无法得到及时控制	
6		（1）线径选择太小，线头露铜、接线未用鼻子、导线颜色乱、线路乱 （2）拆除导线未排到边缘 （3）易造成错接、触电、漏电事故	
7		（1）焊机与焊机间隔太过紧密，通风不良，设备易过热 （2）配电箱与焊机间没有预留不小于1m以上的通道，一旦发生事故无法及时停机	
8		（1）直接将导线插入插座易造成脱落、接触不良、发热，易发生触电、烧损事故 （2）引出线不符合规定。护套管未进入盒子，易造成磨损漏电，危及人员安全	

185

序号	图片	安全隐患（参考答案）
9		（1）配电箱选址不当，与水池相邻，易发生因漏电而造成的触电事故 （2）配电箱未关闭、上锁，不符管理规定
10		（1）该配电箱应为接零保护，更改线路后应整理好，而无整理；门上接地保护接点位置过长易折断从而失去保护一旦漏电发生触电事故 （2）导线颜色混乱
11		进出线不规范，配电柜前堆放杂物、设备，易发生火灾影响紧急事故处理
12	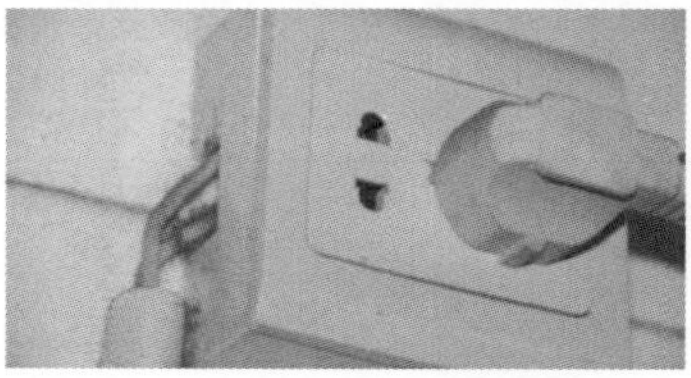	进线护管不到位且无管卡、插座进线应为三根，无保护零线，线色不对。一旦漏电易发生触电事故
13		私自将应急灯电源断开被移为它用，一旦事故发生，无法发挥其应有作用
14	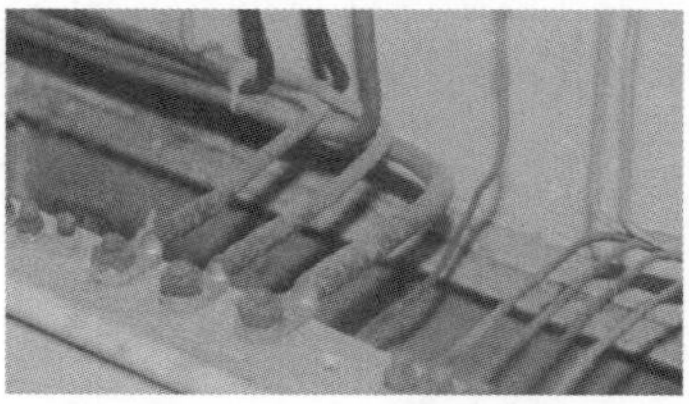	设备、连接点氧化、锈蚀无保养。易产生因接触不良而引起的事故发生。线色混乱
15		这是一根5股护套线，应用于输送三相五线制电源，其采用二个插头（一个是三孔、一个四孔）的方法输送上述电源，它可能存在电流不匹配、漏插、误插或不插的可能；且违反了N线PE线上不得装设任何设备的规定。易造成插头、座烧损，设备一旦漏电，若没插接地插座会造成触电事故

续表

序号	图片	安全隐患（参考答案）	
16	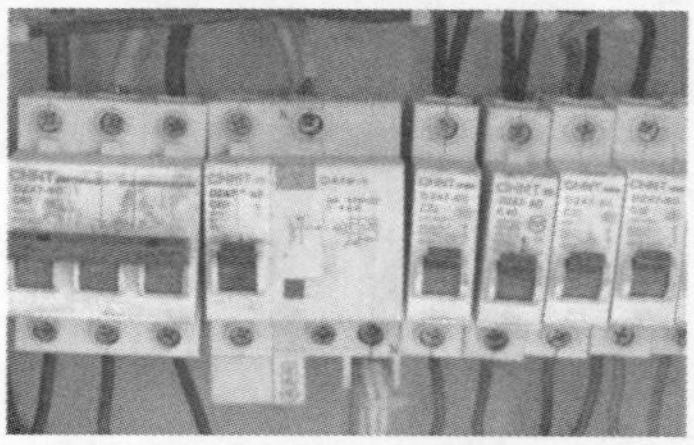	漏电断路器接线错误（无输入、输出火线；输出端、N端接线不符规定，它应接在输出N线的端子排上，且导线色别不对），不起保护作用；接点线太多且露铜，线色混乱。易造成接触不良引发事故发生	
17	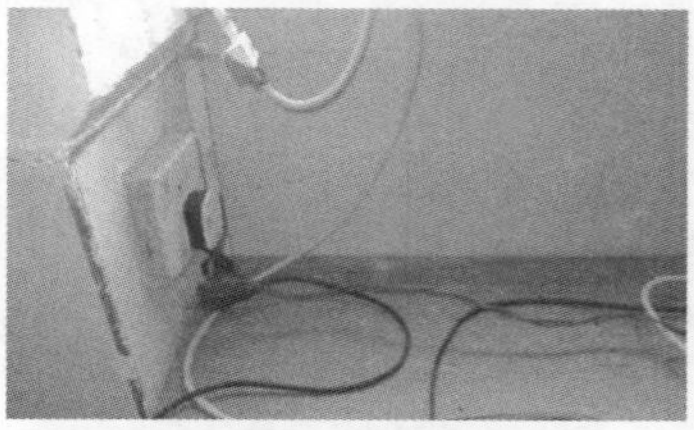	未按规定布置临时线路。一个插头破损、另一个插头采用并接方式，易造成触电事故的发生	
18		三相电流严重不平衡，根据规定变压器中性线电流不得超过线电流的25%否则会发生中性点偏移，电压发生变化，易造成设备发生故障	
19		二根导线连接不牢固，容易使导线发热	
20		在敷设暗盒中，导线没有明显区别相线、零线、接地线的颜色	
21	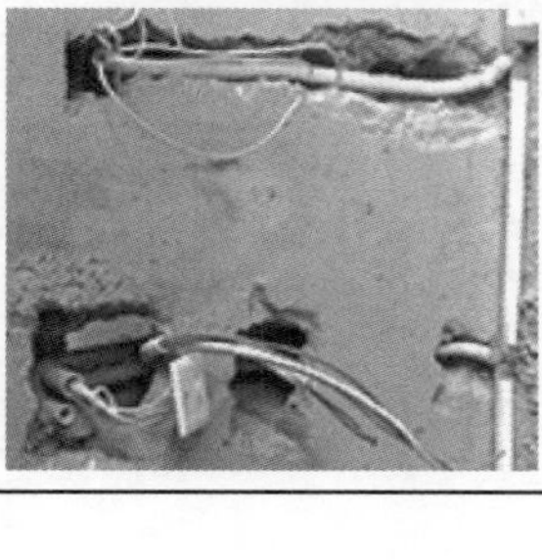	（1）电线穿管内的电线太多，总截面积超过了该管的40% （2）电线穿管暗线敷设极不规范，必须整改	

续表

序号	图片	安全隐患（参考答案）
22		（1）接线盒电线穿管内导线根数太多 （2）接线盒内导线没有做标记，容易接线错误，引发安全事故
23		（1）临时电器控制箱上没有防雨装置，雨天容易发生漏电和触电事故 （2）压线端子上有导体裸露，会发生碰电的危险，应用绝缘带包好
24		（1）断路器下端出线的裸露部分过长，容易发生触电事故 （2）断路器下端出线没有从每个出线口引出，若绝缘老化或损坏会发生短路事故
25	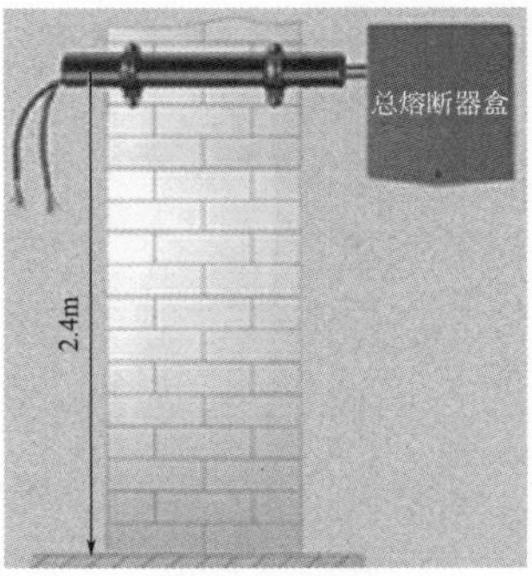	（1）低压供电进户点距地高度错（应大于等于2.9m） （2）进户管户外端没有采取防雨措施（进户管的室外要做防水弯头） （3）进户线用软线（进户线必须采用铜芯绝缘导线，不小于6mm^2）
26	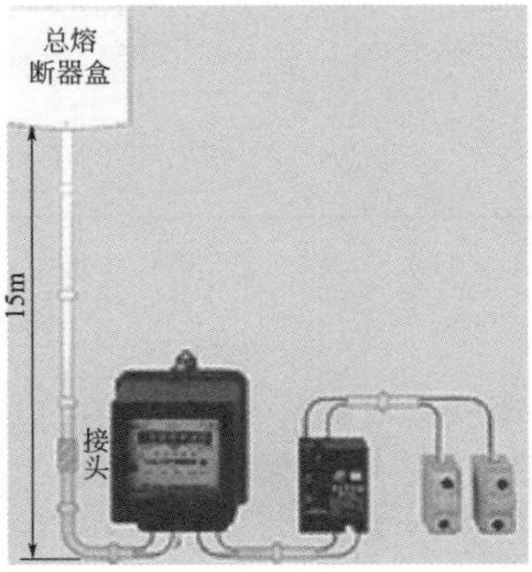	（1）总熔丝盒离电能表距离太远（长度应小于等于10m） （2）电能表总线中有接头（电能表总线不允许有接头，应更换） （3）漏电保护器接线错（应改为上进，下出）

续表

序号	图片	安全隐患（参考答案）
27	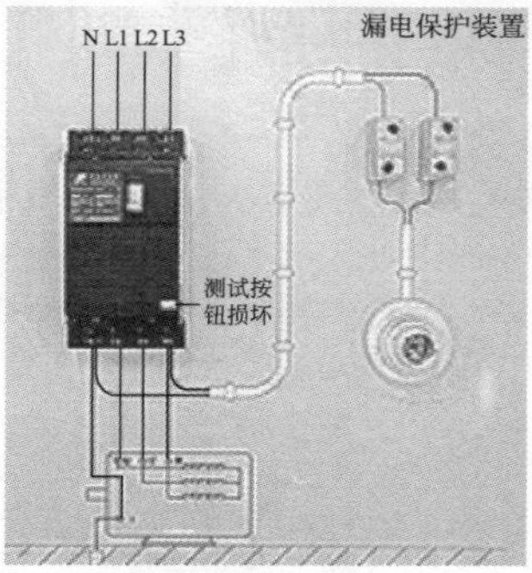	（1）动力、照明合用一台漏电保护装置（应分别安装漏电保护器） （2）重复接地接在漏电保护装置出线端（应接在进线端） （3）照明灯无开关控制（应加开关控制） （4）漏电保护装置测试按钮损坏（更换漏电保护装置）
28	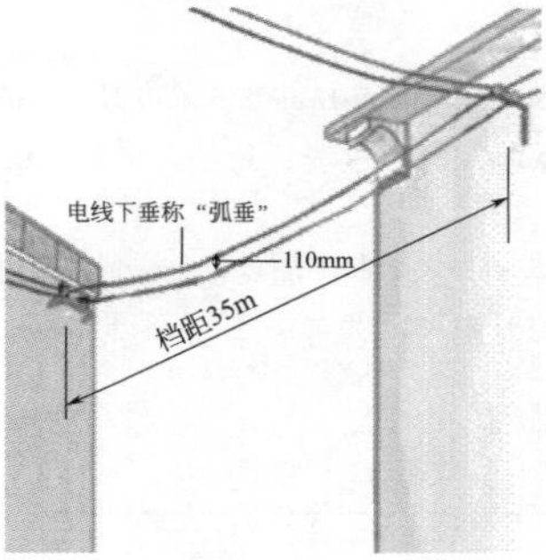	（1）户外明线档距过大（不能超过25m） （2）线间间距过小（不小于150mm）
29	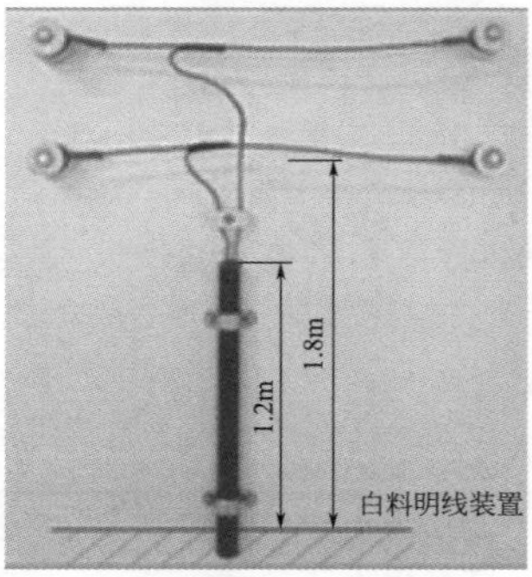	（1）垂直敷设距地太低（1.8m） （2）保护管高度太低（1.5m） （3）十字交叉没穿保护管（加穿保护管） （4）导线颜色没有区分（颜色要有区分）
30	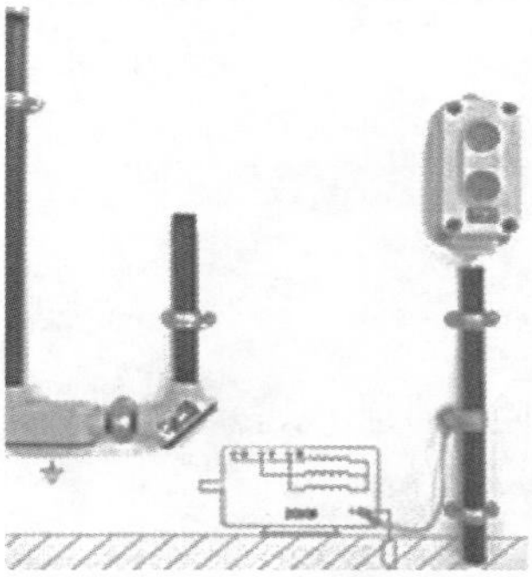	（1）防爆线路中钢管与按钮开关盒连接处没密封（应密封处理） （2）钢管接地与电机接地串接（要分开接地或者并联接地） （3）左边钢管敷设没有连续接地（加装接地）

序号	图片	安全隐患（参考答案）
31	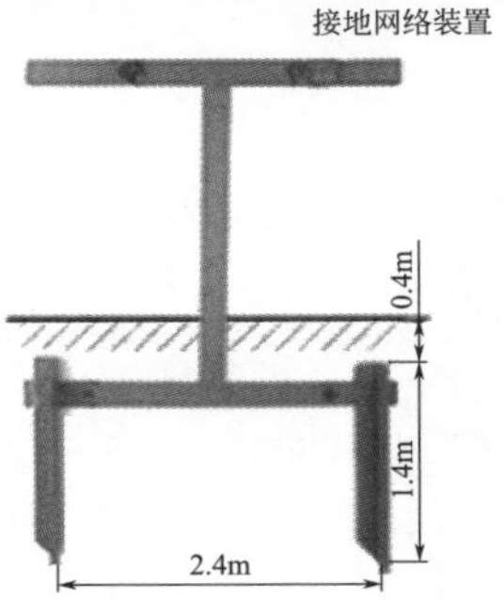 接地网络装置 0.4m 1.4m 2.4m	（1）接地装置扁铁采用对接（扁铁应该搭接，至少三面焊） （2）两接地体间距过近，只有2.4m（不小于5m） （3）接地体长度不够，只有1.4m（不小于2.5m）
32	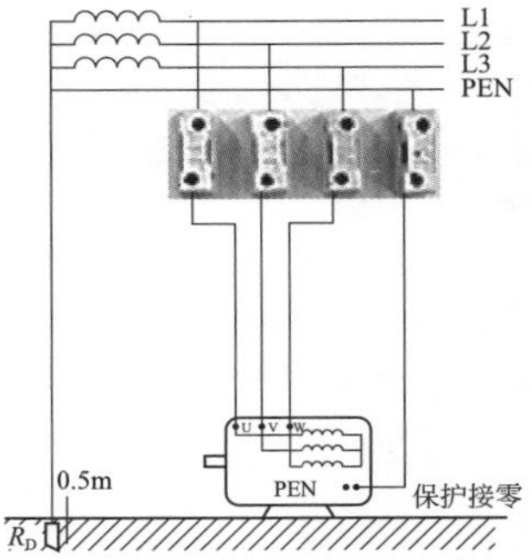 L1 L2 L3 PEN 0.5m PEN 保护接零 R_D	（1）保护接零线路中串接熔断器，不可以（应拆除） （2）接地体埋入深度过浅，顶端距地只有0.5m（应不小于0.6m） （3）电动机没有开关控制（加装开关控制，及过载保护装置） （4）TN系统中PEN线无重复接地（应有重复接地）
33	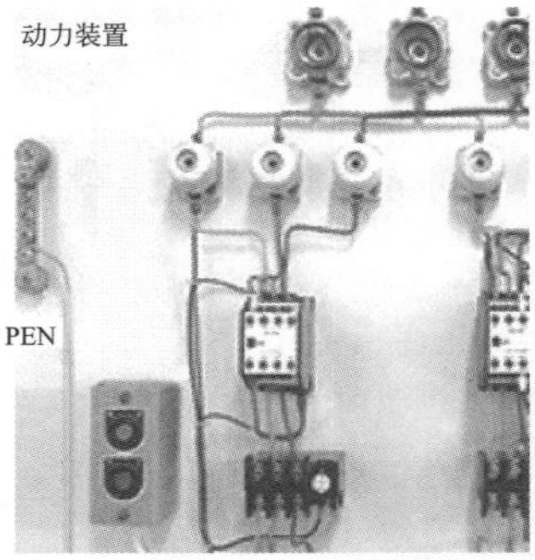 动力装置 PEN	（1）铁壳按钮盒外壳没有接地（加装接地线） （2）最上面一组螺旋式熔断器，中间一只倒装（应更正） （3）一组热继电器接常开触点（应接常闭触点）

（5）注意事项

认真观察和分析图片的各个细节，尽量列举出图中场景所存在的安全隐患和职业危害。

[训练11-2] 排除作业现场存在的安全风险（K32）

（1）考试方式

实际操作、仿真模拟操作、口述。

（2）安全操作步骤

结合实际工作任务，排除作业现场存在的安全风险、职业危害。

① 明确作业任务，做好个人防护。

② 观察作业现场环境。

③ 排除作业现场存在的安全风险。

④ 进行安全操作。

安全隐患排查

（3）评分标准（表11-3）

表11-3　排除作业现场存在的安全风险评分标准

考试项目	考试内容	配分	评分标准	
结合实际工作任务，排除作业现场存在的安全风险、职业危害	个人安全意识	20	未能明确作业任务，做好个人防护，视准备情况扣5～20分	
	风险排除	50	观察作业现场环境，排除作业现场存在的安全风险，每少排除一个，扣15分。若未排除项会影响操作时人身和设备的安全，则扣50分	
安全操作	安全操作	30	口述该项操作的安全规程。每少说一条扣5分	
合计		100		

（4）训练内容

考试时，通常是将表11-2中的任意3张图片组合在一起，让考生指出作业现场存在的安全隐患。其实，我们只要能够指出图中的安全隐患，那么要排除作业现场存在的安全风险、职业危害就很容易了。

例如，安全隐患是"配电柜前堆放杂物"，则排除隐患的措施就是"移除配电柜前堆放杂物"；又如，安全隐患是"线径选择太小，线头露铜"，则排除隐患的措施就是"更换线径合适的电线，安装时注意线头不要露铜"。

（5）注意事项

认真观察和分析图片的各个细节，尽量找出出图中场景所存在的安全隐患和职业危害，逐一排除安全隐患。

作业现场应急处置（K4）

低压电工考证培训教程 视频版

DIYA DIANGONG KAOZHENG PEIXUN JIAOCHENG SHIPINBAN

低压电工作业资格证考试科目四"作业现场应急处置"，试卷编号代码为K4。由电脑随机抽下列三个子项目任意一题：触电事故现场的应急处理；单人徒手心肺复苏和灭火器模拟考试。

12.1 触电应急处理与急救

[**训练12-1**] 触电事故现场的应急处理（K41）

考试方式：口述。

考试时间：10分钟。

（1）安全操作步骤

① 低压触电时脱离电源方法及注意事项

a. 发现有人低压触电，立即寻找最近的电源开关，进行紧急断电，不能断开关则采用绝缘的方法切断电源。

触电者脱离低压电法

较大型机台触电时，使触电人脱离电源的步骤及方法见表12-1。

表12-1 较大型机台触电时脱离电源的步骤及方法

步骤	操作方法
1	关掉漏电机台的负荷开关（停车按钮），后拉开刀开关、尽快切断电源
2	现场情况不能立即切断电源时，救护人员可用不导电物体（如干燥木棒、手套、干燥衣服等）为工具拨开（拉开）触电人，使其脱离电源
3	如果触电人衣服干燥且不是紧裹在身上可以拉他的衣服，但注意不得触及其体皮肤
4	救护人员注意自身安全，尽量站在干燥木板、绝缘垫或穿绝缘鞋进行抢救。一般应单手操作

小型设备或电动工具触电时，使触电人脱离电源的步骤及方法见表12-2。

表12-2 小型设备触电时脱离电源的步骤及方法

步骤	操作方法
1	能及时拔下插头或拉下开关的，应尽快切断电源
2	现场情况不能立即切断电源时，救护人员可用不导电物体（如干燥木棒、手套、干燥衣服等）为工具，拨开（拉开）触电人或漏电设备，使其脱离电源。一般应单手操作
3	触电人已抽筋紧握带电体时，直接扳开他的手是危险的，此时可用干燥的木柄锄头或绝缘胶钳等绝缘工具搞断电线，但要注意只能一根一根地剪
4	如电源通过触电人入地形成回路的，可用干燥木板插垫在触电人底下或脚下以切断电流回路

b. 在触电人脱离电源的同时，救护人应防止自身触电，还应防止触电人脱离电源后发生二次伤害。

c. 让触电人在通风暖和的处所静卧休息，根据触电人的身体特征，做好急救前的准备工作。

d. 如触电人触电后已出现外伤，处理外伤不应影响抢救工作。

e. 夜间有人触电，急救时应解决临时照明问题。

② 高压触电时脱离电源方法及注意事项

a. 发现有人高压触电，应立即通知上级有关供电部门，进行紧急断电，不能断电则采用绝缘的方法挑开电线，设法使其尽快脱离电源。

触电者脱离高压电法

b. 在触电人脱离电源的同时，救护人应防止自身触电，还应防止触电人脱离电源后发生二次伤害。

c. 根据触电人的身体特征，派人严密观察，确定是否请医生前来或送往医院诊察。

d. 让触电人在通风暖和的处所静卧休息，根据触电人的身体特征，做好急救前的准备工作；夜间有人触电，急救时应解决临时照明问题。

e. 如触电人触电后已出现外伤，处理外伤不应影响抢救工作。

（2）评分标准（表12-3）

表12-3　触电事故现场的应急处理评分标准

考试项目	考试内容	配分	评分标准
触电事故现场应急处理	低压触电的断电应急程序	50	口述低压触电脱离电源方法不完整扣5～25分，口述注意事项不合适或不完整扣5～25分
	高压触电的断电应急程序	50	口述高压触电脱离电源方法不完整扣5～25分，口述注意事项不合适或不完整扣5～25分
否定项	否定项说明	扣除该题分数	口述高低压触电脱离电源方法不正确，终止整个实操项目考试
合计		100	

（3）注意事项

① 救护人员不得采用金属和其他潮湿的物品作为救护工具。

② 未采取绝缘措施前，救护人员不得直接触及触电人的皮肤和潮湿的衣服。

触电事故现场应急处理流程（考试平台版）

③ 在拉拽触电人脱离电源的过程中，救护人员宜用单手操作，这样对救护人比较安全。

④ 当触电人位于高位时，应采取措施预防触电人在脱离电源后坠地摔伤或摔死。

[训练12-2] 单人徒手心肺复苏（K42）

考试方式：采用心肺复苏模拟人操作。

考试时间：3分钟。

考试方式：采用心肺复苏模拟人操作的考核方式。

考试要求：①考生应在黄黑警戒线内实施单人徒手心肺复苏操作；②掌握单人徒手心肺复苏操作要领，并能正确进行相应的操作；③在考评员同意后，考试才能开考；当考试设备出现按压不到位也能计正确数或吹不进气等故障时，在不能立即排除故障的情况下，本项目的考试终止，其后果由考点负责。

（1）安全操作步骤

① 判断意识：拍患者肩部，大声呼叫患者。

② 呼救：环顾四周，请人协助救助，解衣扣、松腰带，摆体位。

单人徒手心肺复苏

③ 判断颈动脉搏动：手法正确（单侧触摸，时间不少于5s）。

④ 定位：确定心脏部位可采用以下3种方法。

方法一：在胸骨与肋骨的交汇点——俗称"心口窝"往上横二指，左一指。

方法二：两乳横线中心左一指。

方法三：又称同身掌法；即救护人正对触电人，右手平伸中指对准触电人脖下锁骨相交点，下按一掌即可。

⑤ 胸外按压：按压速率每分钟至少100次，按压幅度至少5cm（每个循环按压30次，时间为15～18s）。按压姿势如图12-1所示。

放松
按压
深度4～5cm
肘关节不能弯曲，手臂垂直
以髋关节为支点
掌根按压胸骨中下1/3处

图 12-1　胸外按压姿势

⑥ 畅通气道：摘掉假牙，清理口腔。

⑦ 打开气道：常用仰头抬颏法、托颌法，标准为下颌角与耳垂的连线与地面垂直。

⑧ 吹气：吹气时看到胸廓起伏，吹气毕，立即离开口部，松开鼻腔，视患者胸廓下降后，再吹气（每个循环吹气2次）。

⑨ 完成5次循环后，判断有无自主呼吸、心跳、观察双侧瞳孔。检查后口述：患者瞳孔缩小、颈动脉出现搏动、自主呼吸恢复，颜面、口唇、甲床（轻按压）色泽转红润。心肺复苏成功。

⑩ 整理：安置触电人，整理服装，摆好体位，整理用物。

【特别提醒】

心肺复苏的三项基本措施即通畅气道；口对口（鼻）人工呼吸；胸外按压（人工循环）。单人徒手心肺复苏考试的整体质量判定有效指征：有效吹气10次，有效按压150次，并判定效果（从判断颈动脉搏动开始到最后一次吹气，总时间不超过130s）。

（2）注意事项

① 使触电人脱离电源后，若其呼吸停止，心脏不跳动，如果没有其他致命的外伤，只能认为是假死，必须立即就地进行抢救。

② 救护工作应持续进行，不能轻易中断，即使在送往医院的过程中，也不能中断抢救。若心肺复苏成功，则严密观察患者，等待救援或接受高级生命支持。

③ 救护人员应着装整齐。

（3）考试评分标准（表12-4）

表12-4 单人徒手心肺复苏操作评分标准

考试项目	考试内容	配分	评分标准
判断意识	拍患者肩部，大声呼叫患者	1	一项未做到的，扣0.5分
呼救	环顾四周评估现场环境，请人协助救助	1	不评估现场环境安全的，扣0.5分；未述打120救护的，扣0.5分
放置体位	患者应仰卧于硬板上或地上，摆体位，解衣扣、松腰带	2	未述将患者放置于硬板上的，扣0.5分；未述摆体位或体位不正确的，扣0.5分；未解衣扣、腰带的，扣1分
判断颈动脉搏动	手法正确（单侧触摸，时间5～10s）	2	不找甲状软骨的，扣0.5分；位置不对的，扣0.5分；判断时间小于5s，或大于10s的，扣1分
定位	胸骨中下1/3处，一手掌根部放于按压部位，另一手平行重叠于该手背上，手指并拢向上翘起，双臂位于患者胸骨的正上方，双肘关节伸直，利用上身重量垂直下压	2	按压部位不正确的，扣0.5分；一手未平行重叠于另一手背上的，扣0.5分；未用掌根按压胸壁，手指不离开胸壁的，扣0.5分；按压时身体不垂直的，扣0.5分
胸外按压	按压频率应保持在100～120次/min，按压幅度为5～6cm（成人）（每个循环按压30次，时间15～18s）	3	按压频率时快时慢，未保持在100～120次/min的，扣1分；按压为冲击式猛压的，扣0.5分；每次按压手掌离开胸壁的，扣0.5分；每个循环按压（30次）后，再继续按压的，扣0.5分；按压与放开时间比例不等导致胸廓不回弹的，扣1分
清理呼吸道	清理口腔异物，摘掉假牙	1	头未偏向一侧扣0.5分，不清理口腔，摘掉假牙的扣0.5分
打开气道	常用仰头抬颏法、托颌法，标准为下颌角与耳垂的连线与地面垂直	1	未打开气道的，扣0.5分；过度后仰或程度不够均扣0.5分
吹气	吹气时看到胸廓起伏，吹气毕，立即离开口部，松开鼻腔，视患者胸廓下降后，再吹气（每个循环吹气2次）	3	吹气时未捏鼻孔的，扣1分；两次吹气间不松鼻孔的，扣0.5分；每个循环吹气（2次）后，再继续吹气的，扣0.5分；吹气与放开时间比例不等的，扣1分
判断	5次循环完成后判断自主心跳和呼吸，观察双侧瞳孔	1	未观察呼吸心跳的扣0.5分，未观察双侧瞳孔的扣0.5分
整体质量判定有效指征	完成5次循环（即有效吹气10次，有效按压150次）后，判定效果。（从按压开始到最后一次吹气，总时间不超过160s）	2	操作不熟练，手法错误的，扣1分；超过总时间的，扣1分
整理	安置患者，整理服装，摆好体位，整理用物	1	一项不符合要求扣0.5分
否定项	限时3分钟	扣除该题分数	在规定的时间内，模拟人未施救成功，该题记为零分
合计		20	

12.2 灭火器模拟灭火

[**训练12-3**] 灭火器的选择和使用（K43）

考试方式：采用模拟仿真设备操作。

考试时间：2分钟。

考试要求：①掌握在灭火过程中的安全操作步骤；②熟悉灭火器的操作要领，并能对灭火器进行正确的操作；③实操开考前，考试点应将完好的模拟仿真考试设备准备到位，在考评员同意后，考试才能开考；当考试设备出现灭火考核系统不能正常工作或某个灭火器不能正常使用等故障时，在不能立即排除故障的情况下，本项目的考试终止，其后果由考点负责。

（1）安全操作步骤

① 准备工作：检查灭火器的压力、铅封、出厂合格证、有效期、瓶底、喷管。

灭火器选择与
使用

② 火情判断：根据火情，选择合适灭火器迅速赶赴火场，正确判断风向。

③ 灭火操作：站在火源上风口，离火源3～5m距离迅速拉下安全环；手握喷嘴对准着火点，压下手柄，侧身对准火源根部由近及远扫射灭火；在干粉将喷完前（3s）迅速撤离火场，火未熄灭应继续更换灭火器继续进行灭火操作。

④ 检查确认：检查灭火效果；确认火源熄灭；将使用过的灭火器放到指定位置；注明已使用；报告灭火情况。

⑤ 清点工具，清理现场。

（2）评分标准（表12-5）

表12-5 灭火器使用评分标准

考试项目	考试内容	配分	评分标准
准备工作	检查灭火器压力、铅封、出厂合格证、有效期、瓶体、喷管	2	未检查灭火器扣2分；压力、铅封、瓶体、喷管、有效期、出厂合格证漏检查一项并未述明的，扣0.5分
火情判断	根据火情选择合适的灭火器（灭火前可以重新选择灭火器），准确判断风向	5	灭火器选择错误一次扣5分；风向判断错误扣3分
灭火操作	根据火源的风向，确定灭火者所处的位置；在离火源安全距离时能迅速拉下安全环	5	灭火时所站立的位置不正确4分；灭火距离不对扣3分；未迅速拉下安全环扣2分
	手握喷嘴对准着火点，压下手柄，侧身对准火源根部由近及远扫射灭火；火未熄灭应继续更换操作	4	对准火源根部扫射时，考生站姿不正确的扣2分；未由近及远灭火扣2分；火未熄灭就停止操作扣4分
检查确认	将使用过的灭火器放到指定位置；注明已使用	3	灭火器未还原的，扣1分；未放到指定位置的，扣1分；未注明已使用的，扣1分
	报告灭火情况	1	未报告灭火情况扣1分
否定项	限时2分钟	扣除该题分数	在规定的时间内，未按规定灭火或灭火未成功的，该题记为零分
合计		20	

（3）灭火器模拟灭火操作

① 考生输入准考证、身份证号码，确认后即可进入灭火器模拟考试系统。进入火灾场景后系统弹出火灾诱因提示；考生根据火灾诱因正确选择灭火器。灭火器对应着火类型，见表12-6。

灭火器模拟灭火

表12-6 灭火器对应着火类型

灭火器选择	着火类型
干粉灭火器、水基泡沫灭火器	木材、纸箱、窗帘、垃圾桶、衣服等
二氧化碳灭火器	电动机
二氧化碳灭火器、干粉灭火器、水基泡沫灭火器	汽油桶
二氧化碳灭火器、干粉灭火器	电箱

② 灭火器外观检查，如图12-2所示，检查灭火器内的填充物是否在标准位置［图（a）箭头指向的区域］，检验日期有效期时间［图（b）中的日期为2009年，10年了，不合格］；灭火器的部件是否损坏［图（c）喷管损坏］。系统自动给出的3个灭火器中，只有一个符合条件的要求（选错灭火器，考试得0分）。如果选择时前两个都是有问题的（错的），一般来说第三个是正确的（可以选择）。

(a) 填充物检查

(b) 检验日期检查

(c) 部件检查

图12-2 灭火器外观检查

图12-3 选择灭火位置

③ 选择灭火位置。灭火器与火源的有效距离为3～5m。（如图12-3所示显示的距离为3.86m，合格）

④ 根据提示，拿起实物灭火器灭火，先拔下安全栓，通过手中的灭火器来控制屏幕中的灭火器。将手中的灭火器的准星对准起火点的根部，将灭火器喷头对准"火点根部"开始灭火。

为了保证感应器能够感应到喷头，应缓慢移动喷头位置，直到红色箭头变为绿色为止。此时，保持站在原位不动，按着压嘴，一般等30s左右火就会熄灭了，如图12-4所示。

图12-4 灭火过程

⑤ 灭火完毕，将保险安全栓插回原位，点提交成绩，考试完毕，如图12-5所示。

(a) 保险栓插回原位 　　　　　　　(b) 提交成绩

图12-5　考试结束

（4）注意事项

① 一定要正确选择灭火器的类型，并且要按照步骤检查所选择的灭火器是否能够使用。

② 在灭火过程中，要注意观察大屏幕上的提示及信息。

网上模拟练习
操作流程

附录

理论考试题库（含答案）

附录1 单项选择题题库

1. 下列材料中，导电性能最好的是（　　）。

A. 铝　　　　　　　B. 铜　　　　　　　C. 铁

2. 将一根导线均匀拉长为原长的2倍，则它的阻值为原阻值的（　　）倍。

A. 1　　　　　　　B. 2　　　　　　　C. 4

3. 《安全生产法》立法的目的是为了加强安全生产工作，防止和减少（　　），保障人民群众生命和财产安全，促进经济发展。

A. 生产安全事故　　　B. 火灾、交通事故　　　C. 重大、特大事故

4. 依据《职业病防治法》的规定，产生职业病危害的用人单位的设立，除应当符合法律、行政法规规定的设立条件外，其作业场所布局应遵循的原则是（　　）。

A. 生产作业与储存作业分开　　　　　B. 加工作业与包装作业分开

C. 有害作业与无害作业分开

5. 在电力控制系统中，使用最广泛的是（　　）式交流接触器。

A. 气动　　　　　　　B. 电磁　　　　　　　C. 液动

6. 漏电保护装置的试验按钮每（　　）一次。

A. 月　　　　　　　B. 半年　　　　　　　C. 三月

7. 《安全生产法》规定，任何单位或者（　　）对事故隐患或者安全生产违法行为，均有权向负有安全生产监督管理职责的部门报告或者举报。

A. 职工　　　　　　　B. 个人　　　　　　　C. 管理人员

8. 感应电流的方向总是使感应电流的磁场阻碍引起感应电流的磁通的变化，这一定律称为（　　）。

A. 法拉第定律　　　B. 特斯拉定律　　　C. 楞次定律

9. 特低电压限值是指在任何条件下，任意两导体之间出现的（　　）电压值。

A. 最小　　　　　　　B. 最大　　　　　　　C. 中间

10. 对照电机与其铭牌检查，主要有（　　）、频率、定子绕组的连接方法。

A. 电源电压　　　　B. 电源电流　　　　C. 工作制

11. 在易燃、易爆危险场所，供电线路应采用（　　）方式供电。

A. 单相三线制，三相四线制　　　　　B. 单相三线制，三相五线制

C. 单相两线制，三相五线制

12. 据一些资料表明，心跳呼吸停止，在（　　）min内进行抢救，约80%可以救活。

A. 1　　　　　　　B. 2　　　　　　　C. 3

13. 使用剥线钳时应选用比导线直径（　　）的刀口。

A. 相同　　　　　　　B. 稍大　　　　　　　C. 较大

14. 对电机轴承润滑的检查，（　　）电机转轴，看是否转动灵活，听有无异声。

A. 通电转动　　　　B. 用手转动　　　　C. 用其他设备带动

答案：1. B；2. C；3. A；4. C；5. B；6. A；7. B；8. C；9. B；10. A；11. B；12. A；13. B；14. B

15. 在检查插座时，电笔在插座的两个孔均不亮，首先判断是（　　）。

A. 短路　　　　　　B. 相线断线　　　　　　C. 零线断线

16. （　　）是登杆作业时必备的保护用具，无论用登高板或脚扣都要用其配合使用。

A. 安全带　　　　　B. 梯子　　　　　　C. 手套

17. 通电线圈产生的磁场方向不但与电流方向有关，而且还与线圈（　　）有关。

A. 长度　　　　　　B. 绕向　　　　　　C. 体积

18. 电压继电器使用时其吸引线圈直接或通过电压互感器（　　）在被控电路中。

A. 并联　　　　　　B. 串联　　　　　　C. 串联或并联

19. 测量电动机线圈对地的绝缘电阻时，摇表的L、E两个接线柱应（　　）。

A."E"接在电动机出线的端子，"L"接电动机的外壳

B."L"接在电动机出线的端子，"E"接电动机的外壳

C. 随便接，没有规定

20. 行程开关的组成包括有（　　）。

A. 线圈部分　　　　B. 保护部分　　　　　　C. 反力系统

21. 钳形电流表使用时应先用较大量程，然后在视被测电流的大小变换量程。切换量程时应（　　）。

A. 直接转动量程开关

B. 先退出导线，再转动量程开关

C. 一边进线一边换挡

22. 电烙铁用于（　　）导线接头等。

A. 铜焊　　　　　　B. 锡焊　　　　　　C. 铁焊

23. 对电机各绕组的绝缘检查，如测出绝缘电阻为零，在发现无明显烧毁的现象时，则可进行烘干处理，这时（　　）通电运行。

A. 允许　　　　　　B. 不允许　　　　　　C. 烘干好后就可

24. 降压启动是指启动时降低加在电动机（　　）绕组上的电压，启动运转后，再使其电压恢复到额定电压正常运行。

A. 定子　　　　　　B. 转子　　　　　　C. 定子及转子

25. 当空气开关动作后，用手触摸其外壳，发现开关外壳较热，则动作的可能是（　　）。

A. 短路　　　　　　B. 过载　　　　　　C. 欠压

26. 稳压二极管的正常工作状态是（　　）。

A. 导通状态　　　　B. 截至状态　　　　　　C. 反向击穿状态

27. 登杆前，应对脚扣进行（　　）。

A. 人体静载荷试验

B. 人体载荷冲击试验

C. 人体载荷拉伸试验

答案：15. B；16. A；17. B；18. A；19. B；20. C；21. B；22. B；23. B；24. A；25. B；26. C；27. B

28. 在三相对称交流电源星形连接中，线电压超前于所对应的相电压（　　）°。

A. 120　　　　B. 30　　　　C. 60

29. PN结两端加正向电压时，其正向电阻（　　）。

A. 小　　　　B. 大　　　　C. 不变

30. 导线接头缠绝缘胶布时，后一圈压在前一圈胶布宽度的（　　）。

A. 1/3　　　　B. 1/2　　　　C. 1

31. 对颜色有较高区别要求的场所，宜采用（　　）。

A. 彩灯　　　　B. 白炽灯　　　　C. 紫色灯

32. 电动机（　　）作为电动机磁通的通路，要求材料有良好的导磁性能。

A. 机座　　　　B. 端盖　　　　C. 定子铁芯

33. 雷电流产生的（　　）电压和跨步电压可直接使人触电死亡。

A. 感应　　　　B. 接触　　　　C. 直击

34. 下面（　　）属于顺磁性材料。

A. 水　　　　B. 铜　　　　C. 空气

35. 静电现象是十分普遍的电现象，（　　）是它的最大危害。

A. 对人体放电，直接置人于死地　　　　B. 高电压击穿绝缘

C. 易引发火灾

36. 图示的电路中，在开关S1和S2都合上后，可触摸的是（　　）。

A. 第2段　　　　B. 第3段　　　　C. 无

37. 电动势的方向是（　　）。

A. 从负极指向正极　　　　B. 从正极指向负极　　　　C. 与电压方向相同

38. 引起电光性眼炎的主要原因是（　　）。

A. 红外线　　　　B. 可见光　　　　C. 紫外线

39. 纯电容元件在电路中（　　）电能。

A. 储存　　　　B. 分配　　　　C. 消耗

40. "禁止攀登，高压危险！"的标志牌应制作为（　　）。

A. 白底红字　　　　B. 红底白字　　　　C. 白底红边黑字

41. 继电器是一种根据（　　）来控制电路"接通"或"断开"的一种自动电器。

A. 外界输入信号（电信号或非电信号）　　　　B. 电信号　　　　C. 非电信号

42. 静电防护的措施比较多，下面常用又行之有效的可消除设备外壳静电的方法是（　　）。

A. 接地　　　　B. 接零　　　　C. 串接

答案：28. B；29. A；30. B；31. B；32. C；33. B；34. C；35. C；36. B；37. A；38. C；39. A；40. C；41. A；42. A

43. 电气火灾的引发是由于危险温度的存在，危险温度的引发主要是由于（　　）。

A. 设备负载轻　　　　　B. 电压波动　　　　　C. 电流过大

44. 带电灭火时，如用二氧化碳灭火器的机体和喷嘴距 10kV 以下高压带电体不得小于（　　）m。

A. 0.4　　　　　B. 0.7　　　　　C. 1

45. 在雷暴雨天气，应将门和窗户等关闭，其目的是为了防止（　　）侵入屋内，造成火灾、爆炸或人员伤亡。

A. 球形雷　　　　　B. 感应雷　　　　　C. 直接雷

46. （　　）仪表由固定的线圈，可转动的线圈及转轴、游丝、指针、机械调零机构等组成。

A. 磁电式　　　　　B. 电磁式　　　　　C. 电动式

47. 生产经营单位的主要负责人在本单位发生重大生产安全事故后逃匿的，由（　　）处15 日以下拘留。

A. 公安机关　　　　　B. 检察机关　　　　　C. 安全生产监督管理部门

48. 利用交流接触器作欠压保护的原理是当电压不足时，线圈产生的（　　）不足，触头分断。

A. 磁力　　　　　B. 涡流　　　　　C. 热量

49. 指针式万用表测量电阻时标度尺最右侧是（　　）。

A. ∞　　　　　B. 0　　　　　C. 不确定

50. 载流导体在磁场中将会受到（　　）的作用。

A. 电磁力　　　　　B. 磁通　　　　　C. 电动势

51. 落地插座应具有牢固可靠的（　　）。

A. 标志牌　　　　　B. 保护盖板　　　　　C. 开关

52. 一般电器所标或仪表所指示的交流电压、电流的数值是（　　）。

A. 最大值　　　　　B. 有效值　　　　　C. 平均值

53. 日光灯属于（　　）光源。

A. 气体放电　　　　　B. 热辐射　　　　　C. 生物放电

54. 新装和大修后的低压线路和设备，要求绝缘电阻不低于（　　）MΩ。

A. 1　　　　　B. 0.5　　　　　C. 1.5

55. 断路器的电气图形为（　　）。

A. 　　　　　B. 　　　　　C.

56. 交流接触器的电寿命约为机械寿命的（　　）倍。

A. 10　　　　　B. 1　　　　　C. 1/20

57. 线路或设备的绝缘电阻的测量是用（　　）测量。

A. 万用表的电阻挡　　　　　B. 兆欧表　　　　　C. 接地摇表

答案：43. C；44. A；45. A；46. C；47. A；48. A；49. B；50. A；51. B；52. B；53. A；54. B；55. A；56. C；
57. B

58. 电感式日光灯镇流器的内部是（　　）。

A. 电子电路　　　　　　B. 线圈　　　　　　　C. 振荡电路

59. 碘钨灯属于（　　）光源。

A. 气体放电　　　　　　B. 电弧　　　　　　　C. 热辐射

60. 电业安全工作规程上规定，对地电压为（　　）V 及以下的设备为低压设备。

A. 400　　　　　　　　B. 380　　　　　　　C. 250

61. 照明线路熔断器的熔体的额定电流取线路计算电流的（　　）倍。

A. 0.9　　　　　　　　B. 1.1　　　　　　　C. 1.5

62. 导线接头的绝缘强度应（　　）原导线的绝缘强度。

A. 大于　　　　　　　　B. 等于　　　　　　　C. 小于

63. 墙边开关安装时距离地面的高度为（　　）m。

A. 1.3　　　　　　　　B. 1.5　　　　　　　C. 2

64. 万能转换开关的基本结构内有（　　）。

A. 反力系统　　　　　　B. 触点系统　　　　　C. 线圈部分

65. PE 线或 PEN 线上除工作接地外其他接地点的再次接地称为（　　）接地。

A. 间接　　　　　　　　B. 直接　　　　　　　C. 重复

66. 当电压为 5V 时，导体的电阻值为 5Ω，那么当电阻两端电压为 2V 时，导体的电阻值为（　　）Ω。

A. 10　　　　　　　　　B. 5　　　　　　　　C. 2

67. 三相四线制的零线的截面积一般（　　）相线截面积。

A. 大于　　　　　　　　B. 小于　　　　　　　C. 等于

68. 在采用多级熔断器保护中，后级的熔体额定电流比前级大，目的是防止熔断器越级熔断而（　　）。

A. 查障困难　　　　　　B. 减小停电范围　　　C. 扩大停电范围

69. 保险绳的使用应（　　）。

A. 高挂低用　　　　　　B. 低挂调用　　　　　C. 保证安全

70. 摇表的两个主要组成部分是手摇（　　）和磁电式流比计。

A. 电流互感器　　　　　B. 直流发电机　　　　C. 交流发电机

71. 当车间电气火灾发生时，应首先切断电源，切断电源的方法是（　　）。

A. 拉开刀开关　　　　　B. 拉开断路器或者磁力开关

C. 报告负责人请求断总电源

72. 国家标准规定凡（　　）kW 以上的电动机均采用三角形接法。

A. 3　　　　　　　　　B. 4　　　　　　　　C. 7.5

73. 在一般场所，为保证使用安全，应选用（　　）电动工具。

A. Ⅰ类　　　　　　　　B. Ⅱ类　　　　　　　C. Ⅲ类

答案：58. B；59. C；60. C；61. B；62. B；63. A；64. B；65. C；66. B；67. B；68. C；69. A；70. B；71. B；72. B；73. B

74. 低压电器可归为低压配电电器和（　　　）电器。

A. 低压控制　　　　　B. 电压控制　　　　　C. 低压电动

75. 频敏变阻器其构造与三相电抗相拟，即由三个铁芯柱和（　　　）绕组组成。

A. 一个　　　　　　　B. 二个　　　　　　　C. 三个

76. 电动机定子三相绕组与交流电源的连接叫接法，其中 Y 为（　　　）。

A. 三角形接法　　　　B. 星形接法　　　　　C. 延边三角形接法

77. 交流电路中电流比电压滞后 90°，该电路属于（　　　）电路。

A. 纯电阻　　　　　　B. 纯电感　　　　　　C. 纯电容

78. 在选择漏电保护装置的灵敏度时，要避免由于正常（　　　）引起的不必要的动作而影响正常供电。

A. 泄漏电流　　　　　B. 泄漏电压　　　　　C. 泄漏功率

79. 从制造角度考虑，低压电器是指在交流 50Hz、额定电压（　　　）V 或直流额定电压 1500V 及以下电气设备。

A. 400　　　　　　　B. 800　　　　　　　C. 1000

80. 电动机在额定工作状态下运行时，（　　　）的机械功率叫额定功率。

A. 允许输入　　　　　B. 允许输出　　　　　C. 推动电机

81. 电容量的单位是（　　　）。

A. 法　　　　　　　　B. 乏　　　　　　　　C. 安时

82. 锡焊晶体管等弱电元件应用（　　　）W 的电烙铁为宜。

A. 25　　　　　　　　B. 75　　　　　　　　C. 100

83. 建筑施工工地的用电机械设备（　　　）安装漏电保护装置。

A. 不应　　　　　　　B. 应　　　　　　　　C. 没规定

84. 接地电阻测量仪是测量（　　　）的装置。

A. 绝缘电阻　　　　　B. 直流电阻　　　　　C. 接地电阻

85. 运输液化气、石油等的槽车在行驶时，在槽车底部应采用金属链条或导电橡胶使之与大地接触，其目的是（　　　）。

A. 中和槽车行驶中产生的静电荷　　　　　B. 泄漏槽车行驶中产生的静电荷

C. 使槽车与大地等电位

86. 以下图形，（　　　）是按钮的电气图形。

A. 　　　　　　　B. 　　　　　　　C.

87. 电容器测量之前必须（　　　）。

A. 擦拭干净　　　　　B. 充满电　　　　　　C. 充分放电

88. 特种作业操作证每（　　　）年复审 1 次。

A. 5　　　　　　　　B. 4　　　　　　　　C. 3

答案：74. A；75. C；76. B；77. B；78. A；79. C；80. B；81. A；82. A；83. B；84. C；85. B；86. A；87. C；
　　88. C

89. 在易燃、易爆危险场所，电气线路应采用（ ）或者铠装电缆敷设。

A. 穿金属蛇皮管再沿铺砂电缆沟   B. 穿水煤气管   C. 穿钢管

90. 下列关于国内安全生产法律体系表述，对的是（ ）。

A.《安全生产法》、《消防法》、《道路交通安全法》、《矿山安全法》是国内安全生产法律体系中关于安全生产单行法律

B.《安全生产法》是安全生产领域普通法，普遍合用于生产经营活动各个领域

C.《消防法》、《道路交通安全法》规定不同于《安全生产法》，应当合用《安全生产法》

91. 三相异步电动机按其（ ）的不同可分为开启式、防护式、封闭式三大类。

A. 供电电源的方式   B. 外壳防护方式   C. 结构形式

92. 电流从左手到双脚引起心室颤动效应，一般认为通电时间与电流的乘积大于（ ）mA·s 时就有生命危险。

A. 16   B. 30   C. 50

93. 旋转磁场的旋转方向决定于通入定子绕组中的三相交流电源的相序，只要任意调换电动机（ ）所接交流电源的相序，旋转磁场既反转。

A. 一相绕组   B. 两相绕组   C. 三相绕组

94. 当电气设备发生接地故障，接地电流通过接地体向大地流散，若人在接地短路点周围行走，其两脚间的电位差引起的触电叫（ ）触电。

A. 单相   B. 跨步电压   C. 感应电

95. 如果触电者心跳停止，有呼吸，应立即对触电者施行（ ）急救。

A. 仰卧压胸法   B. 胸外心脏按压法   C. 俯卧压背法

96. 接地电阻测量仪主要由手摇发电机、（ ）、电位器，以及检流计组成。

A. 电流互感器   B. 电压互感器   C. 变压器

97. 绝缘安全用具分为（ ）安全用具和辅助安全用具。

A. 直接   B. 间接   C. 基本

98. 在半导体电路中，主要选用快速熔断器做（ ）保护。

A. 短路   B. 过压   C. 过热

99. 异步电动机在启动瞬间，转子绕组中感应的电流很大，使定子流过的启动电流也很大，约为额定电流的（ ）倍。

A. 2   B. 4～7   C. 9～10

100. 特别潮湿的场所应采用（ ）V 的安全特低电压。

A. 42   B. 24   C. 12

101. 热继电器的保护特性与电动机过载特性贴近，是为了充分发挥电动机的（ ）能力。

A. 过载   B. 控制   C. 节流

答案：89. C；90. C；91. B；92. C；93. B；94. B；95. B；96. A；97. C；98. A；99. B；100. C；101. A

102. 单相电度表主要由一个可转动铝盘和分别绕在不同铁芯上的一个（　　　）和一个电流线圈组成。

　　A. 电压线圈　　　　　　B. 电压互感器　　　　　C. 电阻

103. 穿管导线内最多允许（　　　）个导线接头。

　　A. 2　　　　　　　　　　B. 1　　　　　　　　　　C. 0

104. 笼形异步电动机降压启动能减少启动电流，但由于电机的转矩与电压的平方成（　　　），因此降压启动时转矩减少较多。

　　A. 反比　　　　　　　　B. 正比　　　　　　　　　C. 对应

105. 合上电源开关，熔丝立即烧断，则线路（　　　）。

　　A. 短路　　　　　　　　B. 漏电　　　　　　　　　C. 电压太高

106. 图　　是（　　　）触头。

　　A. 延时闭合动合　　　　B. 延时断开动合　　　　　C. 延时断开动断

107. 主令电器很多，其中有（　　　）。

　　A. 接触器　　　　　　　B. 行程开关　　　　　　　C. 热继电器

108. 螺口灯头的螺纹应与（　　　）相接。

　　A. 零线　　　　　　　　B. 相线　　　　　　　　　C. 地线

109. 导线接头电阻要足够小，与同长度同截面导线的电阻比不大于（　　　）。

　　A. 1　　　　　　　　　　B. 1.5　　　　　　　　　　C. 2

110. 电容器的功率的单位是（　　　）。

　　A. 乏　　　　　　　　　B. 瓦　　　　　　　　　　C. 伏安

111. 电机在运行时，要通过（　　　）、看、闻等方法及时监视电动机。

　　A. 记录　　　　　　　　B. 听　　　　　　　　　　C. 吹风

112. 为避免高压变配电站遭受直击雷，引发大面积停电事故，一般可用（　　　）来防雷。

　　A. 接闪杆　　　　　　　B. 阀型避雷器　　　　　　C. 接闪网

113. 在不接地系统中，如发生单相接地故障时，其他相线对地电压会（　　　）。

　　A. 升高　　　　　　　　B. 降低　　　　　　　　　C. 不变

114. 三相对称负载接成星形时，三相总电流（　　　）。

　　A. 等于零　　　　　　　B. 等于其中一相电流的三倍

　　C. 等于其中一相电流。

115. 三相笼形异步电动机的启动方式有两类，既在额定电压下的直接启动和（　　　）启动。

　　A. 转子串电阻　　　　　B. 转子串频敏　　　　　　C. 降低启动电压

116. 万用表实质是一个带有整流器的（　　　）仪表。

　　A. 磁电式　　　　　　　B. 电磁式　　　　　　　　C. 电动式

答案：102. A；103. C；104. B；105. A；106. B；107. B；108. A；109. A；110. A；111. B；112. A；113. A；114. A；115. C；116. A

117. 导线接头要求应接触紧密和（　　）等。

A. 拉不断　　　　　　B. 牢固可靠　　　　　C. 不会发热

118. 三相异步电动机虽然种类繁多，但基本结构均由（　　）和转子两大部分组成。

A. 外壳　　　　　　　B. 定子　　　　　　　C. 罩壳及机座

119. 人的室颤电流约为（　　）mA。

A. 16　　　　　　　　B. 30　　　　　　　　C. 50

120. 笼形异步电动机采用电阻降压启动时，启动次数（　　）。

A. 不宜太少　　　　　B. 不允许超过 3 次 / 小时　　　　　C. 不宜过于频繁

121. 低压断路器也称为（　　）。

A. 闸刀　　　　　　　B. 总开关　　　　　　C. 自动空气开关

122. 用喷雾水枪可带电灭火，但为安全起见，灭火人员要戴绝缘手套，穿绝缘靴还要求水枪头（　　）。

A. 接地　　　　　　　B. 必须是塑料制成的　　　C. 不能是金属制成的

123. 热继电器的整定电流为电动机额定电流的（　　）%。

A. 100　　　　　　　B. 120　　　　　　　C. 130

124.（　　）可用于操作高压跌落式熔断器、单极隔离开关及装设临时接地线等。

A. 绝缘手套　　　　　B. 绝缘鞋　　　　　　C. 绝缘棒

125. 安培定则也叫（　　）。

A. 左手定则　　　　　B. 右手定则　　　　　C. 右手螺旋法则

126.（　　）原则和经济原则是正确选用电器应遵循的两个基本原则。

A. 安全　　　　　　　B. 性能　　　　　　　C. 价格

127. 某四极电动机的转速为 1440r/min，则这台电动机的转差率为（　　）%。

A. 2　　　　　　　　B. 4　　　　　　　　C. 6

128. 人体直接接触带电设备或线路中的一相时，电流通过人体流入大地，这种触电现象称为（　　）触电。

A. 单相　　　　　　　B. 两相　　　　　　　C. 三相

129. 万用表电压量程 2.5V 是当指针指在（　　）位置时电压值为 2.5V。

A. 1/2 量程　　　　　B. 满量程　　　　　　C. 2/3 量程

130. 单相三孔插座的上孔接（　　）。

A. 零线　　　　　　　B. 相线　　　　　　　C. 地线

131. 6～10kV 架空线路的导线经过居民区时线路与地面的最小距离为（　　）m。

A. 6　　　　　　　　B. 5　　　　　　　　C. 6.5

132. 我们使用的照明电压为 220V，这个值是交流电的（　　）。

A. 有效值　　　　　　B. 最大值　　　　　　C. 恒定值

答案：117. B；118. B；119. C；120. C；121. C；122. A；123. A；124. C；125. C；126. A；127. B；128. A；
129. B；130. C；131. C；132. A

133. 三个阻值相等的电阻串联时的总电阻是并联时总电阻的（　　）倍。

A. 6　　　　　　　　B. 9　　　　　　　　C. 3

134. 电流表的符号是（　　）

A. Ω　　　　　　　　B. A　　　　　　　　C. V

135. 电磁力的大小与导体的有效长度成（　　）。

A. 正比　　　　　　　B. 反比　　　　　　　C. 不变

136. 更换熔体时，原则上新熔体与旧熔体的规格要（　　）。

A. 不同　　　　　　　B. 相同　　　　　　　C. 更新

137. 在电气线路安装时，导线与导线或导线与电气螺栓之间的连接最易引发火灾的连接工艺是（　　）。

A. 铜线与铝线绞接　　B. 铝线与铝线绞接　　C. 铜铝过渡接头压接

138. 电气火灾发生时，应先切断电源再扑救，但不知或不清楚开关在何处时，应剪断电线，剪切时要（　　）。

A. 几根线迅速同时剪断　　　　　　　B. 不同相线在不同位置剪断

C. 在同一位置一根一根剪断

139. 在均匀磁场中，通过某一平面的磁通量为最大时，这个平面就和磁力线（　　）。

A. 平行　　　　　　　B. 垂直　　　　　　　C. 斜交

140. 利用（　　）来降低加在定子三相绕组上的电压的启动叫自耦降压启动。

A. 自耦变压器　　　　B. 频敏变压器　　　　C. 电阻器

141. 绝缘材料的耐热等级为 E 级时，其极限工作温度为（　　）℃。

A. 90　　　　　　　　B. 105　　　　　　　　C. 120

142. 当发现电容器有损伤或缺陷时，应该（　　）。

A. 自行修理　　　　　B. 送回修理　　　　　C. 丢弃

143. 笼形异步电动机常用的降压启动有（　　）启动、自耦变压器降压启动、星 - 三角降压启动。

A. 转子串电阻　　　　B. 串电阻降压　　　　C. 转子串频敏

144. 断路器是通过手动或电动等操作机构使断路器合闸，通过（　　）装置使断路器自动跳闸，达到故障保护目的。

A. 自动　　　　　　　B. 活动　　　　　　　C. 脱扣

145. 对电动机各绕组的绝缘检查，要求是：电动机每 1kV 工作电压，绝缘电阻（　　）。

A. 小于 0.5MΩ　　　　B. 大于等于 1MΩ　　　C. 等于 0.5MΩ

146. 电伤是由电流的（　　）效应对人体所造成的伤害。

A. 热　　　　　　　　B. 化学　　　　　　　C. 热化学与机械

147. 漏电保护断路器在设备正常工作时，电路电流的相量和（　　），开关保持闭合状态。

A. 为正　　　　　　　B. 为负　　　　　　　C. 为零

答案：133. B；134. B；135. A；136. B；137. A；138. B；139. B；140. A；141. C；142. B；143. B；144. C；145. B；146. C；147. C

148. 电流继电器使用时其吸引线圈直接或通过电流互感器（　　）在被控电路中。

A. 并联　　　　　　　　B. 串联　　　　　　　　C. 串联或并联

149. 尖嘴钳 150mm 是指（　　）。

A. 其绝缘手柄为 150mm　　　　　　　　B. 其总长度为 150mm

C. 其开口 150mm

150. 连接电容器的导线的长期允许电流不应小于电容器额定电流的（　　）%。

A. 110　　　　　　　　B. 120　　　　　　　　C. 130

151. 保护线（接地或接零线）的颜色按标准应采用（　　）。

A. 蓝色　　　　　　　　B. 红色　　　　　　　　C. 黄绿双色

152. 特种作业人员在操作证有效期内，连续从事本工种 10 年以上，无违法行为，经考核发证机关同意，操作证复审时间可延长至（　　）年。

A. 4　　　　　　　　B. 6　　　　　　　　C. 10

153. 干粉灭火器可适用于（　　）kV 以下线路带电灭火。

A. 10　　　　　　　　B. 35　　　　　　　　C. 50

154. 低压熔断器广泛应用于低压供配电系统和控制系统中，主要用于（　　）保护，有时也可用于过载保护。

A. 速断　　　　　　　　B. 短路　　　　　　　　C. 过流

155. "禁止合闸，有人工作"的标志牌应制作为（　　）。

A. 白底红字　　　　　　　　B. 红底白字　　　　　　　　C. 白底绿字

156. 导线接头、控制器触点等接触不良是诱发电气火灾的重要原因。所谓"接触不良"，其本质原因是（　　）。

A. 触头、接触点电阻变化引发过电压　　　　　　　　B. 触头接触点电阻变小

C. 触头、接触点电阻变大引起功耗增大

157. 每一照明（包括风扇）支路总容量一般不大于（　　）kW。

A. 2　　　　　　　　B. 3　　　　　　　　C. 4

158. 电机在正常运行时的声音，是平稳、轻快、（　　）和有节奏的。

A. 尖叫　　　　　　　　B. 均匀　　　　　　　　C. 摩擦

159. 测量接地电阻时，电位探针应接在距接地端（　　）m 的地方。

A. 5　　　　　　　　B. 20　　　　　　　　C. 40

160.（　　）仪表由固定的永久磁铁，可转动的线圈及转轴、游丝、指针、机械调零机构等组成。

A. 磁电式　　　　　　　　B. 电磁式　　　　　　　　C. 感应式

161. 相线应接在螺口灯头的（　　）。

A. 中心端子　　　　　　　　B. 螺纹端子　　　　　　　　C. 外壳

答案：148. B；149. B；150. C；151. C；152. B；153. C；154. B；155. A；156. C；157. B；158. B；159. B；160. A；161. A

162. 低压电容器的放电负载通常使用（　　）。

A. 灯泡　　　　　　B. 线圈　　　　　　C. 互感器

163. 电容器组禁止（　　）。

A. 带电合闸　　　　B. 带电荷合闸　　　C. 停电合闸

164. 选择电压表时，其内阻（　　）被测负载的电阻为好。

A. 远小于　　　　　B. 远大于　　　　　C. 等于

165.（　　）仪表可直接用于交、直流测量，但精确度低。

A. 磁电式　　　　　B. 电磁式　　　　　C. 电动式

166. 电流对人体的热效应造成的伤害是（　　）。

A. 电烧伤　　　　　B. 电烙印　　　　　C. 皮肤金属化

167. TN-S 俗称（　　）。

A. 三相四线　　　　B. 三相五线　　　　C. 三相三线

168. 装设接地线，当检验明确无电压后，应立即将检修设备接地并（　　）短路。

A. 单相　　　　　　B. 两相　　　　　　C. 三相

169. 带电体的工作电压越高，要求其间的空气距离（　　）。

A. 一样　　　　　　B. 越大　　　　　　C. 越小

170. 在铝绞线中加入钢芯的作用是（　　）。

A. 提高导电能力　　B. 增大导线面积　　C. 提高机械强度

171. 低压电器按其动作方式又可分为自动切换电器和（　　）电器。

A. 非自动切换　　　B. 非电动　　　　　C. 非机械

172. 属于控制电器的是（　　）。

A. 接触器　　　　　B. 熔断器　　　　　C. 刀开关

173. 万用表由表头、（　　）及转换开关三个主要部分组成。

A. 测量电路　　　　B. 线圈　　　　　　C. 指针

174. 正确选用电器应遵循的两个基本原则是安全原则和（　　）原则。

A. 性能　　　　　　B. 经济　　　　　　C. 功能

175. 在电路中，开关应控制（　　）。

A. 零线　　　　　　B. 相线　　　　　　C. 地线

176. 断路器的选用，应先确定断路器的（　　），然后才进行具体的参数的确定。

A. 类型　　　　　　B. 额定电流　　　　C. 额定电压

177. 铁壳开关在作控制电动机启动和停止时，要求额定电流要大于或等于（　　）倍电动机额定电流。

A. 一　　　　　　　B. 两　　　　　　　C. 三

178. 测量电压时，电压表应与被测电路（　　）。

A. 并联　　　　　　B. 串联　　　　　　C. 正接

答案：162. A；163. B；164. B；165. B；166. A；167. B；168. C；169. B；170. C；171. A；172. A；173. A；174. B；175. B；176. A；177. B；178. A

179. 人体同时接触带电设备或线路中的两相导体时，电流从一相通过人体流入另一相，这种触电现象称为（　　）触电。

A. 单相　　　　　　　B. 两相　　　　　　　C. 感应电

180.（　　）的电机，在通电前，必须先做各绕组的绝缘电阻检查，合格后才可通电。

A. 一直在用，停止没超过一天　　　　B. 不常用，但电机刚停止不超过一天

C. 新装或未用过的

181. 电气火灾的引发是由于危险温度的存在，其中短路、设备故障、设备非正常运行及（　　）都可能是引发危险温度的因素。

A. 导线截面选择不当　B. 电压波动　　　　　C. 设备运行时间长

182. 钳形电流表是利用（　　）的原理制造的。

A. 电流互感器　　　　B. 电压互感器　　　　C. 变压器

183. 在对 380V 电机各绕组的绝缘检查中，发现绝缘电阻（　　），则可初步判定为电机受潮所致，应对电机进行烘干处理。

A. 小于 10MΩ　　　　B. 大于 0.5MΩ　　　　C. 小于 0.5MΩ

184. 并联电容器的连接应采用（　　）连接。

A. 三角形　　　　　　B. 星形　　　　　　　C. 矩形

185. Ⅱ类手持电动工具是带有（　　）绝缘的设备。

A. 基本　　　　　　　B. 防护　　　　　　　C. 双重

186. 交流接触器的机械寿命是指在不带负载的操作次数，一般达（　　）。

A. 10 万次以下　　　　B. 600 至 1000 万次　　C. 10000 万次以上

187. 下列材料不能作为导线使用的是（　　）。

A. 铜绞线　　　　　　B. 钢绞线　　　　　　C. 铝绞线

188. 电容器属于（　　）设备。

A. 危险　　　　　　　B. 运动　　　　　　　C. 静止

189. 三相异步电动机一般可直接启动的功率为（　　）kW 以下。

A. 7　　　　　　　　B. 10　　　　　　　　C. 16

190. 螺旋式熔断器的电源进线应接在（　　）。

A. 上端　　　　　　　B. 下端　　　　　　　C. 前端

191. 串联电路中各电阻两端电压的关系是（　　）。

A. 各电阻两端电压相等　B. 阻值越小两端电压越高

C. 阻值越大两端电压越高

192. 属于配电电器的有（　　）。

A. 接触器　　　　　　B. 熔断器　　　　　　C. 电阻器

193. 导线接头连接不紧密，会造成接头（　　）。

A. 发热　　　　　　　B. 绝缘不够　　　　　C. 不导电

答案：179. B；180. C；181. A；182. A；183. C；184. A；185. C；186. B；187. B；188. C；189. A；190. B；
191. C；192. B；193. A

194. 电容器可用万用表（　　）挡进行检查。

A. 电压　　　　　　　　B. 电流　　　　　　　　C. 电阻

195. 1kV 以上的电容器组采用（　　）接成三角形作为放电装置。

A. 电炽灯　　　　　　　B. 电流互感器　　　　　C. 电压互感器

196. 一般照明线路中，无电的依据是（　　）。

A. 用摇表测量　　　　　B. 用电笔验电　　　　　C. 用电流表测量

197. 组合开关用于电动机可逆控制时，（　　）允许反向接通。

A. 不必在电动机完全停转后就　　　　　　B. 可在电动机停后就

C. 必须在电动机完全停转后才

198. 拉开闸刀时，如果出现电弧，应（　　）。

A. 迅速拉开　　　　　　B. 立即合闸　　　　　　C. 缓慢拉开

199. 交流接触器的额定工作电压，是指在规定条件下，能保证电器正常工作的（　　）电压。

A. 最低　　　　　　　　B. 最高　　　　　　　　C. 平均

200. 熔断器的额定电流（　　）电动机的启动电流。

A. 大于　　　　　　　　B. 等于　　　　　　　　C. 小于

201. 胶壳刀开关在接线时，电源线接在（　　）。

A. 上端（静触点）　　　B. 下端（动触点）　　　C. 两端都可

202. 下列灯具中功率因数最高的是（　　）。

A. 白炽灯　　　　　　　B. 节能灯　　　　　　　C. 日光灯

203. 防静电的接地电阻要求不大于（　　）Ω。

A. 10　　　　　　　　　B. 40　　　　　　　　　C. 100

204. 铁壳开关的电气图形为（　　），文字符号为 QS。

A. （图形）　　　　　　B. （图形）　　　　　　C. （图形）

205. 指针式万用表一般可以测量交直流电压、（　　）电流和电阻。

A. 交直流　　　　　　　B. 交流　　　　　　　　C. 直流

206. 我们平时称的瓷瓶，在电工专业中称为（　　）。

A. 绝缘瓶　　　　　　　B. 隔离体　　　　　　　C. 绝缘子

207. 单极型半导体器件是（　　）。

A. 二极管　　　　　　　B. 双极性二极管　　　　C. 场效应管

208. 当低压电气火灾发生时，首先应做的是（　　）。

A. 迅速离开现场去报告领导　　　　　　　B. 迅速设法切断电源

C. 迅速用干粉或者二氧化碳灭火器灭火

答案：194. C；195. C；196. B；197. C；198. A；199. B；200. C；201. A；202. A；203. C；204. B；205. C；
206. C；207. C；208. B

209. 当电气火灾发生时，应首先切断电源再灭火，但当电源无法切断时，只能带电灭火，500V 低压配电柜灭火可选用的灭火器是（　　　）。

A. 二氧化碳灭火器　　　　B. 泡沫灭火器　　　　C. 水基式灭火器

210. 确定正弦量的三要素为（　　　）。

A. 相位初相位相位差　　B. 最大值频率初相角　　C. 周期频率角频率

211. 线路单相短路是指（　　　）。

A. 功率太大　　　　　　B. 电流太大　　　　　　C. 零火线直接接通

212.（　　　）仪表可直接用于交、直流测量，且精确度高。

A. 磁电式　　　　　　　B. 电磁式　　　　　　　C. 电动式

213. 三相交流电路中，A 相用（　　　）颜色标记。

A. 红色　　　　　　　　B. 黄色　　　　　　　　C. 绿色

214. 电容器的功率属于（　　　）。

A. 有功功率　　　　　　B. 无功功率　　　　　　C. 视在功率

215. 根据线路电压等级和用户对象，电力线路可分为配电线路和（　　　）线路。

A. 动力　　　　　　　　B. 照明　　　　　　　　C. 送电

216. 下图的电工元件符号中属于电容器的电工符号是（　　　）。

A. ⎥⎢　　　　　　　　B. ⊣⊢　　　　　　　　C. ⌒⌒⌒⌒

217. 热继电器具有一定的（　　　）自动调节补偿功能。

A. 时间　　　　　　　　B. 频率　　　　　　　　C. 温度

218. 导线的中间接头采用绞接时，先在中间互绞（　　　）圈。

A. 1　　　　　　　　　　B. 2　　　　　　　　　　C. 3

219. 为了检查可以短时停电，在触及电容器前必须（　　　）。

A. 充分放电　　　　　　B. 长时间停电　　　　　　C. 冷却之后

220.（GB/T 3805—2008）《特低电压（ELV）限值》中规定，在正常环境下，正常工作时工频电压有效值的限值为（　　　）V。

A. 33　　　　　　　　　B. 70　　　　　　　　　　C. 55

221. 螺丝刀的规格是以柄部外面的杆身长度和（　　　）表示。

A. 半径　　　　　　　　B. 厚度　　　　　　　　C. 直径

222. 碳在自然界中有金刚石和石墨两种存在形式，其中石墨是（　　　）。

A. 绝缘体　　　　　　　B. 导体　　　　　　　　C. 半导体

223. 具有反时限安秒特性的元件就具备短路保护和（　　　）保护能力。

A. 温度　　　　　　　　B. 机械　　　　　　　　C. 过载

224. 下列（　　　）是保证电气作业安全的组织措施。

A. 工作许可制度　　　　B. 停电　　　　　　　　C. 悬挂接地线

答案：209. A；210. B；211. C；212. C；213. B；214. B；215. C；216. B；217. C；218. C；219. A；220. A；221. C；222. B；223. C；224. A

225. 电动机在额定工作状态下运行时，定子电路所加的（　　）叫额定电压。

A. 线电压　　　　　　B. 相电压　　　　　　C. 额定电压

226. 用摇表测量电阻的单位是（　　）。

A. 欧姆　　　　　　B. 千欧　　　　　　C. 兆欧

227. 用万用表测量电阻时，黑表笔接表内电源的（　　）。

A. 两极　　　　　　B. 负极　　　　　　C. 正极

228. 对于低压配电网，配电容量在 100kW 以下时，设备保护接地的接地电阻不应超过（　　）Ω。

A. 10　　　　　　B. 6　　　　　　C. 4

229. 绝缘手套属于（　　）安全用具。

A. 直接　　　　　　B. 辅助　　　　　　C. 基本

230. 一般线路中的熔断器有（　　）保护。

A. 过载　　　　　　B. 短路　　　　　　C. 过载和短路

231. 按国际和我国标准，（　　）线只能用作保护接地或保护接零线。

A. 黑色　　　　　　B. 蓝色　　　　　　C. 黄绿双色

232. 当一个熔断器保护一只灯时，熔断器应串联在开关（　　）

A. 前　　　　　　B. 后　　　　　　C. 中

233. 一般情况下 220V 工频电压作用下人体的电阻为（　　）Ω。

A. 500～1000　　　　B. 800～1600　　　　C. 1000～2000

234. 应装设报警式漏电保护器而不自动切断电源的是（　　）。

A. 招待所插座回路　　B. 生产用的电气设备　　C. 消防用电梯

235. 导线接头的机械强度不小于原导线机械强度的（　　）%。

A. 80　　　　　　B. 90　　　　　　C. 95

236. 一般照明场所的线路允许电压损失为额定电压的（　　）。

A. ±5%　　　　　　B. ±10%　　　　　　C. ±15%

237. 事故照明一般采用（　　）。

A. 日光灯　　　　　　B. 白炽灯　　　　　　C. 高压汞灯

238. 照明系统中的每一单相回路上，灯具与插座的数量不宜超过（　　）个。

A. 20　　　　　　B. 25　　　　　　C. 30

239. 钳形电流表测量电流时，可以在（　　）电路的情况下进行。

A. 断开　　　　　　B. 短接　　　　　　C. 不断开

240. 低压线路中的零线采用的颜色是（　　）。

A. 深蓝色　　　　　　B. 淡蓝色　　　　　　C. 黄绿双色

答案：225. A；226. C；227. C；228. A；229. B；230. C；231. C；232. B；233. C；234. C；235. A；236. A；237. B；238. B；239. C；240. B

241. 在对可能存在较高跨步电压的接地故障点进行检查时，室内不得接近故障点（   ）m 以内。

A. 2   B. 3   C. 4

242. 熔断器的符号是（   ）。

A. —▭—   B. —▭—   C. —▷|—

243. 并联电力电容器的作用是（   ）。

A. 降低功率因数   B. 提高功率因数   C. 维持电流

244. 熔断器的保护特性又称为（   ）。

A. 灭弧特性   B. 安秒特性   C. 时间性

245. 星 - 三角降压启动，是启动时把定子三相绕组作（   ）连接。

A. 三角形   B. 星形   C. 延边三角形

246. 暗装的开关及插座应有（   ）。

A. 明显标志   B. 盖板   C. 警示标志

247. 使用竹梯时，梯子与地面的夹角以（   ）°为宜。

A. 50   B. 60   C. 70

248. 非自动切换电器是依靠（   ）直接操作来进行工作的。

A. 外力（如手控）   B. 电动   C. 感应

249. 在民用建筑物的配电系统中，一般采用（   ）断路器。

A. 框架式   B. 电动式   C. 漏电保护

250. 几种线路同杆架设时，必须保证高压线路在低压线路（   ）。

A. 左方   B. 右方   C. 上方

251. 电容器在用万用表检查时指针摆动后应该（   ）。

A. 保持不动   B. 逐渐回摆   C. 来回摆动

252. 交流 10kV 母线电压是指交流三相三线制的（   ）。

A. 线电压   B. 相电压   C. 线路电压

253. 熔断器在电动机的电路中起（   ）保护作用。

A. 过载   B. 短路   C. 过载和短路

254. 更换熔体或熔管，必须在（   ）的情况下进行。

A. 带电   B. 不带电   C. 带负载

255. 按照计数方法，电工仪表主要分为指针式仪表和（   ）式仪表。

A. 电动   B. 比较   C. 数字

256. 变压器和高压开关柜，防止雷电侵入产生破坏的主要措施是（   ）。

A. 安装避雷器   B. 安装避雷线   C. 安装避雷网

答案：241. C；242. A；243. B；244. B；245. B；246. B；247. B；248. A；249. C；250. C；251. B；252. A；
253. B；254. B；255. C；256. A

257. （　　　）仪表由固定的线圈，可转动的铁芯及转轴、游丝、指针、机械调零机构等组成。

A. 磁电式　　　　　　　B. 电磁式　　　　　　　C. 感应式

258. 脑细胞对缺氧最敏感，一般缺氧超过（　　　）min 就会造成不可逆转的损害导致脑死亡。

A. 5　　　　　　　　　　B. 8　　　　　　　　　　C. 12

259. 高压验电器的发光电压不应高于额定电压的（　　　）%。

A. 25　　　　　　　　　B. 50　　　　　　　　　C. 75

260. 钳形电流表由电流互感器和带（　　　）的磁电式表头组成。

A. 测量电路　　　　　　B. 整流装置　　　　　　C. 指针

261. 电能表是测量（　　　）用的仪器。

A. 电流　　　　　　　　B. 电压　　　　　　　　C. 电能

262. 人体体内电阻约为（　　　）Ω。

A. 200　　　　　　　　B. 300　　　　　　　　C. 500

263. 对触电成年伤员进行人工呼吸，每次吹入伤员的气量要达到（　　　）ml 才能保证足够的氧气。

A. 500～700　　　　　B. 800～1200　　　　　C. 1200～1400

264. 由专用变压器供电时，电动机容量小于变压器容量的（　　　），允许直接启动。

A. 0.6　　　　　　　　B. 0.4　　　　　　　　C. 0.2

265. 职工因工作受到事故伤害或者患职业病需要暂停工作接受治疗的，可以停工留薪，但停工留薪期一般不超过（　　　）个月。

A. 6　　　　　　　　　B. 10　　　　　　　　C. 12

266. 在狭窄场所如锅炉、金属容器、管道内作业时应使用（　　　）工具。

A. Ⅰ类　　　　　　　　B. Ⅱ类　　　　　　　　C. Ⅲ类

267. 低压电工作业是指对（　　　）V 以下的电气设备进行安装、调试、运行操作等的作业。

A. 250　　　　　　　　B. 500　　　　　　　　C. 1000

268. 一般照明的电源优先选用（　　　）V。

A. 220　　　　　　　　B. 380　　　　　　　　C. 36

269. 下列现象中，可判定是接触不良的是（　　　）。

A. 日光灯启动困难　　B. 灯泡忽明忽暗　　　　C. 灯泡不亮

270. 特种作业人员必须年满（　　　）周岁。

A. 18　　　　　　　　B. 19　　　　　　　　C. 20

271. Ⅱ类工具的绝缘电阻要求最小为（　　　）MΩ。

A. 5　　　　　　　　　B. 7　　　　　　　　　C. 9

答案：257. B；258. B；259. A；260. B；261. C；262. C；263. B；264. C；265. C；266. C；267. C；268. A；269. B；270. A；271. B

272. 运行中的裸导线一般温度不得超过（　　　）。

A. 40℃　　　　　　　B. 70℃　　　　　　　C. 100℃

273. 心搏停止、呼吸存在者，应立即进行（　　　）。

A. 人工呼吸　　　　　B. 胸外心脏按压　　　C. 人工呼吸和胸外心脏按压

274. 特种作业人员未按规定经专门的安全作业培训并取得相应资格，上岗作业的，责令生产经营单位（　　　）。

A. 限期改正　　　　　B. 罚款　　　　　　　C. 停产停业整顿

275. 在配电线路中，熔断器作过载保护时，熔体的额定电流为不大于导线允许载流量（　　　）倍。

A. 1.25　　　　　　　B. 1.1　　　　　　　　C. 0.8

276. 在易燃易爆场所使用的照明灯具应采用（　　　）灯具。

A. 防爆型　　　　　　B. 防潮型　　　　　　C. 普通型

277. 熔断器的额定电压，是从（　　　）角度出发，规定的电路最高工作电压。

A. 过载　　　　　　　B. 灭弧　　　　　　　C. 温度

278. 耳塞属于（　　　）

A. 噪声防护用品　　　B. 助听防护用品　　　C. 听觉防护用品

279. Ⅰ类电动工具的绝缘电阻要求不低于（　　　）。

A. 1MΩ　　　　　　　B. 2MΩ　　　　　　　C. 3MΩ

280. 对于夜间影响飞机或车辆通行的，在建机械设备上安装的红色信号灯，其电源设在总开关（　　　）。

A. 前侧　　　　　　　B. 后侧　　　　　　　C. 左侧

281. 从实际发生的事故中可以看到，70% 以上的事故都与（　　　）有关。

A. 技术水平　　　　　B. 人的情绪　　　　　C. 人为过失

282. 在一个闭合回路中，电流强度与电源电动势成正比，与电路中内电阻和外电阻之和成反比，这一定律称（　　　）。

A. 全电路欧姆定律　　B. 全电路电流定律　　C. 部分电路欧姆定律

283. 用于防止漏电火灾的漏电报警装置的动作电流约为（　　　）mA。

A. 6～10　　　　　　B. 15～30　　　　　　C. 30～50　　　　　　D. 100～200

284. 当一个熔断器保护一只灯时，熔断器应串联在开关（　　　）。

A. 前　　　　　　　　B. 后　　　　　　　　C. 中

285. 电工使用的带塑料套柄的钢丝钳，其耐压为（　　　）V以下。

A. 380　　　　　　　B. 500　　　　　　　　C. 1000

286. 进行腐蚀品的装卸作业应该戴（　　　）手套。

A. 帆布　　　　　　　B. 橡胶　　　　　　　C. 棉布

答案：272. B；273. B；274. A；275. C；276. A；277. B；278. A；279. B；280. A；281. C；282. A；283. D；284. B；285. B；286. B

287. 蓄电池容量单位是（　　）。

A. W　　　　　　　　B. A·h　　　　　　　　C. kW·h

288. 带"回"字符号标志的手持电动工具是（　　）工具。

A. Ⅰ类　　　　　　　B. Ⅱ类　　　　　　　　C. Ⅲ类

289. 二极管的导电特性是（　　）导电。

A. 单向　　　　　　　B. 双向　　　　　　　　C. 三向

290. 如图，在保险丝处接入一个"220V 40W"的灯泡L_0，若闭合S时，L_0和L都呈暗红色，可以确定该支路正常；若闭合S时，L_0正常发光，L不发光，由此可以确定L灯头（　　）

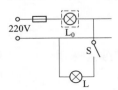

A. 短路　　　　　　　B. 断路　　　　　　　　C. 漏电

291. 电伤是由电流的（　　）效应对人体所造成的伤害。

A. 热　　　　　　　　B. 化学　　　　　　　　C. 热、化学与机械

292. 有时候用钳表测量电流前，要把钳口开合几次，目的是（　　）。

A. 消除剩余电流　　　B. 消除剩磁　　　　　　C. 消除残余应力

293. 在生产过程中，静电对人体，对设备，对产品都是有害的，要消除或减弱静电，可使用喷雾增湿剂，这样做的目的是（　　）。

A. 使静电荷通过空气泄漏

B. 使静电荷向四周散发泄漏

C. 使静电沿绝缘体表面泄漏

294. （　　）是保证电气作业安全的技术措施之一。

A. 工作票制度　　　　B. 验电　　　　　　　　C. 工作许可制度

295. 为了防止跨步电压对人造成伤害，要求防雷接地装置距离建筑物出入口、人行道最小距离不应小于（　　）m。

A. 2.5　　　　　　　B. 3　　　　　　　　　　C. 4

296. 更换和检修用电设备时，最好的安全措施是（　　）。

A. 切断电源　　　　　B. 站在凳子上操作　　　C. 戴橡皮手套操作

297. 对电机内部的脏物及灰尘清理，应用（　　）。

A. 湿布抹擦　　　　　B. 布上蘸汽油、煤油等抹擦

C. 用压缩空气吹或用干布抹擦

298. 在中性点接地的供电系统中，所有用电设备的金属外壳与系统的零线可靠连接，（　　）用保护接地代替保护接零。

A. 允许　　　　　　　B. 禁止　　　　　　　　C. 可以

答案：287. B；288. B；289. A；290. A；291. C；292. B；293. C；294. B；295. B；296. A；297. C；298. B

299. 交流接触器的接通能力，是指开关闭合接通电流时不会造成（　　）的能力。

A. 触点熔焊　　　　　B. 电弧出现　　　　　C. 电压下降

300. 采取吸入通过滤毒罐（盒）过滤除去空气中的毒物这种方式防止毒物吸入呼吸道的呼吸防护用品是：（　　）。

A. 自给式空气呼吸器　B. 长管面具　　　　　C. 过滤式防毒面具

301. 从触电时电流流过人体的路径来看，最危险的触电路径是（　　）。

A. 前胸—左手　　　　B. 前胸—右手　　　　C. 双手—双脚

302. （　　）仪表的灵敏度和精确度较高，多用来制作携带式电压表和电流表。

A. 磁电式　　　　　　B. 电磁式　　　　　　C. 电动式

303. 用于电气作业书面依据的工作票应一式（　　）份。

A. 2　　　　　　　　B. 3　　　　　　　　　C. 4

304. 移动电气设备电源应采用高强度铜芯橡皮护套软绝缘（　　）。

A. 导线　　　　　　　B. 电缆　　　　　　　C. 绞线

305. 能清除皮肤上的油、尘、毒等脏污，使皮肤免受损害的皮肤防护用品称作：（　　）。

A. 防水型护肤剂　　　B. 防油型护肤剂　　　C. 洁肤型护肤剂

306. 干粉灭火器火器可适用于（　　）kV 以下线路带电灭火。

A. 10　　　　　　　　B. 35　　　　　　　　C. 50

307. 工作人员在 10kV 及以下电气设备上工作时，正常活动范围与带电设备的安全距离为（　　）m。

A. 0.2　　　　　　　B. 0.35　　　　　　　C. 0.5

308. 运行中的塑料绝缘导线一般温度不得超过（　　）。

A. 40℃　　　　　　　B. 70℃　　　　　　　C. 100℃

309. 在煤矿井下生产过程中，如发生人员骨折，其他人员应采用（　　）的急救原则。

A. 等待救护人员到来　B. 立即送往医院　　　C. 先固定后搬运

310. 刀开关在选用时，要求刀开关的额定电压要大于或等于线路实际的（　　）电压。

A. 额定　　　　　　　B. 最高　　　　　　　C. 故障

311. 用兆欧表逐相测量定子绕组与外壳的绝缘电阻，当转动摇柄时，指针指到零，说明绕组（　　）。

A. 碰壳　　　　　　　B. 短路　　　　　　　C. 断路

312. 避雷针是常用的避雷装置，安装时，避雷针宜设独立的接地装置，如果在非高电阻率地区，其接地电阻不宜超过（　　）Ω。

A. 2　　　　　　　　B. 4　　　　　　　　　C. 10

313. 矽肺是（　　）引起的严重的职业病。

A. 生产性粉尘　　　　B. 生产性毒物　　　　C. 苯

答案：299. A；300. C；301. A；302. A；303. A；304. B；305. C；306. C；307. B；308. A；309. C；310. B；311. A；312. C；313. A

314. 固定型电池规定以 10 小时放电率放电时（25℃）终止电压为（　　　）。

    A. 1.8V/ 只　　　　　　　　B. 2V/ 只　　　　　　　　C. 2.2V/ 只

315. 在井下发现伤员突然停止呼吸时，应（　　　）。

    A. 及时进行人工呼吸再转送医院　　　　　　B. 立即送井上医院

    C. 立即报告矿调度室

316. 在建筑物，电气设备和构筑物上能产生电效应，热效应和机械效应，具有较大的破坏作用的雷属于（　　　）。

    A. 球形雷　　　　　　　　B. 感应雷　　　　　　　　C. 直击雷

317. 在低压供电线路保护接地和建筑物防雷接地网，需要共用时，其接地网电阻要求（　　　）。

    A. ≤ 2.5Ω　　　　　　　B. ≤ 1Ω　　　　　　　　C. ≤ 10Ω

318. 某相电压 220V 的三相四线系统中，工作接地电阻 R_N=2.8Ω，系统中用电设备采取接地保护方式，接地电阻为 R_A=3.6Ω，如用电设备漏电，故障排除前漏电设备对地电压为（　　　）V。

    A. 34.375　　　　　　　B. 123.75　　　　　　　C. 96.25

319. 凡受电容量在 160kV·A 以上的高压供电用户，月平均功率因数标准为（　　　）。

    A. 0.8　　　　　　　　　B. 0.85　　　　　　　　C. 0.9

320. 避雷针的接地装置与道路出入口之间的距离不应小于（　　　）m。

    A. 1　　　　　　B. 2　　　　　　　C. 3　　　　　　　D. 5

321. 热继电器双金属片受热后将发生（　　　）变形。

    A. 膨胀　　　　　　B. 伸长　　　　　　　C. 破坏　　　　　　　D. 弯曲

322. 电力电容器所在环境日平均最高温度不应超过（　　　）℃。

    A. 35　　　　　　B. 40　　　　　　　C. 45　　　　　　　D. 50

323.《中华人民共和国劳动法》自 1995 年（　　　）起正式施行。

    A. 1 月 1 日　　　　　B. 5 月 1 日　　　　C. 6 月 1 日　　　　D. 10 月 1 日

324. 同杆塔架设的多层电力线路挂接地线时，应（　　　）。拆除时顺序相反。

    A. 先挂低压、后挂高压，先挂下层、后挂上层，先挂远侧、后挂近侧

    B. 先挂高压、后挂低压，先挂下层、后挂上层，先挂近侧、后挂远侧

    C. 先挂低压、后挂高压，先挂下层、后挂上层，先挂近侧、后挂远侧

325.《中华人民共和国职业病防治法》自 2002 年（　　　）起施行。

    A. 1 月 1 日　　　　B. 10 月 1 日　　　　C. 5 月 1 日　　　　D. 12 月 1 日

326. 电容器室耐火等级不应低于（　　　）级。

    A. 一　　　　　　B. 二　　　　　　　C. 三　　　　　　　D. 四

327. 下列断流容量最大的熔断器是（　　　）熔断器。

    A. 石英砂填料管式　　B. 纤维管式　　　　C. 瓷插式　　　　　D. 开启式

答案：314. A；315. A；316. C；317. B；318. B；319. C；320. C；321. D；322. B；323. A；324. C；325. C；
    326. B；327. A

328. 兆欧表有 L、E 和 G 三个端钮。其中，G 端的作用是测电缆时（　　）。

A. 作机械调零　　　　　B. 作接地保护　　　　　C. 接短路环　　　　　D. 接被测导体

329. 移动式电气设备应定期（　　）。

A. 测试运行电压　　　　B. 更换电源线　　　　　C. 检查负荷电流

D. 摇测绝缘电阻

330. 出现突然昏倒或痉挛属于（　　）中暑症状。

A. 先兆　　　　　　　　B. 轻症　　　　　　　　C. 重症

331. 卫生部 2002 年第 108 号文《职业病目录》规定的职业病为（　　）大类。

A. 8　　　　　　　　　　B. 9　　　　　　　　　　C. 10

332. 下面（　　）属于无机性粉尘。

A. 水泥、金刚砂、玻璃纤维　　　　　　　　　B. 棉、麻、面粉、木材

C. 兽毛、角质、毛发

333. 被确诊患有职业病的职工，职业病诊断机构应发给其《职业病诊断证明书》，并享受国家规定的（　　）。

A. 医疗保险待遇　　　　B. 工伤保险待遇　　　　C. 养老保险待遇

334. 标有 "100Ω 4W" 和 "100Ω 36W" 的两个电阻串联，允许加的最高电压是（　　）V。

A. 20　　　　　　　　　B. 40　　　　　　　　　C. 60

335. 当架空线路与爆炸性气体环境邻近时，其间距离不得小于杆塔高度的（　　）倍。

A. 3　　　　　　　　　　B. 2.5　　　　　　　　　C. 1.5

336. 低压带电作业时，（　　）。

A. 既要戴绝缘手套，又要有人监护

B. 戴绝缘手套，不要有人监护

C. 有人监护不必戴绝缘手套

337. 当发现电容器有损伤或缺陷时应该（　　）。

A. 自行修理　　　　　　B. 送回修理　　　　　　C. 丢弃

338. 职业病危害因素包括职业活动中存在的各种有害的（　　）因素以及在作业过程中产生的其他职业有害因素。

A. 化学、物理、生物　　B. 化学、物理、生理

C. 生理、物理、生物

339. 接地线应用多股软裸铜线，其截面积不得小于（　　）mm^2。

A. 6　　　　　　　　　　B. 10　　　　　　　　　C. 25

340. 矿工自救时，佩戴自救器后，若感到吸入的空气干热应（　　）。

A. 不得取掉口具，坚持使用，脱离灾区

B. 可以取掉口具，均匀行走，脱离灾区

C. 可以取掉口具，等待救援，脱离灾区

答案：328. C；329. D；330. C；331. C；332. A；333. B；334. B；335. C；336. A；337. B；338. A；339. C；340. A

341. 手持电动工具按触电保护方式分为（　　）类。

A. 2　　　　　　　　　　B. 3　　　　　　　　　　C. 4

342. 生产性毒物可引起职业中毒。长期少量毒物进入机体，可导致（　　）。

A. 急性中毒　　　　　　B. 慢性中毒　　　　　　C. 亚急性中毒

343. 依照《安全生产法》的规定，生产经营单位（　　）与从业人员订立协议，免除或者减轻其对从业人员因生产安全事故伤亡依法应承担的责任。

A. 可以　　　　　　　　　　B. 经有关部门批准可以

C. 不得　　　　　　　　　　D. 一般不得

344. 制定《安全生产法》的目的是防止和减少生产安全事故，保障人民群众（　　）安全。

A. 生命　　　　　　B. 财产　　　　　　C. 生命和财产　　　　　　D. 生命和健康

345. 我国标准规定工频安全电压有效值的限值为（　　）V。

A. 220　　　　　　B. 50　　　　　　C. 36　　　　　　D. 6

346. 防爆合格证编号之后缀有符号"（　　）"，表明此设备具有部件合格证。

A. W　　　　　　B. U　　　　　　C. X　　　　　　D. F

347. 从事一般性高处作业脚上应穿（　　）。

A. 硬底鞋　　　　　　B. 软底防滑鞋　　　　　　C. 普通胶鞋　　　　　　D. 帆布鞋

348. 对运行中的电容器组，夏季的巡视检查应安排在（　　）时进行。

A. 室温最高　　　　　　B. 系统电压最高　　　　　　C. 每日午后 2 点钟　　　　　　D. 任何时间均可

349. 万用表上标志 AC 的挡位是（　　）挡位。

A. 交流电流　　　　　　B. 交流电压　　　　　　C. 直流电流　　　　　　D. 直流电压

350. 火灾危险 21 区是有可燃（　　）存在的火灾危险环境。

A. 液体　　　　　　B. 粉体　　　　　　C. 纤维　　　　　　D. 固体

351. 未成年工可以从事的工作是（　　）。

A. 从事矿山井下工作　　B. 国家规定的第四级体力劳动强度的工作

C. 有毒有害的工作　　　D. 国家规定的第三级体力劳动强度的工作

352. 电力电容器运行中电流不应长时间超过电容器额定电流的（　　）倍。

A. 1.1　　　　　　B. 1.2　　　　　　C. 1.3　　　　　　D. 1.5

353. 磷酸铵盐干粉灭火器不能扑救（　　）。

A. 固体类物质的初起火灾　　　　　　B. 金属燃烧火灾

C. 易燃、可燃液体、气体的初起火灾　　　　　　D. 带电设备的初起火灾

354. 用干粉灭火器灭火时，可手提或肩扛灭火器快速奔赴火场，在距燃烧处（　　）左右放下灭火器。

A. 3m　　　　　　B. 5m　　　　　　C. 7m　　　　　　D. 9m

355. 按压心脏的最少频率为（　　）。

A. 10 次 / 分　　　　　　B. 50 次 / 分　　　　　　C. 100 次 / 分　　　　　　D. 200 次 / 分

答案：341. B；342. B；343. C；344. C；345. B；346. B；347. B；348. A；349. A；350. A；351. D；352. C；353. B；354. B；355. C

356. 省政府 260 号令规定，发包或者出租给不具备安全生产条件或者相应资质的单位、个人，或者未与承包单位、承租单位签订安全生产管理协议、约定安全生产管理事项，发生生产安全事故的，生产经营单位和承包、承租单位应当分别承担什么责任？

A. 全部、连带赔偿　　　　　　　　　B. 主要、连带赔偿

C. 主要、全部赔偿　　　　　　　　　D. 全部、全部赔偿

357. (　　) 是指那些主要用来进一步加强基本安全用具绝缘强度的工具。

A. 绝缘安全用具　　B. 一般防护安全用具　　C. 基本安全用具　　D. 辅助安全用具

358. 下列最危险的电流途径是 (　　)。

A. 右手至脚　　　　B. 左手至右手　　　　C. 左手至胸部　　　　D. 左手至脚

359. 当带电体有接地故障时，(　　) 可作为防护跨步电压的基本安全用具。

A. 低压试电笔　　　　B. 绝缘鞋　　　　C. 标识牌　　　　D. 临时遮栏

360. 室内非生产环境的单相插座的工作电流一般可按 (　　) A 考虑。

A. 1　　　　　　B. 1.5　　　　　　C. 2　　　　　　D. 2.5

361. 若停电线路作业还涉及其他单位配合停电的线路，工作负责人应在得到指定的配合停电设备运行管理单位联系人通知这些线路已停电和接地，并履行 (　　) 后，才可开始工作。

A. 工作许可　　　　　　　　　　　　B. 工作许可电话下达

C. 工作许可当面通知　　　　　　　　D. 工作许可书面手续

362. 尚未转动兆欧表的摇柄时，水平放置完好的兆欧表的指针应当指在 (　　)。

A. 刻度盘最左端　　B. 刻度盘最右端　　C. 刻度盘正中央　　D. 随机位置

363. 弧焊机安装前应检查绝缘电阻是否合格，一次绝缘电阻不应低于 (　　) MΩ。

A. 1　　　　　　B. 2　　　　　　C. 3　　　　　　D. 4

364. 当负荷电流达到熔断器熔体的额定电流时，熔体将 (　　)。

A. 立即熔断　　　B. 长延时后熔断　　　C. 短延时后熔断　　　D. 不会熔断

365. 清除电焊熔渣或多余的金属时，应怎样做才能减少危险 (　　)。

A. 清除的方向须靠向身体

B. 佩戴眼罩和手套等个人防护器具

C. 须开风扇，加强空气流通，减少吸入金属雾

D. 不带任何防护器具

366. 静电现象是十分普遍的电现象，(　　) 是它的最大危害。

A. 对人体放电　　B. 直接置人于死地　　C. 高电压击穿绝缘　　D. 易引发火灾

367. (　　) V 以上的工具必须采用双重绝缘结构。

A. 36　　　　　　B. 70　　　　　　C. 220　　　　　　D. 380

368. 以下属于劳动合同必备条款的是 (　　)。

A. 劳动报酬　　　　B. 试用期　　　　C. 保守商业秘密　　　　D. 福利待遇

────────────

答案：356. B; 357. D; 358. C; 359. B; 360. D; 361. D; 362. D; 363. A; 364. D; 365. B; 366. D; 367. C; 368. A

369. 除矿井甲烷外，爆炸性气体、蒸气、薄雾按最小点燃电流比分为（   ）级。

A. 3   B. 4   C. 5   D. 6

370.（   ）不是电压互感器一次熔断器熔体熔断的原因。

A. 一次绕组相间短路   B. 一次绕组匝间短路

C. 一次绕组端子短路   D. 二次绕组相间短路

371. 用干粉灭火器容器时，若壁温已高于扑救可燃液体的自燃点，此时极易造成灭火后再复燃的现象，若与（   ）用，则灭火效果更佳。

A. 泡沫类灭火器   B. 二氧化碳灭火器   C. 酸碱灭火器   D. 储气瓶式灭火器

372. 施行胸外心脏挤压法抢救时大约每分钟挤压（   ）次。

A. 3～5   B. 10～20   C. 30～40   D. 60～80

373. 在金属容器内使用的手提照明灯的电压应为（   ）V。

A. 220   B. 110   C. 50   D. 12

374. 2014 年 8 月 31 日，中华人民共和国第十二届全国人民代表大会常务委员会第十次会议审议通过了《全国人民代表大会常务委员会关于修改（中华人民共和国安全生产法）的决定》，修订后《中华人民共和国安全生产法》于（   ）起正式施行。

A. 2014 年 10 月 1 日   B. 2014 年 12 月 1 日   C. 2015 年 1 月 1 日   D. 2015 年 1 月 3 日

375. 电压互感器二次回路中的电压表和继电器线圈与互感器的二次线圈是（   ）连接的。

A. 并   B. 串   C. 星形   D. 三角形

376. 安全带在使用中应（   ）。

A. 平挂平用   B. 低挂高用   C. 高挂低用   D. 牢固挂用

377. 漏电保护器后方的线路只允许连接（   ）线。

A. 该用电设备的工作零线   B. PE

C. PEN   D. 地

378. 测量插座中接地脚与设备框架之间或设备框架与控制盘之间的接地电阻，通常应小于（   ）。

A. 0.1Ω   B. 0.2Ω   C. 0.3Ω   D. 0.4Ω

379. 吊车与距 1kV 以下线路的最近距离不得小于（   ）m。

A. 1.5   B. 2   C. 2.5   D. 3

380. 确定正弦量的三要素为（   ）。

A. 相位、初相位、相位差   B. 最大值、频率、初相角

C. 周期、频率、角频率

381. 6～10kV 架空线路的导线经过居民区时线路与地面的最小距离为（   ）m。

A. 4   B. 5   C. 6.5

382. 特种作业操作证有效期为（   ）年。

A. 12   B. 8   C. 6

答案：369. A；370. B；371. A；372. D；373. D；374. B；375. A；376. C；377. A；378. A；379. A；380. B；381. C；382. C

383. 星 - 三角降压启动，是启动时把定子三相绕组做（　　）连接。

　　A. 三角形　　　　　　B. 星形　　　　　　C. 延边三角形

384. 为提高功率因数，40W 的灯管应配用（　　）μF 的电容。

　　A. 2.5　　　　　　　B. 3.5　　　　　　　C. 4.75

385. 人工呼吸方法很多，但以（　　）人工呼吸最为方便和有效。

　　A. 口对口吹气法　　B. 俯卧压背法　　　C. 仰卧压胸法

386. 登高板和绳应能承受（　　）N 的拉力试验。

　　A. 1000　　　　　　B. 1500　　　　　　C. 2206

387. 用一定的材料、结构和装置将声源封闭，以达到噪声传播的目的。此类控制噪声传播的技术措施是（　　）。

　　A. 吸声　　　　　　B. 消声　　　　　　C. 隔声

388. 在工作人员上下用的铁架和梯子上，应悬挂 "（　　）" 的标示牌，在邻近其他可能误登的带电构架上，应悬挂 "禁止攀登，高压危险！" 的标示牌。

　　A. 在此工作！　　　B. 禁止攀登，高压危险！　　　　　　C. 从此上下！

389. 发现井下人体触电时，要组织抢救，使触电者（　　），迅速清除口腔或鼻内的痰涕等分泌物。

　　A. 侧卧　　　　　　B. 半坐　　　　　　C. 平卧

390. 绝缘手套和绝缘鞋要定期试验，试验周期一般为（　　）个月。

　　A. 1　　　　　　　B. 3　　　　　　　C. 6　　　　　　　D. 12

391. 省政府 260 号令规定，（　　）应当设置安全总监。

　　A. 从业人员在 100 人以上的高危生产经营单位

　　B. 从业人员在 300 人以上的高危生产经营单位

　　C. 从业人员在 100 人以上的高危生产经营单位和从业人员在 500 人以上的其他生产经营单位

　　D. 从业人员在 300 人以上的高危生产经营单位和从业人员在 1000 人以上的其他生产经营单位

392. 在锅炉内、金属容器内、管道内等狭窄的特别危险场所，如果使用Ⅱ类设备，则必须装设（　　）保护。

　　A. 短路　　　　　　B. 过载　　　　　　C. 失压　　　　　　D. 漏电

393. 依据《安全生产法》的规定，生产经营单位的从业人员有权了解其作业场所和工作岗位存在的危险因素、防范措施及（　　）。

　　A. 劳动用工情况　　B. 安全技术措施　　C. 安全投入资金情况　　D. 事故应急措施

394. 《突发事件应对法》规定，按照突发事件发生的紧急程度、发展势态和可能造成的危害程度，事故预警分为四级预警，其中最高级别为（　　）预警。

　　A. 红色　　　　　　B. 黄色　　　　　　C. 蓝色　　　　　　D. 橙色

答案：383. B；384. C；385. A；386. C；387. C；388. C；389. C；390. C；391. B；392. D；393. D；394. A

395. 使用面罩式护目镜作业时，累计（　　）h 至少更换一次保护片。

A. 5　　　　　　　　B. 6　　　　　　　　C. 7　　　　　　　　D. 8

396. 因事故导致严重的外部出血，应该（　　）。

A. 清洗伤口以后加以包裹

B. 用布料直接包裹，制止出血

C. 用药棉将流出的血液吸取

D. 让其流血，血液中的血小板凝固流出的血液

397. 正压型电气设备的关键措施是设备外壳内部保护性气体（新鲜空气或惰性气体）的压力高于环境的压力至少（　　）。

A. 40Pa　　　　　　B. 50Pa　　　　　　C. 60Pa　　　　　　D. 70Pa

398.《未成年工特殊保护规定》是（　　）年原劳动部颁布的。

A. 1994　　　　　　B. 1995　　　　　　C. 1996　　　　　　D. 1997

399. 独头巷道发生火灾时，应在维持局部通风机正常通风的情况下（　　）。

A. 安全撤离　　　　B. 积极灭火　　　　C. 迅速抢救　　　　D. 快速封闭

400.《安全生产法》规定，危险物品的生产、储存单位以及矿山、金属冶炼单位应当有（　　）从事安全生产管理工作。

A. 兼职安全生产管理人员　　　　　　　　B. 专职或兼职安全生产管理人员

C. 技术人员　　　　　　　　　　　　　　D. 注册安全工程师

401. 当触电人脱离电源后，如深度昏迷、呼吸和心脏已经停止，首先应当做的事情是（　　）。

A. 找急救车，等候急救车的到来

B. 紧急送往医院

C. 就地进行口对口（鼻）人工呼吸和胸外心脏挤压抢救

D. 让触电人静卧

402. 某企业在安全生产标准化建设过程中，重新修订了《安全生产责任制》，该制度应由企业（　　）签发后实施。

A. 分管安全的负责人　　　　　　　　　　B. 总工程师

C. 分管生产的负责人　　　　　　　　　　D. 主要负责人

403. 建筑活动应当确保（　　）。

A. 经济性　　　　　　　　　　　　　　　B. 建筑工程质量和安全

C. 技术先进　　　　　　　　　　　　　　D. 有利于推动当地经济发展

404. 动力与照明合用的三相四线线路和三相照明线路必须选用（　　）极保护器。

A. 一　　　　　　　　B. 二　　　　　　　C. 三　　　　　　　D. 四

答案：395. D；396. A；397. B；398. A；399. B；400. D；401. C；402. D；403. B；404. D

405. 下列的（　　）属于允许类标示牌。

A. 禁止烟火！　　　　　　　　　　　　B. 禁止合闸，有人工作！

C. 在此工作！　　　　　　　　　　　　D. 止步，高压危险！

406. 在干燥条件下，在接触电压 100～220V 的范围内，人体电阻大约为（　　）。

A. 1000～3000Ω　　　B. 10～30kΩ　　　C. 100～300kΩ　　　D. 100～300Ω

407. 紧急救护时，对成年人的胸外心脏按压，使胸骨下陷（　　）cm 为宜。

A. 1～2　　　　　　B. 2～4　　　　　　C. 3～5　　　　　　D. 5～7

408. 面对三个插孔呈正"品"字形排列的单相三孔插座正确的接线是（　　）。

A. 左接线 L，右接 N 线，上接 PE 线　　　B. 左接 L 线，右接 PE 线，上接 N 线

C. 左接 N 线，右接 L 线，上接 PE 线　　　D. 左接 PE 线，右接 L 线，上接 N 线

409. 对没有喷射软管的二氧化碳灭火器，应把喇叭筒往上扳（　　）。

A. 10°～30°　　　　　B. 30°～70°

C. 50°～70°　　　　　D. 70°～90°

410. 民用建筑室内吊灯铜芯软线截面积不得小于（　　）mm²。

A. 0.5　　　　　　　B. 0.4　　　　　　C. 0.3　　　　　　D. 0.2

411. （　　）指把已经使用或储存一段时间，但不一定发生故障的电气设备恢复到完全可使用状态的活动。

A. 修理　　　　　　B. 大修　　　　　　C. 维护　　　　　　D. 修复

412. 低压电力电缆直埋时的最小深度为（　　）m。

A. 0.6　　　　　　　B. 0.7　　　　　　C. 1　　　　　　　D. 1.05

413. 安全帽从产品制造完成之日计算，塑料安全帽的有效期限为（　　）。

A. 3 年　　　　　　B. 2 年半　　　　　C. 2 年　　　　　　D. 1 年半

414. 行灯的电源电压不超过（　　）V。

A. 40　　　　　　　B. 36　　　　　　　C. 24　　　　　　　D. 12

415. 安全生产事故灾难国家应急领导机构为国务院安委会，（　　）具体承担安全生产事故灾难应急管理工作。

A. 国务院安委会办公室　　　　　　　　B. 国家安全生产应急救援指挥中心

C. 国家安全生产监督管理总局　　　　　D. 国家生产总局

416. 电力电容器不得在其带有残留电荷的情况下合闸。电容器重新合闸前，至少应放电（　　）min。

A. 1　　　　　　　　B. 2　　　　　　　C. 3　　　　　　　D. 10

417. 有触电危险的环境里使用的局部照明灯和手持照明灯，应采用不超过（　　）V 的安全电压。

A. 12　　　　　　　B. 24　　　　　　　C. 36　　　　　　　D. 220

答案：405. C；406. A；407. C；408. C；409. D；410. B；411. B；412. B；413. B；414. B；415. B；416. C；

417. C

418. 能及时消除人体静电积聚、又能防止（　　　）以下电源电击的防护鞋为防静电鞋。

A. 36V　　　　　　B. 100V　　　　　　C. 250V　　　　　　D. 1000V

419. 按照《安全生产法》的规定，工会依法对安全生产工作进行（　　　）。

A. 监察　　　　　　B. 监督　　　　　　C. 评比　　　　　　D. 监管

420. 如果在木杆、木梯或木架上验电，不接地不能指示者，可在验电器绝缘杆尾部接上接地线，但应经运行值班负责人或（　　　）许可。

A. 专责监护人　　　　B. 工作票签发人　　　　C. 工作负责人

D. 工作许可人

421. 高频开关电源系统的电话衡重杂音电压为（　　　）。

A. ≤ 2mV　　　　　B. ≤ 100mV　　　　C. ≤ 40mV　　　　D. ≤ 50mV

422. 正压型电气设备的标志是（　　　）。

A. d　　　　　　　B. p　　　　　　　C. o　　　　　　　D. s

423. 低压断路器的热脱扣器的作用是（　　　）。

A. 短路保护　　　　B. 过载保护　　　　C. 漏电保护　　　　D. 缺相保护

424. 推车式二氧化碳灭火器一般由两人操作，使用时两人一起将灭火器推或拉到燃烧处，在离燃烧物（　　　）左右停下。

A. 4m　　　　　　　B. 6m　　　　　　　C. 8m　　　　　　　D. 10m

425.《安全生产法》规定，有关生产经营单位应当按照规定提取和使用安全生产费用，专门用于（　　　）。

A. 改善技术　　　　　　　　　　　B. 改善工艺

C. 改善安全生产条件　　　　　　　D. 加强职工安全培训

426. 省政府 260 号令规定，生产安全事故死亡赔偿金标准按照（　　　）的 20 倍计算。

A. 不低于事故发生地上一年度城镇居民人均可支配收入

B. 不低于本市上一年度城镇居民人均可支配收入

C. 不低于本省上一年度城镇居民人均可支配收入

D. 不低于全国上一年度城镇居民人均可支配收入

427. 低压开关设备的安装高度一般为（　　　）m。

A. 0.8～1.0　　　　B. 1.1～1.2　　　　C. 1.3～1.5　　　　D. 1.6～2.0

428. 跨越交通要道的接进户线离地面高度不得小于（　　　）。

A. 6m　　　　　　　B. 5m　　　　　　　C. 4.5m　　　　　　D. 3.5m

429. 热继电器的动作时间随着电流的增大而（　　　）。

A. 急剧延长　　　　B. 缓慢延长　　　　C. 缩短　　　　　　D. 保持不变

430. 低压架空线路导线离建筑物的最小水平距离为（　　　）m。

A. 0.6　　　　　　　B. 0.8　　　　　　　C. 1　　　　　　　D. 1.2

答案：418. C；419. B；420. C；421. A；422. B；423. B；424. D；425. C；426. C；427. C；428. C；429. C；
430. C

431. 爆炸性气体、蒸气、薄雾的组别是按（　　）划分的。

A. 爆炸极限　　　　B. 闪点　　　　　　C. 燃点　　　　　　D. 引燃温度

432. 常见的强碱类化学烧伤有，氢氧化钾、氢氧化钠和（　　）烧伤。

A. 熟石灰　　　　　B. 氢氧化钙　　　　C. 消石灰　　　　　D. 生石灰

433. 聚光灯、碘钨灯等高温灯具与可燃物之间的距离不应小于（　　）m。否则，应采取隔热、散热措施。

A. 0.1　　　　　　　B. 0.2　　　　　　　C. 0.3　　　　　　　D. 0.5

434. 第一、二种工作票的有效时间，以（　　）检修期为限。

A. 申请的　　　　　B. 预定的　　　　　C. 批准的　　　　　D. 约定的

435. 采用扁钢作防雷装置的引下线时，其截面积应不小于（　　）mm^2。

A. 24　　　　　　　B. 48　　　　　　　C. 75　　　　　　　D. 100

436. 当 10kV 高压控制系统发生电气火灾时，如果电源无法切断，必须带电灭火则可选用的灭火器是（　　）。

A. 干粉灭火器

B. 喷嘴和机体距带电体应不小于 0.4m

C. 雾化水枪，戴绝缘手套，穿绝缘靴，水枪头接地。水枪头距带电体 4.5m 以上

D. 喷嘴距带电体不小于 0.6m

437. 劳务派遣单位无能力或逃避支付劳务派遣人员工伤、职业病相关待遇的，（　　）。

A. 由各级财政专项列支　　B. 由劳务派遣人员先行垫付

C. 由用工单位先行支付　　D. 由医疗单位先行支付

438. 额定漏电动作电流 30mA 及 30mA 以下的漏电保护装置，当漏电电流为额定漏电动作电流时，动作时间不得超过（　　）s。

A. 0.5　　　　　　　B. 0.2　　　　　　　C. 0.1　　　　　　　D. 0.04

439. 《安全生产法》规定，生产经营单位的主要负责人和安全生产管理人员必须具备与本单位所从事的生产经营活动相应的（　　）。

A. 安全作业培训　　　　　　　　B. 安全生产管理能力

C. 安全生产知识　　　　　　　　D. 安全生产知识和管理能力

440. 照明回路熔体的临界熔断电流不应大于线路导线许用电流的（　　）倍。

A. 1.1　　　　　　　B. 1.25　　　　　　C. 1.45　　　　　　D. 2

441. 国家保护工会的（　　）不受侵犯。

A. 权益　　　　　　B. 职责权益　　　　C. 合法权益　　　　D. 合法利益

442. 第一种工作票至预定时间，工作尚未完成，应由（　　）办理延期手续。

A. 工作票签发人　　B. 专责监护人　　　C. 工作许可人　　　D. 工作负责人

443. 电杆埋设深度不得小于（　　）m。

A. 1　　　　　　　　B. 1.2　　　　　　　C. 1.5　　　　　　　D. 1.8

答案：431. D；432. D；433. D；434. C；435. D；436. A；437. C；438. B；439. D；440. C；441. C；442. D；443. C

444. 胸外心脏按压时，靠上身重量做快速按压，使胸骨下陷（　　），心脏间接受到压迫，然后放松，有节奏地一压一松，每分钟 60～70 次。

A. 1～2cm B. 3～4cm C. 4～5cm D. 5～6cm

445. 泡沫灭火器距离着火点（　　）左右，即可将筒体颠倒过来，一只手紧握提环，另一只手扶住筒体的底圈，将射流对准燃烧物。

A. 6m B. 8m C. 10m D. 12m

446. 螺口灯座的螺口应与（　　）连接。

A. 工作零线 B. 中性线 C. 保护地线 D. 相线

447. 钳形电流表使用时应先用较大量程，然后在视被测电流的大小变换量程。切换量程时应（　　）。

A. 直接转动量程开关 B. 先退出导线
C. 再转动量程开关 D. 一边进线一边换挡

448. 安全生产许可证的有效期为（　　）年。

A. 1 B. 3 C. 4 D. 5

449. 低压断路器的开断电流应（　　）短路电流。

A. 大于安装地点的最小 B. 小于安装地点的最小
C. 大于安装地点的最大 D. 小于安装地点的最大

450. 上臂上止血带的标准部位（　　）。

A. 上臂的上 1/3 B. 上臂的上 1/4 C. 上臂的上 1/2 D. 上臂的上 1/5

451. 女职工"四期"保护是对女性生理机能变化过程，即（　　）的劳动保护。

A. 经期、孕期、产期、更年期 B. 经期、孕期、产期、哺乳期
C. 经期、孕期、哺乳期、更年期 D. 孕期、产期、哺乳期、更年期

452. 柴油机启动后，机油温度高于多少度，才允许进入全负荷运转。

A. 45℃ B. 65℃ C. 75℃ D. 55℃

答案：444. B；445. C；446. A；447. B；448. B；449. C；450. A；451. B；452. A

附录2 判断题题库

1. 测量电机的对地绝缘电阻和相间绝缘电阻，常使用兆欧表，而不宜使用万用表。（√）

2. 工作负责人（监护人）由车间（分场）或工区（所）主管生产的领导批准。（×）

解析： 工作负责人（监护人）一般应具备相应的工作票负责人资格，有5年以上检修、维护作业经历，并经企业"工作票专职安全监护人"考试合格的人员担任。

3. 漏电开关跳闸后，允许采用分路停电再送电的方式检查线路。（√）

4. 使用兆欧表前不必切断被测设备的电源。（×）

解析： 使用兆欧表测量前必须切断被测设备的电源，禁止测量带电设备的绝缘电阻。

5. 热继电器的双金属片是由一种热膨胀系数不同的金属材料辗压而成。（×）

解析： 热继电器的双金属片是由两种或多种具有合适性能的金属或其他材料所组成的一种热膨胀系数不同的复合金属材料碾压而成。

6. 电力线路敷设时严禁采用突然剪断导线的办法松线。（√）

7. 交流电流表和电压表测量所测得的值都是有效值。（√）

8. 交流电每交变一周所需的时间叫做周期 T。（√）

9. 绝缘棒在闭合或拉开高压隔离开关和跌落式熔断器，装拆携带式接地线，以及进行辅助测量和试验使用。（√）

10. 热继电器的双金属片弯曲的速度与电流大小有关，电流越大，速度越快，这种特性称正比时限特性。（×）

解析： 这种特性称为反时限特性，不是正比时限特性。

11. 特种作业人员必须年满20周岁，且不超过国家法定退休年龄。（×）

解析： 特种作业人员必须年满18周岁，且不超过国家法定退休年龄。

12. 同杆架设的多回路架空线路，其中一条回路停电的检修工作应视为带电工作。（√）

13. 接地线拆除后，应即认为线路带电，不准任何人再登杆进行工作。（√）

14. 从业人员在一百人以下的，不用配备专职或者兼职的安全生产管理人员。（×）

解析： 根据规定应当配备，具体配备人员个数可根据企业的经营情况和实际需求确定。

15. 无法在有电设备上进行试验时，可用工频高压发生器等确证验电器良好。（√）

16. 生产经营单位必须为从业人员提供符合国家标准或者本单位标准的劳动防护用品。（×）

解析： 根据《安全生产法》第42条规定，生产经营单位必须为从业人员提供符合国家标准或者行业标准的劳动防护用品，并监督、教育从业人员按照使用规则佩戴、使用。

17. 按钮的文字符号为SB。（√）

18. 验电是保证电气作业安全的技术措施之一。（√）

19. 柴油机正常排烟的颜色是：蓝色。（×）

解析： 柴油机燃料完全燃烧后，正常颜色一般为淡灰色，负荷工作时为深灰色。

20. 企业必须开展从业人员岗位应急知识教育和自救互救、避险逃生技能培训，并定期组织考核。（√）

21. 安全隔离变压器是具有双重绝缘结构、加强绝缘结构的低电压变压器。（√）

22. 热继电器的保护特性在保护电机时，应尽可能与电动机过载特性贴近。（√）

23. 对电机各绕组的绝缘检查，如测出绝缘电阻不合格，不允许通电运行。（√）

24. Ⅰ类设备带电部分与可触及导体之间的绝缘电阻不低于 2MΩ。（√）

25. 中间继电器的动作值与释放值可调节。（×）

解析： 在制造过程中已经被确定了，使用过程中是不能调节的。

26. 万能转换开关的定位结构一般采用滚轮卡转轴辐射型结构。（×）

解析： 一般采用滚轮卡棘轮辐射型结构。

27. 在三相四线制配电系统中，照明负荷应尽可能均匀地分布在三相中。（√）

28. 按照通过人体电流的大小，人体反应状态的不同，可将电流划分为感知电流、摆脱电流和室颤电流。（√）

29. 一张工作票中，工作票签发人和工作许可人不得兼任工作负责人。（√）

30. 火场逃生要迅速，动作越快越好。逃生时要注意随手关闭通道上的门窗，以阻止和延缓烟雾向逃离的通道流窜。（√）

31. 铁壳开关可用于不频繁启动 28kW 以下的三相异步电动机。（√）

32. 电容器放电的方法就是将其两端用导线连接。（×）

解析： 应该通过负载（电阻或者灯泡等）放电。因为电力系统的功率补偿电容器退出运行后通常还存储有的电能，且电压比较高，用导线直接放电会危及人身安全。

33. 雷电按其传播方式可分为直击雷和感应雷两种。（×）

解析： 雷电按其传播方式可分为直击雷、感应雷和球形雷三种。

34. 导线连接后接头与绝缘层的距离越小越好。（√）

35. 当发现有人触电，应赶紧徒手拉其脱离电源。（×）

解析： 详见本书第 3 章介绍，使触电者低压脱离电源有拉、剪、挑、垫、拽等多种方法，为确保救护人安全，绝对不能采用徒手拉的方法。

36. 使用万用表测量电阻，每换一次欧姆挡都要进行欧姆调零。（√）

37. 如果在部分生产装置已投产的爆炸危险场所中试车，必须监测设备周围环境中爆炸性气体的浓度，确认符合有关动火条件后，方准通电试车。（√）

38. 电容器的放电负载不能装设熔断器或开关。（√）

39. 手持式电动工具接线可以随意加长。（×）

解析：《手持式电动工具的管理》规定：工具的软电缆或软线不得任意接长或拆换。

40. 烟火带入井下使用会引爆瓦斯，引燃易燃物发生火灾。（√）

41. "禁止攀登，高压危险！"属于禁止类标示牌。（×）

解析： 属于警告类标示牌。

42. 自动空气开关具有过载、短路和欠电压保护。（√）

43. 生产经营单位作出涉及安全生产的经营决策，应当听取安全生产管理机构以及安全生产管理人员的意见。（√）

44. 额定电压为 380V 的熔断器可用在 220V 的线路中。（√）

45. 佩戴安全帽时，必须系紧安全帽带，保证各种状态下不脱落。（ √ ）

46. 当拉下总开关后，线路即视为无电。（ × ）

解析：拉下总开关后，还必须进行验电确认是否无电。

47. 旋转电器设备着火时不宜用干粉灭火器灭火。（ √ ）

48. 停电作业安全措施按保安作用依据安全措施分为预见性措施和防护措施。（ √ ）

49. 再生发电制动只用于电动机转速高于同步转速的场合。（ √ ）

50. 右手定则是判定直导体做切割磁力线运动时所产生的感生电流方向。（ √ ）

51. 验电器在使用前必须确认验电器良好。（ √ ）

52. 从业人员发现危及人身安全的紧急情况时，都应停止作业并立即撤离作业场所。（ × ）

解析：《安全生产法》第47条规定：从业人员发现直接危及人身安全的紧急情况时，有权停止作业或者在采取可能的应急措施后撤离作业场所。但该项权利不适用于某些从事特殊职业的从业人员，比如飞行人员、船舶驾驶人员、车辆驾驶人员等，在发生危及人身安全的紧急情况下，他们不能或者不能先行撤离从业场所或者岗位。

53. 事故照明不允许和其他照明共用同一线路。（ √ ）

54. 能耗制动这种方法是将转子的动能转化为电能，并消耗在转子回路的电阻上。（ √ ）

55. 防静电鞋和导电鞋在使用中每隔半年要重新测定电阻，符合要求方可继续使用。（ √ ）

56. 用指针式万用表的电阻挡时，红表笔连接着万用表内部电源的正极。（ × ）

解析：红表笔连接着万用表内部电源的负极。

57. 胸外心脏挤压法的正确压点在心窝左上方。（ × ）

解析：胸外心脏挤压的正确按压部位是胸骨中下 1/3 交界处，在这里胸骨活动度较大，按压时不易发生骨折。

58. 绝缘靴、绝缘手套等胶制品可以与石油类的油脂接触。（ × ）

解析：绝缘靴、绝缘手套、绝缘垫等橡胶制品与石油类的油脂接触易产生化学反应，使其腐蚀和降低绝缘材料的绝缘，并过早老化、失效。

59. 高压验电器一般每半年试验一次。（ √ ）

60. 受伤后伤者光有头痛头晕，说明是轻伤，此外还有瞳孔散大，偏瘫或者抽风，那至少是中等以上的脑伤。（ √ ）

61. 锡焊晶体管等弱电元件应用 100W 的电烙铁。（ × ）

解析：晶体管等弱电元件一般用 20W 左右的电烙铁焊接。否则，电烙铁温度太高，若停留时间太长，容易烫坏电子元件。

62. 触电急救时，首先要使触电者迅速脱离电源。最好用一只手，站在干燥的木板、凳子上，或穿绝缘鞋进行，并注意自己的身体不要触及其他接地体。（ √ ）

63. 特种作业操作证每 1 年由考核发证部门复审一次。（ × ）

解析：特种作业操作证每 3 年复审 1 次。

64. 电气设备的重复接地装置可以与独立避雷针的接地装置连接起来。（ × ）

解析：电气设备的接地装置属于设备等电位接地，而独立的避雷针的接地装置是防雷接地。二者属于不同类型，所以要分开设置，不能共用。

65. 当电气火灾发生时首先应迅速切断电源，在无法切断电源的情况下，应迅速选择干粉、二氧化碳等不导电的灭火器材进行灭火。（√）

66. 导线的工作电压应大于其额定电压。（×）

解析： 额定电压也称为标称电压，是指电气设备（包括导线）长期稳定工作的标准电压，当电气设备（导线）的工作电压高于额定电压时容易损坏设备，而低于额定电压时将不能正常工作。

67. 相同条件下，交流电比直流电对人体危害较大。（√）

68. 在生产过程中产生的粉尘称为生产性粉尘，对作业人员身体健康有害。（√）

69. 静电现象是很普遍的电现象，其危害不小，固体静电可达 200kV 以上，人体静电也可达 10kV 以上。（√）

70. 电流的大小用电流表来测量，测量时将其并联在电路中。（×）

解析： 测量直流电流时，电流表应与负载串联在电路中，并注意仪表的极性和量程。如果将电流表并联在线路中测量，则电流表有可能会因过载而被烧坏。

71. 当电容器测量时万用表指针摆动后停止不动，说明电容器短路。（√）

72. 电感性负载并联电容器后，电压和电流之间的电角度会减小。（√）

73. 220V 的交流电压的最大值为 380V。（×）

解析： 220V 是交流电压的有效值，正弦交流电的有效值 = 最大值 / $\sqrt{2}$。可以计算出，220V 的交流电压最大值为 311V，不是 380V。

74. 低压绝缘材料的耐压等级一般为 500V。（√）

75. 导线接头位置应尽量在绝缘子固定处，以方便统一扎线。（×）

解析： 导线的接头位置不应在绝缘子固定处，接头位置距导线固定处应在 0.5m 以上，以免妨碍扎线。

76. 漏电保护装置能防止单相电击和两相电击。（×）

解析： 漏电保护器主要是用来在设备发生漏电故障时以及对有致命危险的人身触电保护，具有过载和短路保护功能，可以对低压电网直接触电和间接触电进行有效保护。

77. 电气控制系统图包括电气原理图和电气安装图。（√）

78. 用钳表测量电动机空转电流时，不需要挡位变换可直接进行测量。（×）

解析： 测量前，要先电动机的额定电流，将钳形电流表切换至合适的电流挡，然后再进行测量。

79. 导线接头的抗拉强度必须与原导线的抗拉强度相同。（×）

解析： 不相同。导线的连接接头机械强度不应小于导线机械强度的 90%。

80. 迅速将一氧化碳中毒者转移到通风保暖处平卧，解开衣领及腰带以利其呼吸顺畅。（√）

81. 按照国际惯例和我国立法，工伤保险补偿实行"责任补偿"即无过错补偿原则。（×）

解析： 按照国际惯例和我国立法，工伤保险补偿实行"无责任补偿"即无过错补偿的原则，这是基于职业风险理论确立的。从最大限度地保护职工权益的理念出发，只要因公受到伤害就应补偿。

82. 在电压低于额定值的一定比例后能自动断电的称为欠压保护。（√）

83. Ⅱ类设备和Ⅲ类设备都要采取接地或接零措施。（×）

解析：Ⅱ类设备不需要采取接地或接零措施，Ⅲ类设备要采取接地或接零措施。

84. 事故调查报告应当依法及时向社会公布。（√）

85. 生产经营单位的主要负责人组织制定本单位安全生产规章制度和操作规程；员工自我组织制定并实施本单位安全生产教育和培训计划。（×）

解析：《安全生产法》第十八条规定，由生产经营单位的主要负责人组织制定本单位安全生产规章制度和操作规程。

86. 接闪杆可以用镀锌钢管焊成，其长度应在1m以上，钢管直径不得小于20mm，管壁厚度不得小于2.75mm。（×）

解析：接闪杆可以用镀锌钢管焊成，杆长1m以下时，圆钢直径不应小于12mm，钢管直径不应小于为20mm。杆长1～2m时，圆钢直径不应小于16mm；钢管直径不应小于25mm。独立烟囱顶上的杆，圆钢直径不应小于20mm；钢管直径不应小于40mm，其厚度要求不小于2mm。

87. 使用劳动防护用品的单位应当为劳动者免费提供符合国家规定的劳动防护用品，不得以货币或其他物品代替劳动防护用品。（√）

88. 在生产工艺过程中消灭有毒物质和生产性粉尘是防尘防毒物的根本措施。（×）

解析：生产工艺过程中，防尘防毒的根本措施是改革工艺，要优先选用那些在生产过程中不产生尘毒物质或者将尘毒物质消灭在生产过程中的工艺。如：采用湿式作业，防止粉尘飞扬；加强作业场所的通风，将粉尘抽离现场；加强个人防护，采用符合国家标准的防尘口罩、送风头盔等保护劳动者。

89. 遮栏应采用干燥的绝缘材料制成，不能用金属材料制作。（√）

90. 改革开放前我国强调以铝代铜作导线，以减轻导线的重量。（×）

解析：铜的导电性能比铝好，同截面相当于铝的1.5倍，铜的物理强度高于铝，化学稳定性也比铝好。改革开放前，由于铜的产量较低，十分宝贵，而铝的导电系数等仅次于铜，所以采用了铝线作为配电线。改革开放以后，可从国外进口铜矿，改善了这个状况。

91. 通电时间增加，人体电阻因出汗而增加，导致通过人体的电流减小。（×）

解析：通电时间越长，人体电阻因出汗等原因而降低，导致通过人体的电流增加，触电的危险性也随之增加。

92. 保护接零适用于中性点直接接地的配电系统中。（√）

93. 使用电气设备时，由于导线截面选择过小，当电流较大时也会因发热过大而引发火灾。（√）

94. 若磁场中各点的磁感应强度大小相同，则该磁场为均匀磁场。（×）

解析：均匀磁场是指磁场中各点的磁感应强度大小相等，方向相同。

95. 重大事故隐患与重大危险源是引发重大事故的源头，所以两者的概念是等同的。（×）

解析：危险源是客观存在的。比如，家里用的天然气就是危险源，用电设备也是危险源，但不能称为隐患。只有防护降低甚至失效等情况下才称为隐患。

96. 安全栅是一种保护性组件，常用的有稳压管式安全栅和三极管式安全栅，是设置在本

安电路与非本安电路之间的限压限流装置，防止非本安电路的能量对本安电路的影响。（√）

97.电动机按铭牌数值工作时，短时运行的定额工作制用 S2 表示。（√）

98.电动式时间继电器的延时时间不受电源电压波动及环境温度变化的影响。（√）

99.按规范要求，穿管绝缘导线用铜芯线时，截面积不得小于 $1mm^2$。（√）

100.生产性噪声只是损害人的听觉。（×）

解析：噪声不仅对听觉系统有影响，对非听觉系统如神经系统、心血管系统、内分泌系统、生殖系统及消化系统等都有影响。

101.我国正弦交流电的频率为 50Hz。（√）

102.隔爆外壳的隔爆作用是利用外壳的法兰间隙来实现隔爆的。法兰间隙越大，穿过间隙的爆炸产生物能量就越多，传爆性就越强，隔爆性能就越好。（×）

解析：隔爆型电气设备外壳的法兰间隙，是隔爆型防爆电气设备能否隔爆的关键，前提是隔爆外壳的的强度合适，即里面即使爆炸，不能把外壳炸碎，炸裂，或其他损坏。

103.为了安全可靠，所有开关均应同时控制相线和零线。（×）

解析：开关的作用是在闭合电路的某一点断开或接通电路，一般的开关只有两个接线柱（一进一出），且都控制相线。如果开关控制的是零线，在电路断开后，用电器上还是有电压的存在，会给使用和维修带来不便和危险。

104.对于运行中暂时不使用的电流互感器，其二次绕组的两端可以不短接。（×）

解析：电流互感器二次回路在工作时绝对不能开路，因为二次侧开路时其电流为零，故不能产生磁通去抵消一次侧磁通的作用，而二次侧能感应 1000V 左右的电压，这一高压危及人身和设备的安全，并且电流互感器本身的铁芯也会严重发热。因此，对于运行中暂时不使用的电流互感器，在拆卸仪表时，必须要先将电流互感器的二次线圈短接。

105.在转送伤者途中，对于危重病人应当严密注意其呼吸、脉搏清理，通畅呼吸道。（√）

106.低压刀开关的主要作用是检修时实现电气设备与电源的隔离。（√）

107.测量过程中不得转动万用表的转换开关，而必须退出后换挡。（√）

108.30～40Hz 的电流危险性最大。（×）

解析：当人体触及交流电后，人体实际上是一个电容性的阻抗。不同频率的电流对人体影响不同。当频率较高时，容抗小，对人体的伤害较大。理论证明，频率 50～60Hz 交流电危险性最大；交流电危险性大于直流电。

109.在高压线路发生火灾时，应迅速撤离现场，并拨打火警电话 119 报警。（×）

解析：高压线路发生火灾时，应采用有相应绝缘等级的绝缘工具，迅速拉开隔离开关切断电源，或者通知有关部门迅速断电。与此同时，拨打火警电话 119 报警。

110.电力安全工器具必须严格履行验收手续，由安监部门负责组织验收，并在验收单上签字确认。（×）

解析：原题中由安监部门负责组织验收，应改为由采购部门负责组织验收，安监部门派人参加。

111.移动电气设备的电源一般采用架设或穿钢管保护的方式。（√）

112.任何情况下都不得带负荷更换熔断器的熔体。（√）

113. 用钳表测量电动机空转电流时，可直接用小电流挡一次测量出来。（×）

解析： 一般来说，应根据电动机的额定电流来选择钳形电流表的量程。题目中的所谓小电流挡，其值是多少，无法知晓，因此不一定能一次测量出电动机的空转电流。

114. IT 系统就是保护接零系统。（×）

解析： 所谓 IT 系统，是指电源中性点不接地，用电设备外露可导电部分直接接地的系统。IT 系统是保护接地系统，不是保护接零系统。

115. 测量交流电路的有功电能时，因是交流电，故其电压线圈、电流线圈和各两个端可任意接在线路上。（×）

解析： 测量交流电路的有功电能时，电流线圈要串在电路中，用来测电流；电压线圈要并在电路中，用来测量电压。同时，如果是电能表是经过互感器接线，还要注意电流互感器线首尾端不能接错，电压互感器的首尾端也不能接错。

116. 触电者神志不清，有心跳，但呼吸停止，应立即进行口对口人工呼吸。（√）

117. 为安全起见，更换熔断器时，最好断开负载。（×）

解析： 更换熔断器时，不是断开负载，是必须断开电源。

118. 人工呼吸方法很多，但以仰卧压胸法人工呼吸最为方便和有效。（×）

解析： 人工呼吸方法很多，例如口对口吹气法、俯卧压背法、仰卧压胸法，但以口对口吹气式人工呼吸最为方便和有效。

119. 照明灯具的单极开关不得接在地线上，而必须接到中性线或相线上。（×）

解析： 照明灯具的单极开关必须接到相线上。如果开关接在中性线（地线）上，当断开开关时，用电器尽管不工作，但用电器电路与"地"之间仍存在 220V 电压，不方便维修，也不安全。开关接在相线上，当断开开关时，用电器电路与"地"连接，维修方便，也不易触电。

120. 在爆炸危险场所应采用三相四线制，单相三线制方式供电。（×）

解析： 根据规范的要求，易燃易爆场所应采用单相三线（火线 L、零线 N 和接地线 PE），三相五线制方式供电。

121. RCD 的选择，必须考虑用电设备和电路正常泄漏电流的影响。（√）

122. 低压配电屏是按一定的接线方案将有关低压一、二次设备组装起来，每一个主电路方案对应一个或多个辅助方案，从而简化了工程设计。（√）

123. 直流电弧的烧伤较交流电弧烧伤严重。（√）

124. 用钳表测量电流时，尽量将导线置于钳口铁芯中间，以减少测量误差。（√）

125. 电度表是专门用来测量设备功率的装置。（×）

解析： 电能是指使用电以各种形式做功（即产生能量）的能力。电度表是测量电能的电工仪表，在电路中的作用是测量一段时间内的用电量。

126. 电工特种作业人员应当具备高中或相当于高中以上文化程度。（×）

解析： 电工特种作业人员应当符合具有初中及以上文化程度。

127. 包扎时应由伤口低处向上，通常是由左向右、从下到上进行缠绕。（√）

128. 二极管只要工作在反向击穿区，一定会被击穿。（×）

解析： 不一定，只有反向电压大于二极管的耐压值（反向击穿电压）以后，才可能击穿。

129. 防雷装置应沿建筑物的外墙敷设，并经最短途径接地，如有特殊要求可以暗设。（ √ ）

130. 对于关联设备或本质安全电路的维护工作，只有先断开与危险场所的电路连接后才允许进行。（ √ ）

131. 取得高级电工证的人员就可以从事电工作业。（ × ）

解析：高级电工证是电工的资格证，而不是上岗证。上岗需必须要持有电工特种作业操作证才可以，否则出现事故按无证上岗处理。如果无证件上岗，一经发现可以封停特种设备，责令该人员去培训取证，可以同时处 1 万～3 万元罚款。

132. 在地下线缆与电力电缆交叉或平行埋设的地区进行施工时，必须反复核对位置，确认无误后方可进行作业。（ √ ）

133. 对于异步电动机，国家标准规定 3kW 以下的电动机均采用三角形连接。（ × ）

解析：国家标准规定，异步电动机 4kW 以上用三角形连接，4kW 以下用星形连接。一般 3kW 以下的三相电动机是星形接法，并直接启动。

134. 遮栏是为防止工作人员无意碰到带电设备部分而装设的屏护，分临时遮栏和常设遮栏两种。（ √ ）

135. 特种作业人员未经专门的安全作业培训，未取得相应资格，上岗作业导致事故的，应追究生产经营单位有关人员的责任。（ √ ）

136. 当灯具达不到最小高度时，应采用 24V 以下电压。（ × ）

解析：灯具达不到最小高度时，应采用 36V 及以下电压供电。

137. 对电机轴承润滑的检查，可通电转动电机转轴，看是否转动灵活，听有无异声。（ × ）

解析：最直接的方法是电机运行时用听音棒检查轴承运转的声音，判断有无机械摩擦声和撞击声，如果听到"咕噜、咕噜"的杂音，则说明轴承内缺油。

138. 职业健康检查费用由职工本人承担。（ × ）

解析：根据《职业病防治法》第 36 条规定，职业健康检查费用由用人单位承担。

139. 所有导线在室内明敷，需要穿墙、穿过楼板时都必须有保护套管。（ √ ）

140. 雷电可通过其他带电体或直接对人体放电，使人的身体遭到巨大的破坏直至死亡。（ √ ）

141. 用电笔验电时，应赤脚站立，保证与大地有良好的接触。（ × ）

解析：在验电笔检查电气线路时，一定给自己穿带有胶底的鞋，必要时还要戴好防护手套，做好一切准备，可以防止触电。

142. 互感器将线路上的高电压、大电流按一定比例变换成低电压、小电流，能使测量仪表和继电保护装置远离高压，有利于安全。（ √ ）

143. 当接通灯泡后，零线上就有电流，人体就不能再触摸零线了。（ × ）

解析：正常情况下零线有电流但没有电压，与大地同电位电压为零，人一旦碰没有什么危险，但一般尽量不要去碰触。如果电器在使用中零线断损，这时零线与电器的接触端没了电流但对地电压升高到 220V，这时绝对不能触摸，会有生命危险。

144. 载流导体在磁场中一定受到磁场力的作用。（ × ）

解析：根据安培力计算公式 $F=IBL\sin\theta$，只有载流导体与磁场存在一定夹角时才有磁场力。

如果导体和磁场的夹角为0°或180°，则没有磁场力。

145. 并联电路的总电压等于各支路电压之和。（×）

解析： 串联电路的总电压等于各支路电压之和。在并联电路中，各支路电压相等，并联在电源上的各单个支路电压都等于电源电压。

146. 装、拆接地线的简单工作，可以一个人作业不需要监护。（×）

解析： 根据规定，装设和拆除接地线时，必须两人进行。一人操作，一人监护。

147. 通信线路工程在电力线附近作业时，不必事先联系电力部门停止送电，可自行根据情况安全作业。（×）

解析： 遇有电力线在通信杆顶上方交越且间距较小的特殊情况时，必须联系电力部门停电后作业，且所用工具与材料不准接近电力线及其附属设施，作业人员的头部禁止超过杆顶。

148. 在带电灭火时，如果用喷雾水枪应将水枪喷嘴接地，并穿上绝缘靴和戴上绝缘手套，才可进行灭火操作。（√）

149. 生产经营单位对负有安全生产监督管理职责的部门的监督检查人员依法履行监督检查职责，应当予以配合，不得拒绝、阻挠。（√）

150. 断路器在选用时，要求断路器的额定通断能力要大于或等于被保护线路中可能出现的最大负载电流。（×）

解析： 断路的通断能力要大于或等于被保护线路中可能出现的最大故障电流。

151. 劳动保护用品能折合成现金发给个人。（×）

解析： 劳动保护用品就其防护性能和特殊作用而言，应视同生产工具一样，属于生产资料范畴，是必不可少的。把劳动保护用品折合成现金，以福利的形式发给个人，违背了国家关于劳动保护和职业安全卫生的相关政策。

152. 交流发电机是应用电磁感应的原理发电的。（√）

153. 使用改变磁极对数来调速的电机一般都是绕线型转子电机。（×）

解析： 改变磁极对数来调速的电机不是绕线型电机，是二速或三速笼式异步电机。

154. 听力防护用品的作用是避免噪声过度刺激听觉，保护听力。（√）

155. 为了安全，高压线路通常采用绝缘导线。（×）

解析： 高压输电在城市一般采用带绝缘层的电缆地下传输，在野外常采用铁塔承载的架空线方式用裸导线传输。

156. 使用脚扣进行登杆作业时，上、下杆的每一步必须使脚扣环完全套入并可靠地扣住电杆，才能移动身体，否则会造成事故。（√）

157. 熔断器的文字符号为FU。（√）

158. 在易受机械损伤的场所不宜采用明敷塑料管配线。（√）

159. 进入爆炸危险场所的电源应该是零线和地线分开，即：三相五线制，如果三相四线制，则在安全场所应该转化为3相5线制，保护地线的接地电阻应该满足有关标准的规定。（√）

160. 为保证零线安全，三相四线的零线必须加装熔断器。（×）

解析： 三相四线制线路的零干线上不准装熔断器，因为熔断器一旦熔断就等于零线断路，三相线中负荷重的一相回路通过断零线处的电压就较高，使其他单相线路电压骤升，可达

260～300V 不等，用电器有烧毁可能。

161. 爆炸危险场所的工作零线应当与保护零线合用。（×）

解析：工作零线又称为中性线，代号为"N"；保护零线又称为地线，代号为"PE"。还有一种保护零线和工作零线"合二为一"，形成共用保护线，称保护中性线，代号 PEN。除 PEN 线允许 PE 线与 N 线共用外，保护零线与工作零线在其他任何分支地方都不能发生电气连接。在爆炸危险场所，工作零线（N）与保护零线（PE）是分开设置的，且应是相互绝缘的，设备外壳只与 PE 线相连接。

162. 电压表内阻越大越好。（√）

163. 刀开关是靠拉长电弧而使之熄灭的。（√）

164. 触电事故是由电能以电流形式作用人体造成的事故。（√）

165. 贯彻落实国家安全生产法津法规，落实"安全第一、预防为主、综合治理"的安全生产方针。（√）

166. 碳酸氢钠干粉灭火器适用于易燃、可燃液体、气体及带电设备的初起火灾。（√）

167. 《职业病防治法》的立法目的是为了预防控制和消除职业病危害。（√）

168. 幼儿园及小学等儿童活动场所插座安装高度不宜小于 1.8m。（√）

169. 无论在任何情况下，三极管都具有电流放大功能。（×）

解析：三极管有三种工作状态，当处于放大状态时，具有电流放大功能，但是在处于截止状态和饱和导通状态时，则会失去电流放大作用。

170. 从业人员超过一百人的，应当设置安全生产管理机构或者配备专职安全生产管理人员。（√）

171. 生产性毒物侵入人体只有呼吸道皮肤和消化道三条途径。（√）

172. 安全电压的插销座，应该带有接零或接地插头或插孔。（×）

解析：安全电压是指 36V 以下的电压，对人无触电的危险。而且，在人身体里不会产生强大电流，属于无害电压，再接地保护就多此一举了。

173. 为了有明显区别，并列安装的同型号开关应不同高度，错落有致。（×）

解析：并列安装的同型号开关应该是同等高度平行排列，整齐美观。

174. 可以带载让发电机组停机。（×）

解析：柴油机熄火停机前应卸除负荷，并逐步降低转速、空载运转几分钟。不能带负荷急停机或忽然卸除负荷后立即停机。

175. 企业、事业单位的职工无特种作业操作证从事特种作业，属违章作业。（√）

176. 剩余动作电流小于或等于 0.3A 的 RCD 属于高灵敏度 RCD。（×）

解析：剩余动作电流≤0.03A 的 RCD 属于高灵敏度的 RCD，剩余动作电流大于 0.3≤1A 的 RCD 属于中灵敏度的 RCD，剩余动作电流＞1A 的 RCD 属于低灵敏度的 RCD。

177. 刀开关在作隔离开关选用时，要求刀开关的额定电流要大于或等于线路实际的故障电流。（×）

解析：刀开关主要是用来作为各种设备和供电线路的电源隔离，也可以用来转换电路，额定电流要大于电路的实际运行电流（一般在 1.5 倍左右）。

178. 可以用相线碰地线的方法检查地线是否接地良好。（×）

解析： 这是非常危险的，属于违规操作。检查地线是否接地良好，正确的操作方法是使用接地电阻仪进行测量。

179. 雷电后造成架空线路产生高电压冲击波，这种雷电称为直击雷。（×）

解析： 雷电放电时击中输配电线路、杆塔或其建筑物，大量雷电流通过被击物体，经被击物体的阻抗接地，在阻抗上产生电压降，使被击点出现很高的电位，这种高电位叫直接雷过电压，或者雷电过电压。

180. 有美尼尔氏症的人不得从事电工作业。（√）

181. 插座的安装，要求不同电压等级的插座有明显区别，使其不能插错；暗装插座对地高度不应小于 0.3m。（√）

182. 电气原理图中的所有元件均按未通电状态或无外力作用时的状态画出。（√）

183. 劳动防护用品不同于一般的商品，直接涉及到劳动者的生命安全和身体健康，故要求其必须符合国家标准。（√）

184. 根据用电性质，电力线路可分为动力线路和配电线路。（×）

解析： 根据用电性质，电力线路可分动力线路和照明线路。

185. 钳形电流表可做成既能测交流电流，也能测量直流电流。（√）

186. 防爆间隙的大小是防爆外壳能否隔爆的关键。（√）

187. 灭火时只要将灭火器提到或扛到火场，在距燃烧物 1m 左右，放下灭火器拔出保险销，一手握住喇叭筒根部的手柄，另一只手紧握启闭阀的压把。（×）

解析： 二氧化碳灭火器灭火时，只要将灭火器提到或扛到火场，在距离燃烧物 5m 左右，放下灭火器，拔出保险销，一手握住喇叭根部的手柄，另一只手紧握启闭阀的压把。对没有喷射软管的二氧化碳灭火器，应把喇叭筒往上扳 70°～90°。

188. 电子镇流器的功率因数高于电感式镇流器。（√）

189. 生产性噪声环境应使用防噪声耳塞。（√）

190. 企业必须开展从业人员岗位应急知识教育和自救互救、避险逃生技能培训，并定期组织考核。（√）

191. 为确保企业重大财产不受损失，企业负责人可以组织员工冒险作业。（×）

解析： 2020 年安全生产法（修正案）规定，生产经营单位的主要技术负责人在主要负责人授权范围内负有安全生产技术决策和指挥权。发生事故时，企业负责人应按照事故应急预案有序组织抢险，但不可以组织员工冒险作业。

192. 在选择导线时必须考虑线路投资，但导线截面积不能太小。（√）

193. 通信电源按照接地系统的用途可分：交流接地、保护接地和防雷接地。（×）

解析： 通信电源的接地系统，按带电性质可分交流接地系统和直流接地系统两大类。按用途分工作接地系统、保护接地系统和防雷接地系统。

194. 改变转子电阻调速这种方法只适用于绕线式异步电动机。（√）

195. 劳动防护用品出厂时必须具有《合格证》，并有制造日期和产品说明书。（×）

解析： 劳动防护用品出厂时，必须取得《产品检验证》和《产品合格证书》，并有制造日期和产品说明书。

196. 吊灯安装在桌子上方时，与桌子的垂直距离不少于 1.5m。（×）

解析：一般在家装吊灯安装在桌子上方时，吊灯与桌子的垂直距离是不能少于 0.5m。吊灯与桌子的距离一般都是在 1.5～1.8m 之间是最为合适的距离。吊灯与地面垂直的距离一般大概都是在 2.5～2.8m 左右。

197. 电容器室内要有良好的天然采光。（×）

解析：电容器室应配有良好的通风，这是对的，因为电容器组在运行过程中是要产生热量的，所以加引风机或换气扇很必要，主要保证电容器室与外界的空气流通。对电容器室是否有天然采光，没有特别的规定。

198. 检修工作时凡一经合闸就可送电到工作地点的断路器和隔离开关的操作手把上应悬挂"止步，高压危险！"。（×）

解析：在变电站应挂"禁止合闸，有人工作"；在输电线路应挂"禁止合闸，线路有人工作"标识牌。

199. 几个电阻并联后的总电阻等于各并联电阻的倒数之和。（×）

解析：题目表述错误，应该说在电阻并联电路中，总电阻等于各支路电阻的倒数之和。

200. 日光灯点亮后，镇流器起降压限流作用。（√）

201. 企业、事业单位使用未取得相应资格的人员从事特种作业的，发生重大伤亡事故，处以三年以下有期徒刑或者拘役。（√）

202. 民用住宅严禁装设床头开关。（√）

203. 过载是指线路中的电流大于线路的计算电流或允许载流量。（√）

204. 导电性能介于导体和绝缘体之间的物体称为半导体。（√）

205. 充油设备的绝缘油在电弧作用下汽化和分解，能形成爆炸性混合气体。（√）

206. 禁止类标示牌制作时背景用白色，文字用红色。（√）

207. 摆脱电流是人能自主摆脱带电体的最大电流，人的工频摆脱电流约为 10A。（×）

解析：对于不同的人，摆脱电流值也不同。一般来说，人的摆脱电流约为 10mA 左右。

208. RCD 的额定动作电流是指能使 RCD 动作的最大电流。（×）

解析：RCD 的额定动作电流是指能使 RCD 动作的最小电流。如果小于额定动作电流，漏电保护器不动作。

209. 移动式电焊机在易燃易爆或有挥发性物质的场所不许使用。（√）

210. 导线在管内不允许有接头，如果需要接头，也应该在接线盒内连接，并做好绝缘处理。（√）

211. 用星-三角降压启动时，启动电流为直接采用三角形连接时启动电流的 1/2。（×）

解析：电动机采用星-三角启动，星形接法时的启动电流是三角形接法时启动电流的 1/3，其计算依据是星形接法时线电流等于相电流。

212. 万用表在测量电阻时，指针指在刻度盘中间最准确。（√）

213. 频率的自动调节补偿是热继电器的一个功能。（×）

解析：热继电器主要用于防止电流过大时断开控制回路，跟频率是没有关系的。热继电器没有具备频率自动调节功能。

214. 填用数日内工作有效的第一种工作票，每日收工时，如果将工作地点所装的接地线撤除，次日恢复工作，可不必重新验电挂接地线。（×）

解析： 次日恢复工作，应重新验电，挂接地线。

215. 路灯的各回路应有保护，每一灯具宜设单独熔断器。（√）

216. 危险物品的生产、经营、储存单位应当设置安全生产管理机构或者配备兼职安全生产管理人员。（×）

解析： 根据《危险化学品安全管理条例》规定：危险物品的生产、经营、储存单位应有安全管理机构和专职安全管理人员。

217. 在磁路中，当磁阻大小不变时，磁通与磁动势成反比。（×）

解析： 根据磁路的欧姆定律可知，通过磁路的磁通与磁动势成正比，而与磁阻成反比。

218. 接地线是为了在已停电的设备和线路上意外地出现电压时保证工作人员的重要工具。按规定，接地线必须是截面积 $25mm^2$ 以上裸铜软线制成。（√）

219. 螺口灯头的台灯应采用三孔插座。（√）

220. 电机的短路试验是给电机施加 35V 左右的电压。（×）

解析： 额定电压为 380V 的电机它的短路电压一般为 75～90V。

221. 使用万用表电阻挡能够测量变压器的线圈电阻。（×）

解析： 一般变压器的线圈电阻都比较小，万用表可以测量，但是测量数据不精确，只能作为参考值。如果需要准确测量其电阻值，可常用直流电桥。

222. 在直流电路中，常用棕色表示正极。（√）

223. 在设备运行中，发生起火的原因是电流热量是间接原因，而火花或电弧则是直接原因。（×）

解析： 电流和火花或电弧都是直接原因。

224. 接地电阻表主要由手摇发电机、电流互感器、电位器以及检流计组成。（√）

225. 10kV 以下运行的阀型避雷器的绝缘电阻应每年测量一次。（×）

解析： 每半年一次。视具体情况定，如果运行工况复杂可以每 3 个月做一次。

226. 铅蓄电池容量不能随放电倍率增大而降低。（×）

解析： 铅蓄电池容量随放电倍率的增大而降低。铅蓄电池的放电电流越大，输出容量越小。

227. 欧姆定律指出，在一个闭合电路中，当导体温度不变时，通过导体的电流与加在导体两端的电压成反比，与其电阻成正比。（×）

解析： 欧姆定律是指在同一电路中，通过某段导体的电流跟这段导体两端的电压成正比，跟这段导体的电阻成反比。

228. 当电气火灾发生时，如果无法切断电源，就只能带电灭火，并选择干粉或者二氧化碳灭火器，尽量少用水基式灭火器。（×）

解析： "先断电后灭火"是扑救电气火灾基本原则。电气设备发生火灾时尽量使用二氧化碳灭火器，其他灭火器会损坏电气设备。二氧化碳灭火器适用于扑救易燃液体及气体的初起火灾，也可扑救带电设备的火灾。

229. 在工作任务重、时间紧的情况下专责监护人可以兼做其他工作。（×）

解析： 为了专心一意做好监护工作，《安规》规定，专责监护人不允许兼干其他工作。

230. 安全栅的接地只有在断开危险场所的电路连接之前断开。（√）

231. 对于开关频繁的场所应采用白炽灯照明。（√）

232. 测量电压时，电压表应与被测电路并联。电压表的内阻远大于被测负载的电阻。（√）

233. 使用手持式电动工具应当检查电源开关是否失灵、是否破损、是否牢固、接线是否松动。（√）

234. 因一氧化碳的密度比空气略轻，故浮于上层，救助者进入和撤离现场时，如能匍匐行动会更安全。（√）

235. 转子串频敏变阻器启动的转矩大，适合重载启动。（×）

解析： 由于转子串频敏变阻器后启动电流和启动转矩便会同时减小，所以只适合空载和轻载启动。

236. 《安全生产法》不仅适用于生产经营单位，同时也适用于国家安全和社会治安方面的管理。（×）

解析： 根据《安全生产法》第二条的规定，在中华人民共和国领域内从事生产经营活动的单位的安全生产，适用本法。国家安全和社会治安不属于生产经营活动，因此，不适用于《安全生产法》。

237. 测量电流时应把电流表串联在被测电路中。（√）

238. 雷电时，应禁止在屋外高空检修、试验和屋内验电等作业。（√）

239. 测量用的绝缘操作杆一般每半年进行一次绝缘试验。（√）

240. 在没有用验电器验电前，线路应视为有电。（√）

241. SELV 只作为接地系统的电击保护。（×）

解析： 安全特低电压（SELV）仅用于不接地系统的安全特低电压。

242. 从过载角度出发，规定了熔断器的额定电压。（×）

解析： 熔断器是当电流超过规定值时以本身产生的热量使熔体熔断，断开电路的一种电器。过载的对象是相对于电源来说的。因此，从防止过载角度出发，应该规定"熔断器的额定电流"，不是电压。

243. 在串联电路中，电流处处相等。（√）

244. 截面积较小的单股导线平接时可采用绞接法。（√）

245. 填用数日内工作有效的第一种工作票，每日收工时，如果将工作地点所装的接地线拆除，次日恢复工作前应重新挂接地线。（×）

解析： 次日恢复工作前，应重新验电，然后再挂接地线。

246. 使用单位必须建立劳动防护用品定期检查和失效报废制度。（√）

247. 感应电压和剩余电荷虽然有电位存在，但不会造成对人体的伤害。（×）

解析： 在电力系统中，由于带电设备的电磁感应和静电感应作用，能使附近的停电设备上感应出一定的电位，感应电压触电事故屡有发生，甚至造成伤亡事故。电气设备的相间绝缘和对地绝缘都存在电容效应，在刚断开电源的停电设备上都会保留一定量的剩余电荷。如果没有充分放电，人体触及就会受剩余电荷电击。

248. 为了取用方便，手用工具应放置在工作台边缘。（×）

解析：手用工具是不应该随手置于工作台旁边的。这样容易导致磕碰或者掉地等现象。

249. 在带电维修线路时，应站在绝缘垫上。（√）

250. 对称的三相电源是由振幅相同、初相依次相差 120° 的正弦电源，连接组成的供电系统。（×）

解析：对称的三相交流电源是由三相交流发电机同时产生振幅相同，初相依次相差 120° 的正弦交流电的电源。它不是由三个独立的正弦交流电源"连接"组成的。

251. 如果电容器运行时，检查发现温度过高，应加强通风。（×）

解析：通风是一种环境、如果允许可以加强。如果是电压升高或其他原因引起电容器温度过高，则加强通风治标不治本。

252. 电压表在测量时，量程要大于等于被测线路电压。（√）

253. 并联补偿电容器主要用在直流电路中。（×）

解析：并联补偿用在交流电路中，将具有容性功率负荷的装置（若干的电容器）与感性功率负荷并联接在同一电路从而实现无功补偿的技术。

254. 对于烧伤部位，可以将牙膏、油膏等油性物质涂于烧伤创面，以减少创面污染的机会和减轻就医时处理的难度。（×）

解析：在烧伤部位擦牙膏等油性物质，会导致伤口的热气被牙膏遮盖无法发散，从而只得往皮下组织深部扩散，结果造成更深一层的烫伤。

255. "止步，高压危险！"属于警告类标示牌。（√）

256. 交流钳形电流表可测量交直流电流。（×）

解析：虽然钳形电流表可做成既能测交流电流也能测量直流电流，但是有的钳形电流表只有测量交流电流的功能。因此，在使用钳形电流表前应仔细阅读说明书，弄清是交流还是交直流两用钳形表。

257. 低压断路器只能有效地接通、断开负荷电流，而必须由熔断器断开短路电流。（×）

解析：低压断路器具有过载和短路保护等功能，在线路发生短路或过载时能自动跳闸，切断电源，从而有效的保护设备免受损坏，将事故缩减到最小的范围之内。

258. 在腐蚀性场所照明配线应该采用全塑制品配线，所有的接头处都应该做密封处理。（√）

259. 安全帽从产品制造完成之日计算，玻璃钢和胶质安全帽的有效期限为 3 年，超过有效期的安全帽应报废。（×）

解析：安全帽的保质期根据其制造使用的材料不同，保质期也不同，保质期从产品制造完成之日计算。如：玻璃钢帽的有效期 2.5 年、橡胶帽的有效期为 3 年。

260. 在日常生活中，在和易燃、易爆物接触时要引起注意，有些介质是比较容易产生静电乃至引发火灾爆炸的。如在加油站不可用金属桶等盛油。（×）

解析：在加油站直接向塑料桶内加汽油或柴油容易产生静电，极易导致火灾或爆炸的发生。如果要使用塑料桶盛放汽油，可以先将油加入铁桶内，到安全地方倒入塑料桶内。

261. 按钮根据使用场合，可选的种类有开启式、防水式、防腐式、保护式等。（√）

262. 绝缘材料就是指绝对不导电的材料。（×）

解析： 绝缘材料是在允许电压下不导电的材料，但不是绝对不导电的材料。在一定外加电场强度作用下，也会发生导电、极化、损耗、击穿等过程，而长期使用还会发生老化。它的电阻率很高，通常在 $10\sim10\,\Omega\cdot m$ 的范围内。

263. 验电前，应先在有电设备上进行试验，确认验电器良好；无法在有电设备上进行试验时，可用工频高压发生器等确证验电器良好。（√）

264. 在带电线路杆塔上工作，如与带电体距离足够不需要设专人监护。（×）

解析： 在带电线路杆塔上工作应设专人监护。杆上人员应防止掉东西，使用的工具、材料应用绳索传递，不得乱扔；杆下应防止行人逗留。

265. 在串联电路中，电路总电压等于各电阻的分电压之和。（√）

266. 检查电容器时，只要检查电压是否符合要求即可。（×）

解析： 电容器的检查项目较多，如电容量，电压，绝缘性，电容器是否有膨胀、喷油、渗漏油现象，查瓷质部分是否清洁，有无放电痕迹，检查接地线是否牢固等。

267. 低压电气设备停电检修时，为防止检修人员走错位置，误入带电间隔及过分接近带电部分，一般采用遮栏进行防护。（×）

解析： 低压电气设备停电检修，必须要做好以下技术措施：停电、验电、带电容的设备要进行放电、装接地线，并装设遮栏和悬挂标示牌。

268. 有关生产经营单位应当按照自身或企业的财政状况适当调整使用安全生产费用，专门用于改善安全生产条件。（×）

解析：《安全生产法》规定：有关生产经营单位应当按照规定提取和使用安全生产费用，专门改善安全生产条件。

269. 仓库的照明开关应该安装在库房外边，这样做能确保安全。（√）

270. 直流电流表可以用于交流电路测量。（×）

解析： 直流电流表不能测量交流，交流电流表不能测量直流，因为两种电流表的工作原理不同，用途不同。

271. 当架空线对地高度不够时，可以采取紧线的办法来提高导线高度。（×）

解析： 线路安全距离是指导线与地面（水面）、杆塔构件、跨越物（包括电力线路和弱电线路）之间的最小允许距离。当架空线对地高度不够时，可采用绝缘隔离防护措施来解决。如果通过紧线导致线路弧垂过小，容易在最大应力气象条件下超过架空线的强度而发生断线事故，难以保证线路安全运行。

272. 发现有人触电时，应当先去请医生，等医生到达后立即开始人工急救。（×）

解析： 发现有人低压触电时，第一时间应当想方设法及时关闭电源，越快越好，使触电者脱离电源，立即就地进行急救，同时拨打 120 请医生。

273. 绕组的各种短路，铁芯短路，轴承损坏或缺油，严重过载或频繁启动等均可能造成电动机温升过高。（√）

274. 不同电压的插座应有明显区别。（√）

275. 电机运行时发出沉闷声是电机在正常运行的声音。（×）

解析： 电机正常运行时，发出的声音是平稳、轻快、均匀的；如果出现尖叫、沉闷、摩擦、振动等刺耳的杂音，说明电机有了故障。

276. 电工作业分为高压电工和低压电工。（×）

解析： 电工作业分为高压电工作业、低压电工作业和防爆电气作业。

277. 我国安全生产方针是"安全第一、预防为主、综合治理"。（√）

278. 根据《安全生产法》第七十一条规定，任何单位和个人对事故隐患或者安全生产违法行为，均有权向负有安全生产监督管理职责部门报告或者举报。（√）

279. 当电容器爆炸时，应立即检查。（×）

解析： 电容器爆炸时，首先应切断电容器与电网的连接，通过进行人工放电后才能进行检查。

280. 交流接触器能切断短路电流。（×）

解析： 单独的交流接触器是不会主动切断短路电流的。在实际应用中常与适当的热继电器或电子式保护装置组合成电磁启动器，才能保护可能发生过载或断相的电路。

281. 所有的电桥均是测量直流电阻的。（×）

解析： 除了用来测量直流电阻，电桥还可以用来测量电容、电感等元件的参量。

282. 在安全色标中用红色表示禁止、停止或消防。（√）

283. 当导体温度不变时，通过导体的电流与导体两端的电压成正比，与其电阻成反比。（√）

284. 当伤员脱离电源后，应立即检查伤员全身情况，特别是呼吸和心跳，发现呼吸、心跳停止时，应立即准备后事。（×）

解析： 发现伤员呼吸、心跳停止时，应一面立即就地抢救，一面紧急联系120，就近送病人去医院进一步治疗；在转送病人去医院途中，抢救工作不能中断。

285. 心跳停止者应先进行人工呼吸。（×）

解析： 如果伤者心跳停止，呼吸正常，应立即进行胸外心脏按压急救。

286. "止步，高压危险"的标志牌的式样是白底、红边，有红色箭头。（√）

287. 导线连接时必须注意做好防腐措施。（√）

288. 行程开关的作用是将机械行走的长度用电信号传出。（×）

解析： 行程开关的作用是将机械行走的极限位置用电信号传出。是极限位置，而不是长度。

289. 在三相四线配电网中，PEN线表示工作与保护公用的零线。（√）

290. 触电分为电击和电伤。（√）

291. 万用表使用后，转换开关可置于任意位置。（×）

解析： 万用表使用完毕后，应将转换开关放在交流电压最高挡或空挡的位置。这样做主要是为了表的安全，下次打开表测量时不容易烧坏表。

292. 跨越铁路，公路等的架空绝缘铜导线截面不小于 16mm^2。（√）

293. 一号电工刀比二号电工刀的刀柄长度长。（√）

294. 生产经营单位对重大危险源应当登记建档，进行定期检测、评估、监控，并制定应急预案，告知从业人员和相关人员在紧急情况下应当采取的应急措施。（√）

295. 采用止血带止血，止血带持续时间一般不超过 1h，太长可导致肌体坏死。（√）

296. 怀孕女工产前检查，应算作劳动时间。（√）

297. 电业安全工作规程中，安全技术措施包括工作票制度、工作许可制度、工作监护制度、工作间断转移和终结制度。（×）

解析：题目所述措施是电气安全的组织措施。电气安全技术措施包括通电、验电、装接地线等。

298. 接了漏电开关之后，设备外壳就不需要再接地或接零了。（×）

解析：接了漏电开关只是不需要接零，但必须进行接地保护。比如家里的三插头里面的接地保护线就直接通往用电器的设备外壳，如果接零，就会导致漏电断路器跳闸，没法使用。

299. 装设过负荷保护的配电线路，其绝缘导线的允许载流量应不小于熔断器额定电流的 1.25 倍。（√）

300. 工伤保险基金按月支付伤残津贴，三级伤残支付标准为本人工资的 70%。（×）

解析：一级伤残为 24 个月的本人工资，二级伤残为 22 个月的本人工资，三级伤残为 20 个月的本人工资，四级伤残为 18 个月的本人工资。职工因工致残被鉴定为五级、六级伤残的，保留与用人单位的劳动关系，由用人单位安排适当工作。难以安排工作的，由用人单位按月发给伤残津贴，标准为：五级伤残为本人工资的 70%，六级伤残为本人工资的 60%。

301. 符号"A"表示交流电源。（×）

解析：A 表示电流，单位是安培。交流电源用 AC 表示。

302. 漏电保护器或漏电开关都不应安装在大电流母线的近旁。（√）

303. 防护用品具有消除事故的作用，所以工作中使用了防护用品就可以做到万无一失。（×）

解析：防护用品是保护劳动者在生产过程中的人身安全与健康所必备的一种防御性装备，对于减少职业危害起着相当重要的作用。到生产现场作业，必须正确使用劳动防护用品。

304. 用避雷针、避雷带是防止雷电破坏电力设备的主要措施。（×）

解析：防止雷电破坏电力设备的主要措施不是避雷针，也不是避雷带，而是避雷器。

305. 在我国，超高压送电线路基本上是架空敷设。（√）

306. 绝缘体被击穿时的电压称为击穿电压。（√）

307. 剩余电流动作保护装置主要用于 1000V 以下的低压系统。（√）

308. Ⅰ类设备应有良好的接零或接地措施，且保护导体应与工作零线分开。（√）

309. 电机在检修后，经各项检查合格后，就可对电机进行空载试验和短路试验。（√）

310. 危险场所室内的吊灯与地面距离不少于 3m。（×）

解析：室内应该是 2.5m，室外才是 3m。危险性较大及特殊危险场所，当灯具距地面高度小于 2.4m 时，使用额定电压为 36V 及以下的照明灯具或有专用保护措施。

311. 接地体离独立避雷针接地体之间的地下距离不得小于 3m。（√）

312. 在潮湿的场所安装照明灯具应该采用防潮型，以确保安全。（√）

313. 对于全压启动的三相异步电动机，电源线路上的熔断器主要起短路保护作用；电源线路上的热继电器主要起过载保护作用。（√）

314. 接地电阻测试仪就是测量线路的绝缘电阻的仪器。（×）

解析： 由于接地电阻都比较小，而绝缘电阻都比较大。接地电阻测试仪是不能测试绝缘电阻的，测量绝缘电阻要使用绝缘电阻表（兆欧表）。

315. 因为绝缘电阻决定于绝缘结构及其状态，所以绝缘电阻可在停电后测量，也可在不停电的情况下测量。（×）

解析： 只能在停电的情况下测量绝缘电阻，湿度较大时应暂停测量。

316. 电工应做好用电人员在特殊场所作业的监护作业。（√）

317. 对于容易产生静电的场所，应保持地面潮湿，或者铺设导电性能较好的地板。（√）

318. 自动切换电器是依靠本身参数的变化或外来信号而自动进行工作的。（√）

319. 电机在短时定额运行时，我国规定的短时运行时间有6种。（×）

解析： 电动机短时运转的持续时间标准有四种：10min、30min、60min、90min。

320. 磁力线是一种闭合曲线。（√）

321. 分断电流能力是各类刀开关的主要技术参数之一。（√）

322. 组合开关在选作直接控制电机时，要求其额定电流可取电机额定电流的2～3倍。（√）

323. 从业人员有权对本单位安全生产工作中存在的问题提出批评、检举、控告。（√）

324. 多用螺钉旋具的规格是以它的全长（手柄加旋杆）表示。（√）

325. 作业中存在的粉尘、毒物及噪声，是引发职业病的有害因素。（√）

326. 心搏停止、呼吸存在者，应立即进行人工呼吸。（×）

解析： 应进行胸外心脏按压。

327. 心搏停止、呼吸存在者，应立即进行胸外心脏按压。（√）

328. 并联电容器所接的线停电后，必须断开电容器组。（√）

329. 救护人站在伤病人头部的一侧，自己深吸一口气，对着伤病人的口（两嘴要对紧不要漏气）将气吹入，造成呼气。（×）

解析： 实施人工呼吸时，救护人站在伤病人头部的一侧，自己深吸一口气，对着伤病人的口（两嘴要对紧不要漏气）将气吹入，造成吸气。

330. 漏电开关只有在有人触电时才会动作。（×）

解析： 短路、过负荷、漏电、过压、欠压等情况，漏电保护开关都会跳闸，对电路进行保护。

331. 为改善电动机的启动及运行性能，笼形异步电动机转子铁芯一般采用直槽结构。（×）

解析： 笼形异步电动机转子铁芯一般采用斜槽结构。

332. 热力烧伤现场急救最基本的要求首先是迅速脱离热源，脱去燃烧的衣服或用水浇灭身上的火。（√）

333. 对绕线型异步电机应经常检查电刷与集电环的接触及电刷的磨损、压力、火花等情况。（√）

334. 电动机采用熔断器保护时，如运行电流达到熔体的额定电流，熔体将立即熔断。（×）

解析： 电动机的熔丝是按其额定电流的 1.5～2 倍选取的，因此当电动机超载时的电流小于 1.5～2 倍额定电流时，熔丝不会熔断，而电动机将可能因过载发热而烧坏。

335. 接触器的文字符号为 KM。（√）

336. 高压水银灯的电压比较高，所以称为高压水银灯。（×）

解析： 高压水银灯又称高压汞灯，是利用汞放电时产生的高压（0.2～1MPa）汞蒸气获得可见光的电光源。不是高压水银灯就是电压高。

337. 测量有较大电容的电气设备的绝缘电阻时，读数和记录完毕后，应先拆开 L 端，后停止摆动，再进行放电。（√）

338. 交流接触器的额定电流，是在额定的工作条件下的电流值。（√）

339. 根据《安全生产法》规定，生产经营单位负责人接到事故现场关于人员事故报告后，应当及时采用有效办法组织急救。（√）

340. 如果多个本质安全电路系统有电气连接，应该进行综合系统本质安全性能评价。（√）

341. 雷雨天气，即使在室内也不要修理家中的电气线路、开关、插座等。如果一定要修要把家中电源总开关拉开。（×）

解析： 如果一定要修，要把家中电源总开关拉开，并将线路接地。

342. "禁止合闸，有人工作！"属于禁止类标示牌。（√）

343. 基尔霍夫第一定律是节点电流定律，是用来证明电路上各电流之间关系的定律。（√）

344. 危险物品的生产、储存单位以及矿山、金属冶炼单位的安全生产管理人员的任免，应当告知主管的负有安全生产监督管理职责的部门。（√）

345. 干粉灭火器扑救可燃、易燃液体火灾时，应对准火焰腰部扫射，如果被扑救的液体火灾呈流淌燃烧时，应对准火焰根部由近而远，并左右扫射，直至把火焰全部扑灭。（√）

346. 热继电器是利用双金属片受热弯曲而推动触点动作的一种保护电器，它主要用于线路的速断保护。（×）

解析： 热继电器是通过热电偶发热变形的保护电器，是用于电动机或其他电气设备、电气线路的过载保护的保护电器。

347. 即使眼皮伤口流血不止，也不能为止血而压迫眼球，否则会造成眼内容物溢出，使视力无法挽回。（√）

348. 照明灯具的搬把开关距地面高度为 1.2～1.4m。（√）

349. 在使用绝缘手套前，应先检查外观，如发现表面有孔洞、裂纹等应停止使用。（√）

350. 双重绝缘指工作绝缘（基本绝缘）和保护绝缘（附加绝缘）。（√）

351. 带电机的设备，在电机通电前要检查电机的辅助设备和安装底座、接地等，正常后再通电使用。（√）

352. 在接零系统中，单相三孔插座的工作零线（N）接线孔与保护零线接线孔不得连接在一起。（√）

353. 电动势的正方向规定为从低电位指向高电位，所以测量时电压表应正极接电源负极、而电压表负极接电源的正极。（×）

解析：电动势是电源内部非静电力移动正电荷所做的功，"方向"指的是做功的过程。而题目中电压表测量的是做功的结果，它与做功的过程恰恰相反，所以电压表连接反了。正确的方法是电压表与电源并联，正极接电源的正极，负极接电源的负极。

354. 从业人员和生产经营单位可根据自身或企业财政状况适当调整工伤社会保险赔付和民事赔偿的金额标准。（×）

解析：从业人员和生产经营单位均不得自行确定从业人员获得工伤社会保险赔付和民事赔付金额标准。

355. 当负载电流达到熔断器熔体的额定电流时，熔体将立即熔断，从而起到过载保护的作用。（×）

解析：当负载电流等于熔断器熔体额定电流时，熔断器会延时后熔断。因为电流达到其额定电流之后，熔体温度急剧上升，长时间维持在这个温度，那么熔体的内阻也会越来越大，所以发热也越来越强，直至把熔体熔断。

356. 变配电设备应有完善的屏护装置。（√）

357. 电工应严格按照操作规程进行作业。（√）

358. 运行中的电压互感器发生瓷套管破裂、高压线圈击穿放电、连接点打火、严重漏油等故障时应退出运行。（√）

359. 工伤保险基金按月支付伤残津贴，一级伤残支付标准为本人工资的90%。（√）

360. 铜线与铝线在需要时可以直接连接。（×）

解析：铜铝两种金属的电化性质不同。铝线在空气中很容易氧化，在其表面形成一层氧化物，再加上铝比铜的硬度小，这样会大大增加铝线和铜线接驳处的接触电阻，当用电流通过这个接驳处时，接触电阻会发热，如果是大电流，则发热会很严重，就会把接驳处烧毁。铜电缆和铝导线连接时可采用铜铝端子，铜端应搪锡。

361. 电缆保护层的作用是保护电缆。（√）

362. 在供配电系统和设备自动系统中，刀开关通常用于电源隔离。（√）

363. 时间继电器的文字符号为KT。（√）

364. 生产经营单位可以与从业人员协商，以协商结果与从业人员订立协议，免除或者减轻其对从业人员因生产安全事故伤亡依法应承担的责任。（×）

解析：安全生产法规定，生产经营单位的从业人员有依法获得安全生产保障的权利，并应当依法履行安全生产方面的义务，同时还规定：国家实行生产安全事故责任追究制度，追究生产安全事故责任人员的法律责任。因此，生产经营单位与从业人员订立协议，免除或者减轻其对从业人员因生产安全事故伤亡依法应承担的责任的，该协议为无效协议。

365. 消防设备的电源线路只能装设不切断电源的漏电报警装置。（√）

366. 电工钳、电工刀、螺丝刀是常用电工基本工具。（√）

367. 摇测大容量设备吸收比是测量（60s）时的绝缘电阻与（15s）时的绝缘电阻之比。（√）

368. 职业病是指劳动者在职业活动中，因接触职业病危害因素而引起的疾病。（×）

解析：职业病是指企业、事业单位和个体经济组织等用人单位的劳动者在职业活动中，因接触粉尘、放射性物质和其他有毒、有害物质等因素而引起的疾病。

369. 使用竹梯作业时，梯子放置与地面以 50° 左右为宜。（×）

解析：竹梯子一般放置与地面成 60° 左右为宜。角度太大，容易翻倒；角度偏小，则梯子与地面容易产生滑动，人登到上端时，上端梯子受侧向作用力较大，相对容易折断。

370. 移动电气设备电源应采用高强度铜芯橡胶护套硬绝缘电缆。（×）

解析：移动电气设备工作时，电缆是要随时拖动、弯曲，因此要用软护套电缆。硬线会阻碍操作。

371. 220V 手持照明灯应有完整的保护网，应有隔热、耐湿的绝缘手柄；安全电压的手持照明灯无此要求。（×）

解析：安全电压值的等级有 42V、36V、24V、12V、6V 五种，国家标准《安全电压》中规定，当电气设备采用了超过 24V 时，必须采取防直接接触带电体的保护措施。

372. 高频开关电源电话衡重杂音电压 ≤ 20mV。（×）

解析：高频开关电源电话衡重杂音电压 ≤ 2mV。

373. 对女职工劳动保护的目的之一是为了保证下一代的身体健康。（√）

374. Ⅲ类电动工具的工作电压不超过 50V。（√）

375. 对于在易燃、易爆、易灼烧及有静电发生的场所作业的工作人员，不可以发放和使用化纤防护用品。（√）

376. 据部分省市统计，农村触电事故要少于城市的触电事故。（×）

解析：由于农村用电条件相对较差，保护装置较欠缺，乱拉乱接较多，缺乏电气知识等多种原因，导致农村触电事故多于城市。

377. 发现有人触电后，应立即通知医院派救护车来抢救，在医生来到前，现场人员不能对触电者进行抢救，以免造成二次伤害。（×）

解析：发现有人触电后，应当想方设法及时关闭电源，越快越好。触电者脱离电源后，应及时判断患者有没有心跳呼吸以及意识，就地进行急救，同时拨打 120 请医生。

378. 填用电力线路第二种工作票时，不需要履行工作许可手续。（√）

379. 除独立避雷针之外，在接地电阻满足要求的前提下，防雷接地装置可以和其他接地装置共用。（√）

380. 高压验电器验电时应首先在有电的设备上试验，验证验电器良好。（√）

381. 三相异步电动机的转子导体中会形成电流，其电流方向可用右手定则判定。（√）

382. 日常电气设备的维护和保养应由设备管理人员负责。（×）

解析：日常电气设备的维护和保养应由设备维修人员（维修电工）负责，而不是设备管理人员负责。

383. TT 系统是配电网中性点直接接地，用电设备外壳也采用接地措施的系统。（√）

384. 通用继电器是可以更换不同性质的线圈，从而将其制成各种继电器。（√）

385. 在有爆炸和火灾危险的场所，应尽量少用或不用携带式、移动式的电气设备。（√）

386. 电工刀的手柄是无绝缘保护的，不能在带电导线或器材上剖切，以免触电。（√）

387. 用万用表 $R \times 1k$ 欧姆挡测量二极管时，红表笔接一只脚，黑表笔接另一只脚测得的电阻值约为几百欧姆，反向测量时电阻值很大，则该二极管是好的。（√）

388. 电流和磁场密不可分，磁场总是伴随着电流而存在，而电流永远被磁场所包围。（√）

389. 对于呼吸、心跳骤停的病人，应立即送往医院。（×）

解析： 这个做法是错误的。正确做法是立即就地抢救，畅通呼吸道，做人工呼吸及心脏按压，呼救 120，同时要严密观察病情变化。

390. 防静电接地电阻原则上不得超过 4Ω。（√）

391. 职业病防治工作坚持"预防为主、防治结合"的方针。（√）

392. 剥线钳是用来剥削小导线头部表面绝缘层的专用工具。（√）

393. 同一电气元件的各部件分散地画在原理图中，必须按顺序标注文字符号。（×）

解析： 错在"必须按顺序标注文字符号"，正确的应该是：同一电气元件的各部件分散地画在原理图中，必须标注文字符号和按顺序标注数字编号。

394. 自动开关属于手动电器。（×）

解析： 自动开关不属于手动电器。当电路发生严重过载、短路以及失压等故障时，自动开关能自动切断故障电路，有效地保护串接在它们后面的电气设备。自动开关是低压电路常用的具有保护环节的断合电器。

395. 绝缘操作杆应存放在特制的架子上或垂直悬挂在专用挂架上，以防止弯曲。（√）

396. 概率为 50% 时，成年男性的平均感知电流值约为 1.1mA，最小为 0.5mA，成年女性约为 0.6mA。（×）

解析： 引起人的感觉的最小电流称为感知电流。实验资料表明，对于不同的人，感知电流也不相同，成年男性平均感知电流约为 1.1mA；成年女性约为 0.7mA。

397. 不在雷雨季节使用的临时架空线路可以不装设防雷保护。（×）

解析： 架空线路直接暴露在旷野，而且分布很广，最易遭受雷击，所以临时架空线路应因地制宜，根据实际情况在导线上方的地线横担架设架空地线或者安装线路避雷器。

398. 电容器的容量就是电容量。（×）

解析： 题目中的说法错误的。电容器的容量是无功功率，单位是乏（var），电容器的容性无功功率可以用来补偿电动机的感性无功功率，从而提高电路的功率因数；电容量是指电容器在给定电位差下的电荷储藏量，单位是法拉（F），电容量是电容器的标称参数。

399. 在三相交流电路中，负载为星形接法时，其相电压等于三相电源的线电压。（×）

解析： 对于三相四线制的电网，三根相线中任意两根间的电压称线电压，任意一根相线与零线间的电压称相电压。线电压与相电压的大小关系是：线电压等于 $\sqrt{3}$ 倍的相电压。三相四线制中电压为 380/220V，即线电压为 380V；相电压则随接线方式而异：若使用星形接法，相电压为 220V；三角形接法，相电压则为 380V。

400. 目前我国生产的接触器额定电流一般大于或等于 630A。（×）

解析： 我国生产的接触器额定电流一般小于或等于 630A。根据生产的工艺，结构不同，接触器额定电流也不一样，有些产品能达到 800A。交流接触器吸合前后的电流相差很大，可达五倍以上；一般用大功率启动，小功率保持。选择接触器时，主触头的额定工作电流应大于或等于负载电路的电流。

401. 生产过程中产生的粉尘、烟尘不含毒性，对作业人员基本无害。（×）

解析： 生产过程中产生的粉尘根据化学性质不同，对人体可有致纤维化、中毒、致敏等作用。直径小于5μm（空气动力学直径）的粉尘对机体危害性较大，也易达到呼吸器官的深部。粉尘的浓度大小，与对人危害程度也有关系。因此，如果工作环境中需要长时间接触粉尘，一定要注意定期的体检。电焊烟尘对健康的危害主要是引起呼吸系统黏膜刺激、炎症、电焊工尘肺和中毒。

402. 当静电的放电火花能量足够大时，能引起火灾和爆炸事故，在生产过程中静电还会妨碍生产和降低产品质量等。（ √ ）

403. 电气安装接线图中，同一电气元件的各部分必须画在一起。（ √ ）

404. 一般情况下，接地电网的单相触电比不接地的电网的危险性小。（ × ）

解析： 单相触电是指人体在地面或其他接地导体上，人体某一部位触及一相带电体的触电事故。单相触电的危险程度与电网运行方式有关。一般情况下，接地电网的单相触电比不接地电网的危险性大。

405. 通风除尘是防尘的主要措施之一。（ √ ）

406. Ⅱ类手持电动工具比Ⅰ类工具安全可靠。（ √ ）

407. 异步电动机的转差率是旋转磁场的转速与电动机转速之差与旋转磁场的转速之比。（ √ ）

408. 电压的方向是由高电位指向低电位，是电位升高的方向。（ × ）

解析： 电压的正方向规定为由高电位指向低电位，即电位降的方向。

409. 漏电断路器在被保护电路中有漏电或有人触电时，零序电流互感器就产生感应电流，经放大使脱扣器动作，从而切断电路。（ √ ）

410. 机关、学校、企业、住宅等建筑物内的插座回路不需要安装漏电保护装置。（ × ）

解析： 不对，应该要装漏电保护器就是（剩余电流保护装置）。下面是国家的规定：除壁挂式分体空调电源插座外，电源插座回路应设置剩余电流保护装置；设有洗浴设备的卫生间应做局部等电位联结；每幢住宅的总电源进线应设剩余电流动作保护或剩余电流动作报警。

411. 在断电之后，电动机停转，当电网再次来电，电动机能自行启动的运行方式称为失压保护。（ × ）

解析： 所谓失压和欠压保护就是当电源停电或者由于某种原因电源电压降低过多（欠压）时，保护装置能使电动机自动从电源上切除。因为当失压或欠压时，接触器线圈电流将消失或减小，失去电磁力或电磁力不足以吸住铁芯，因而能断开主触头，切断电源。由此可见，失压或者欠压保护动作后，需要重新操作，才能启动电动机，避免发生事故。

412. 为了防止因导线短路而引起重大安全事故，不同回路、不同电压、交流与直流的导线不得穿在同一根管内。（ √ ）

413. 手持电动工具有两种分类方式，即按工作电压分类和按防潮程度分类。（ × ）

解析： 手持电动工具是按工作电压和触电防护方式分类的，而不是按防潮程度。国家标准《手持式电动工具的管理、使用、检查和维修安全技术规程》GB/T 3787—2017，据此可分为Ⅰ、Ⅱ、Ⅲ三类。

414. 防静电安全帽可作为电力用安全帽使用。（ × ）

解析： 电力安全帽的作用是防止作业人员头部受坠落物及其他特定因素引起的伤害，起防护作用；防静电安全帽与其他类型安全帽相比，不同的是具备了防静电的特殊功能。二者的功能不同，不能替换。

415. 移动电气设备可以参考手持电动工具的有关要求进行使用。（√）

416. 白炽灯属热辐射光源。（√）

417. 交流电机铭牌上的频率是此电机使用的交流电源的频率。（√）

418. 一般情况较好的病人，估计转送过程中无生命危险，可直接送到有相应条件的医院就诊；如病情危重，则应越级转送，免使病人失去抢救机会。（×）

解析： 应该是如病情危重，则应就近医治，千万不可无视病情而盲且越级转送，使病人失去抢救机会。

419. 熔断器的特性，是通过熔体的电压值越高，熔断时间越短。（×）

解析： 熔断器是指当电流超过规定值时，以本身产生的热量使熔体熔断，断开电路的一种电器。熔断器是根据电流超过规定值一段时间后，以其自身产生的热量使熔体熔化，从而使电路断开的一种电流保护器。

420. 水和金属比较，水的导电性能更好。（×）

解析： 水的电阻率的大小，与水中含盐量的多少，水中离子浓度、离子的电荷数以及离子的运动速度有关。因此，纯净的水电阻率很大，超纯水电阻率就更大。水越纯，电阻率越大。常温下导电最好的材料是银，其次是铜。

421. 井下发生的窒息事故主要原因是缺水。（×）

解析： 井下发生的窒息事故主要原因是瓦斯和其他有害气体超限。

422. 减小电气间隙在一定程度上能够提高增安型电气设备的安全性。（×）

解析： 电气间隙是指两个导电部分之间的最短空间距离，增大电气间隙在一定程度上能够提高增安型电气设备的安全性。

423. 人体接触生产性毒物后的处理方法可用清水反复冲洗。（√）

424. 用电笔检查时，电笔发光就说明线路一定有电。（×）

解析： 通常说的有电，是指线路中有电流通过，因为有电流时负载才能工作。验电器（电笔）发光能说明该处对地有电压（60V以上），但不能说明一定有电流。

425. 电流表的内阻越小越好。（√）

426. 一次性工亡补助金标准为上一年度全国城镇居民人均可支配收入的20倍。（√）

427. 工频电流比高频电流更容易引起皮肤灼伤。（×）

解析： 一般说来工频50～60Hz电流对人体是最危险的。高频电流有一个重要的特性就是趋肤效应，相对与工频电流而言，高频电流还有一个特性就是人触电之后的致死率将降低，而且频率越高致死率越低。

428. 雷击产生的高电压和耀眼的光芒可对电气装置和建筑物及其他设施造成毁坏，电力设施或电力线路遭破坏可能导致大规模停电。（×）

解析： 耀眼光芒并不会对其他设施造成毁坏，照射不坏建筑物和电气设备。电气装置、建筑物、电力设施和电力线路等装有可靠的、重复的避雷或防雷装置，定期进行检查，一般不会遭受雷击。

429. Ⅰ类设备应有良好的接零或接地措施，且保护导体应与工作零线分开。（√）

430. 交流接触器常见的额定最高工作电压达到6000V。（×）

解析：接触器额定工作电压从低到高为：220V、380V、660V、1140V、3300V、6000V、10000V。

431. 特殊场所暗装的插座安装高度不小于1.5m。（×）

解析：插座的实际安装高度以使用环境及使用要求为准。比如在一些实验室、车间等特殊场所的暗装插座，高度大于1.5m，甚至达2.3m左右。家庭及类似场所，普通插座安装高度是离地30cm，洗衣机120cm，电热水器140cm，冰箱150cm，空调室内机（壁挂）180cm。

432. 并联电路中各支路上的电流不一定相等。（√）

433. 日光灯的电子镇流器可使日光灯获得高频交流电。（√）

434. 熔断器在所有电路中，都能起到过载保护。（×）

解析：严格来讲，是不能的。熔断器的电流动作曲线是陡降型的，类似于电子电路中的压敏二极管。只有在临界点的时候，才会迅速动作。它的动作电流跟时间成反比，电流越大，动作时间越小。熔断器的熔体额定动作时间，通过1.25倍的额定电流，熔体的熔断时间是∞，通过1.6倍的额定电流，熔体的额定动作时间是3600s，通过1.8倍的电流，额定动作时间是1200s，也就是说通过1.6倍的额定电流，要1h才能动作，通过1.8倍的电流，要20min才能动作。假如电动机通过1.8倍的电流，熔断器20min动作，很容易破坏绝缘，导致线圈短路烧毁。

435. 电解电容器的电工符号如图┤├所示。（√）

436. 黄绿双色的导线只能用于保护线。（√）

437. 生产经营单位必须为从业人员提供符合国家标准或者本单位标准的劳动防用品。（×）

解析：安全生产法第42条规定，生产经营单位必须为从业人员提供符合国家标准或者行业标准的劳动防护用品，并监督、教育从业人员按照使用规则佩戴、使用。

438. 补偿电容器的容量越大越好。（×）

解析：电容的容量越大，谐振频率越低，电容能有效补偿电流的频率范围也越小。从保证电容提供高频电流的能力的角度来说，电容越大越好的观点是错误的，一般的电路设计中都有一个参考值。

439. 屋外电容器一般采用台架安装。（√）

440. 电机在正常运行时，如闻到焦臭味，则说明电机速度过快。（×）

解析："闻到焦臭味"如果说法属实，一般是电机过热严重引起的，而不是电机绕组短路，也不是电机速度过快。

441. PN结正向导通时，其内外电场方向一致。（×）

解析：PN结加正向电压时导通，PN结处于正向偏置，电流便从P型一边流向N型一边，空穴和电子都向界面运动，使空间电荷区变窄，电流可以顺利通过，其方向与PN结内电场方向相反。

442. 在爆炸危险场所，应采用三相四线制，单相三线制方式供电。（×）

解析：在爆炸危险场所应采用三相五线制、单相三线制方式供电。

443. 低压断路器是一种重要的控制和保护电器，断路器都装有灭弧装置，因此可以安全地带负荷合、分闸。（√）

444. 导电性能介于导体和绝缘体之间的物体称为半导体。（√）

445. 并联电容器有减少电压损失的作用。（√）

446. 试验对地电压为 50V 以上的带电设备时，氖泡式低压验电器就应显示有电。（×）

解析：试电笔的测电范围是 60～500V 之间。氖泡启辉电压约为 70V，如果是 50V 的交流电压，其峰值超过 70V，可以点亮氖泡；而 50V 的直流电压不足以使氖泡点亮。

447. 单相 220V 电源供电的电气设备，应选用三极式漏电保护装置。（×）

解析：单相 220V 电源供电的电气设备，不能用三极漏电保护器。如果是多个单相 220V 设备分配在三相电源上要用三相四极漏保开关，负载的零线要通过漏电开关。如果只用一相供电，应选用二极漏电开关或 1P+N 的漏电开关。

448. 规定小磁针的北极所指的方向是磁力线的方向。（√）

449. 在电气原理图中，当触点图形垂直放置时，以"左开右闭"原则绘制。（√）

450. 电动机按铭牌数值工作时，短时运行的定额工作制用 S2 表示。（√）

451. 运行中的电流互感器的二次回路不得开路，运行中的电压互感器的二次侧允许短路。（×）

解析：运行中的电流互感器二次侧不允许开路，运行中的电压互感器二次侧不允许短路，是与两种互感器的不同工作原理相关系的。由于电压互感器内阻抗很小，若二次回路短路时，会出现很大的电流，将损坏二次设备甚至危及人身安全。电流互感器在正常工作时，二次侧近似于短路，若突然使其开路，二次侧绕组将在磁通过零时感应出很高的尖顶波，其值可达到数千甚至上万伏，危机工作人员的安全及仪表的绝缘性能。

452. 中间继电器实际上是一种动作与释放值可调节的电压继电器。（×）

解析：中间继电器的结构和原理与交流接触器基本相同，通常用来传递信号和同时控制多个电路，也可用来直接控制小容量电动机或其他电气执行元件。中间继电器实质上是一种电压继电器，但它的触点数量较多，容量较小，它是作为控制开关使用的电器。

453. 怀疑有胸、腰、椎骨折的病人，搬运时，可以采用一人抬头、一人抬腿的方法。（×）

解析：这种做法明显是错误的，因为这样施力会是胸、腰、椎骨折病人伤情加重。正确方法：将患者抬到担架上时，要有两到三人，用手水平托住肩颈、受伤的脊柱、骨盆和下肢，平直抬到担架上，妥善固定好以后，护送到医院，到脊柱科或骨科进行相关诊治。

454. 安全可靠是对任何开关电器的基本要求。（√）

456. 拆除接地线时，与装设时顺序相同，先拆接地端，后拆导线端。（×）

解析：装设接地线必须先接接地端，后接导体端，必须接触牢固。拆除接地线的顺序与装设接地线相反。

457. 只要工作安排得妥当，约时停、送电也不会有问题。（×）

解析：由于约时停送电脱离了生产实际，对现场运行方式随时可能发生的变化无从预料，更难对各个环节实施具体的防范措施，作业安全带有很大的盲目性，因而是一种危害很大的违章作业形式。

458. 二氧化碳灭火器带电灭火只适用于 600V 以下的线路，如果是 10kV 或者 35kV 线路，如要带电灭火只能选择干粉灭火器。（ √ ）

459. 因公外出期间，由于工作原因受到伤害或者发生事故下落不明的可认定为工伤。（ √ ）

460. 为了避免静电火花造成爆炸事故，凡在加工运输，储存等各种易燃液体、气体时，设备都要分别隔离。（ × ）

解析： 不是分别隔离，而是要进行物理物理隔离，妥善接地。为防止静电火花引起事故，凡是用来加工、贮存、运输各种易燃气、液、粉体的设备金属管、非导电材料管都必须要可靠接地。

461. 断路器在选用时，要求线路末端单相对地短路电流要大于或等于 1.25 倍断路器的瞬间脱扣器整定电流。（ √ ）

462. 在采用多级熔断器保护中，后级熔体的额定电流比前级大，以电源端为最前端。（ × ）

解析： 这句话是错误的，错在位置颠倒。正确的应该是：在采用多级熔断器保护中，后级熔体的额定电流比前级大，以负载端为最前端。因为把前级视为总保险，则后级为分保险，否则，当线路故障时，会越过分保险直接烧断总保险，扩大了停电面积。

463. PE 线不得穿过漏电保护器，但 PEN 线可以穿过漏电保护器。（ × ）

解析： 四级漏电保护器应该是三根相线和一根零线，而不是 PEN 线。接上了 PEN 线，就是直接接地短路了，这样永远合不上闸，因为是在实施保护功能。

464. 建筑工人安全帽和摩托车头盔可以通用。（ × ）

解析： 摩托车头盔是全方位的包围，建筑工人安全帽主要是防护头顶上掉物的冲击，二者的作用不一样。安全帽属于特种劳动防护用品，要求有 "LA" 标志，然而头盔是没有 "LA" 标志的。

465. 低压验电器可以验出 500V 以下的电压。（ × ）

解析： 普通低压验电器（测电笔）可以验出 60～500V 的电压，低于 60V 电压是无法检出的。一般在带电体与大地间的电位差低于 36V，氖泡不发光，在 60～500V 的电压时氖泡发光，电压越高氖泡越亮。当测试电压范围在 6～24V 之间时，人们常常使用弱电验电笔。

466. 如果电缆与其他管道铺设在同一个栈桥，应采取措施防止其他管道对电气布线的影响（热或腐蚀等），电缆和电气管道应沿危险较低的管道一侧铺设，当管道中可燃性介质时，如介质比空气重，电气线路应在下方铺设，反之，应在上方铺设。（ × ）

解析： 电缆与其他管道铺不能铺设在同一个栈桥，强弱分开，交直要分开，控制和通信也要分开。电缆与电缆或其他设施之间平行和交叉的最小允许净离应符合相关规定。禁止将电缆平行敷设于管道的正上方或下方。

467. 在工作中遇雷、雨、大风或其他任何情况威胁到工作人员的安全时，工作负责人或专责监护人可根据情况，临时停止工作。（ √ ）

468. 对于转子有绕组的电机，将外电阻串入转子电路中启动，并随电机转速升高而逐渐地将电阻值减小并最终切除，叫转子串电阻启动。（ √ ）

469. 摇表在使用前，无须先检查摇表是否完好，可直接对被测设备进行绝缘测量。（ × ）

解析： 摇表使用前，必须先检查摇表的质量，包括短路检查和开路检查，通过开、短路试验证实摇表完好，才可进行测量。

470. RCD（剩余电流装置）后的中性线可以接地。（×）

解析： 剩余电流装置后的中性线不可以接地，因为会造成漏电、开关跳闸等后果。

471. 组合开关可直接启动 5kW 以下的电动机。（√）

472. 安装在已接地金属框架上的设备一般不必再做接地。（√）

473. 低压运行维修作业是指在对地电压 220V 及以下的电气设备上进行安装、运行、检修、试验等电工作业。（×）

解析： 在电力系统中，高低压的区分是以对地电压 1000V 为标准的；1000V 以上为高压，1000V 以下为低压。

474. 处理电容器组故障时，电容器组虽经放电装置自动放电，为了保证安全，还必须进行补充的人工放电。（√）

475. 对电焊过程中产生的强弧光如不采取防护措施，作业人员易发生白内障等眼病。（√）

476. 脱离电源后，触电者神志清醒，应让触电者来回走动，加强血液循环。（×）

解析： 脱离电源后，如果触电人神志清醒，应就地休息，并密切观察，必要时到医院做进一步检查与治疗。

477. 不可用万用表欧姆挡直接测量微安表、检流计或电池的内阻。（√）

478. 异步电动机接通电源后，如电动机不转并发出"嗡嗡"声，应立即断开电源。（√）

479. 当采用安全特低电压作直接电击防护时，应选用 25V 及以下的安全电压。（√）

480. 在高压操作中，无遮栏作业人体或其所携带工具与带电体之间的距离应不少于 0.7m。（√）

481. 熔体的额定电流不可大于熔断器的额定电流。（√）

482. 职工在工作时间和工作岗位上，突发疾病死亡的可视同工伤。（√）

483. 隔离开关是指承担接通和断开电流任务，将电路与电源隔开。（×）

解析： 隔离开关能够承担接通和断开电源任务，将电路与电源隔开。原文错就错在电流两字上，因为隔离开关没有灭弧装置，不能用于接通和断开电流，就是说不能带负荷接通断开，必须断开相应的断路器，以断开负载后才可以做接通和断开电源的操作。

484. 工伤职工达到退休年龄并办理退休手续后，享受基本养老保险待遇，同时享受伤残津贴。（×）

解析： 依据《工伤保险条例》规定，一级至四级工伤职工达到退休年龄并办理退休手续后，应该停发伤残津贴，享受基本养老保险待遇。

485. 触电事故一般发生在操作使用电气设备的过程中，而施工装拆中和维护检修中一般不会发生触电事故。（×）

解析： 操作使用电气设备过程中，施工装拆和维护检修过程中都有可能发生触电事故。在保护设施不完备的情况下，人体触电伤害事故极易发生。

486. 扑灭电气设备火灾时，首先要切断电源，在切断电源后，可以使用水进行灭火。（√）

487. 电机异常发响发热的同时，转速急速下降，应立即切断电源，停机检查。（√）

488. 用星-三角降压启动时，启动转矩为直接采用三角形连接时启动转矩的 1/3。（√）

489. 胶壳开关不适合用于直接控制 5.5kW 以上的交流电动机。(√)

490. 《中华人民共和国安全生产法》第二十七条规定：生产经营单位的特种作业人员必须按照国家有关规定经专门的安全作业培训，取得相应资格，方可上岗作业。(√)

491. 两相触电危险性比单相触电小。(×)

解析： 人体触及两相带电体的触电事故时承受的是 380V 的线电压，而单相触电则为 220V，因此其危险性一般比单相触电大。两相触电使人触电身亡的时间只有 1~2s 之间。

492. 同一张工作票，可以由工作负责人填写并签发。(×)

解析： 工作负责人不可以签发工作票。如工作票签发人兼任工作负责人，所填定的工作票将得不到应有的工作负责人的审查复核。

493. TN-C-S 系统是干线部分保护零线与工作零线完全共用的系统。(×)

解析： TN-C-S 系统是在低压配电系统的前半部分采用 TN-C 接地形式，干线部分保护零线与工作零线完全共用，在从建筑物电源进线总配电柜处开始，将保护零线与工作零线完全分开，转换为 TN-S 系统。

494. 断路器可分为框架式和塑料外壳式。(√)

495. 安全带是高处作业工人预防坠落伤亡的用具，由带子、绳子和金属配件组成。(√)

496. 如果人摔倒或受其他外伤以后，身体的某个部位疼痛剧烈、活动受限、发生畸形，或听到有摩擦音时，都是骨折的典型体征。(√)

497. 为了防止电气火花、电弧等引燃爆炸物，应选用防爆电气级别和温度组别与环境相适应的防爆电气设备。(√)

498. 要移动焊机时，可以在不停电的情况下直接移动。(×)

解析： 移动电焊机时，应切断电源，且不得用拖拉电缆的方法移动焊机。

499. 吸收比是用兆欧表测定。(√)

500. 正弦交流电的周期与角频率的关系互为倒数的。(×)

解析： 正弦交流电的周期与角频率的关系并不是互为倒数的关系。交流电变化一周所需时间为周期 T，交流电线圈在一定的时间 t 内走过的角度称为角频率 ω。正弦交流电的周期 T 和角频率 ω 的关系是：$\omega = 2\pi/T$。

501. 停用的剩余电流保护装置使用前应做一次试验。(√)

502. 通信线路作业时，先进行验电；发现有电，可以注意安全，继续作业。(×)

解析： 这种说法的错误在后半句话。按照国家特种作业人员管理规定，线路作业人员属于特种作业人员。通信线路作业前，要观察周围环境，验证有无带电导体，若带电，应立即停止作业，沿线查找与电力线接触点，处理后在作业，同时还要确保安全距离。

503. 绝缘老化只是一种化学变化。(×)

解析： 绝缘老化是指因温度、电场、湿度、机械力以及周围环境等因素的长期作用，导致电工设备的绝缘在运行的过程之中质量慢慢下降、结构逐渐损坏的一种现象。绝缘老化这个变化过程中同时也伴随着形状和颜色的改变，而这些变化既有化学变化也要物理变化。

504. 在高压线路发生火灾时，应采用有相应绝缘等级的绝缘工具，迅速拉开隔离开关切断电源，选择二氧化碳或者干粉灭火器进行灭火。(×)

解析： 不应该先拉开隔离开关，也不应该用二氧化碳灭火器。高压线路发生火灾时，有可能线路已经短路了，而隔离开关没有灭弧装置，因此不能用来切断负荷电流或短路电流，否则在高压作用下，断开点将产生强烈电弧，并很难自行熄灭，甚至可能造成飞弧（相对地或相间短路），烧损设备，危及人身安全，这就是所谓"带负荷拉隔离开关"的严重事故。二氧化碳灭火器适合用来扑灭图书、档案、贵重设备、精密仪器、600V以下电气设备及油类的初起火灾，不能用于扑灭高压线路上的火灾。

505. 三相电动机的转子和定子要同时通电才能工作。（×）

解析： 如果是三相同步电动机一般定子通三相交流电源，转子通直流励磁电源。但如果是三相异步电动机的转子不用通电，只要定子绕组通电即可工作。

506. 铁壳开关安装时外壳必须可靠接地。（√）

507. 只要把热继电器的动作电流整定得小一些，就能起到短路保护的作用。（×）

解析： 热继电器一般与接触器配合使用，用于电机的过电流发热保护。热继电器的原理是流入热元件的电流产生热量，使有不同膨胀系数的双金属片发生形变，当形变达到一定距离时，就推动连杆动作，使控制电路断开，从而使接触器失电，主电路断开，实现电动机的过电流保护。正常情况下，热继电器的电流整定值设为电机的额定电流值，超年限电机应适当下调。

508. 在没有相应电压等级验电器时，可以用低压验电器进行10kV线路的验电工作。（×）

解析： 不能用低压验电器对10kV线路验电。低压验电器就是我们使用的普通低压验电笔，可验出60～500V的电压。高压验电笔的原理是相当于里面有一个降压变压器，把高电压变为感应低电压使指示灯发亮。而在测量低压时，因电压低，高压验电笔的感应电压不足以使指示灯发亮，所以不能用高压验电笔来验低压电。

509. 只要保持安全距离，测量电阻时，被测电阻不需断开电源。（×）

解析： 如果电阻带电，一是会损坏欧姆表，二是电阻上的电压会在表内电阻产生电流，破坏测量状态；三是表内电阻可能使电路状态改变，严重时使电路损坏。

510. Ⅱ类设备本身不需要接地或接零。（√）

511. 工资应当以货币形式按月支付给劳动者本人，不得克扣或者无故拖欠劳动者的工资。（√）

512. 常用绝缘安全防护用具有绝缘手套、绝缘靴、绝缘隔板、绝缘垫、绝缘站台等。（√）

513. 在易燃、易爆场等特别场所安装照明，应该采用封闭型、防爆型的灯具和开关。（√）

514. 挂登高板时，应钩口向外并且向上。（√）

515. 在三相交流电路中，负载为三角形接法时，其相电压等于三相电源的线电压。（√）

516. 在使用手持电动工具及其他电气设备的过程中，如果遇到临时停电，应断开电源。（√）

517. 安装熔丝时，应逆时针方向弯转熔丝压在垫圈下。（×）

解析： 安装熔丝时，应顺时针方向弯转熔丝压在垫圈下。若逆时针方向弯转熔丝，在拧紧螺钉的过程中，熔丝的弯会自然散开。

518. 在安全色标中用绿色表示安全、通过、允许、工作。（√）

519.《中华人民共和国安全生产法》第二十七条规定：生产经营单位的特种作业人员必须按照国家有关规定经专门的安全作业培训，取得相应资格，方可上岗作业。（√）

520.市电停电后，班组长可以电话通知送电。（×）

解析：送电工作应严格执行《电力安全工作规程》操作，送电会危及作业者安全的相关作业，都必须严格办理停、送电手续，严禁电话或约时停、送电。

521.电业安全工作规程中，安全组织措施包括停电、验电、装设接地线、悬挂标示牌和装设遮栏等。（×）

解析：停电、验电、装设接地线、悬挂标示牌和装设遮栏等属于保证安全的技术措施。保证安全的组织措施一般包括工作票制度，工作许可制度，工作监护制度，工作间断、转移和终结以及恢复送电制度。

522.电容器室内应有良好的通风。（√）

523.因闻到焦臭味而停止运行的电动机，必须找出原因后才能再通电使用。（√）

524.爆炸性气体、蒸气、薄雾属于Ⅱ类爆炸危险物质。（√）

525.防雷装置的引下线应满足足够的机械强度、耐腐蚀和热稳定的要求，如用钢绞线，其截面不得小于 $35mm^2$。（×）

解析：防雷装置的引下线一般选用镀锌圆钢或镀锌扁钢，圆钢直径不小于8mm，扁钢截面积不小于 $48mm^2$，厚度不小于4mm。钢绞线通常作架空地线使用。

526.电气设备缺陷、设计不合理、安装不当等都是引发火灾的重要原因。（√）

527.速度继电器主要用于电动机的反接制动，所以也称为反接制动继电器。（√）

528.电压的大小用电压表来测量，测量时将其串联在电路中。（×）

解析：必须将电压表与被测电路并联。对于电压表而言，内阻越大越好。因为这样的电压表测量线路电压是对原电路的影响可以小些，理想电压表的内阻是无穷大的。把电压表并联在负载两端，根据并联电路电压相等的特点，测得的就是负载两端的实际工作电压。如果把电压表串联在电路中进行测量，由于内阻很大，通过电压表和负载的电流很小，负载是无法工作的，所测得的电压几乎就是原负载电路的开路电压，而不是负载电路的工作电压。

参 考 文 献

［1］ 中安华邦（北京）安全生产技术研究院. 低压电工作业操作培训考核教材：题库对接版. 北京：
团结出版社，2013.

［2］ 杨清德，杨祖荣. 低压维修电工. 北京：电子工业出版社，2012.

［3］ 杨清德，陈剑. 电工基础：微课版. 北京：化学工业出版社，2019.

［4］ 杨清德，鲁世金，赵争召. 电工技术基础与技能. 重庆：重庆大学出版社，2018.

［5］ 杨清德，周永平，胡萍. 电工技术基础与技能题库. 北京：电子工业出版社，2016.

视频讲解明细清单